那比电厂标准化系列丛书

U0381282

那比水力发电厂 安全、技术管理标准化

主编◎韦道智　滕振京

河海大学出版社

HOHAI UNIVERSITY PRESS

·南京·

图书在版编目(CIP)数据

那比水力发电厂安全、技术管理标准化 / 韦道智，
滕振京主编. -- 南京：河海大学出版社，2023.12
（那比电厂标准化系列丛书）
ISBN 978-7-5630-8828-7

Ⅰ. ①那… Ⅱ. ①韦… ②滕… Ⅲ. ①水力发电站—
安全管理—标准化管理 Ⅳ. ①TV737-65

中国国家版本馆 CIP 数据核字(2024)第 030424 号

书　　名	那比水力发电厂安全、技术管理标准化
书　　号	ISBN 978-7-5630-8828-7
责任编辑	龚　俊
特约编辑	梁顺弟　卞月眉
特约校对	丁寿萍　许金凤
封面设计	徐娟娟
出版发行	河海大学出版社
地　　址	南京市西康路 1 号(邮编：210098)
电　　话	(025)83737852(总编室)　(025)83722833(营销部) (025)83787600(编辑室)
经　　销	江苏省新华发行集团有限公司
排　　版	南京布克文化发展有限公司
印　　刷	广东虎彩云印刷有限公司
开　　本	718 mm×1000 mm　1/16
印　　张	21
字　　数	372 千字
版　　次	2023 年 12 月第 1 版
印　　次	2023 年 12 月第 1 次印刷
定　　价	80.00 元

丛书编委会

前言 •

  水力发电作为可再生能源的重要组成部分，具有技术成熟、环境友好和可持续发展等优势，在能源供应的可靠性和可持续性方面发挥着重要作用。近年来，我国水电行业发展迅速，装机规模和自动化、信息化水平显著提升，稳居全球装机规模首位。提升水电站工程管理水平，构建更加科学、规范、先进、高效的现代化管理体系，实现高质量发展是当前水电站管理工作的重中之重。

  那比水电站是《珠江流域西江水系郁江综合利用规划报告》中的郁江十大梯级电站之一，电站装机容量 48 MW，多年平均发电量 1.97 亿 kW·h，工程概算总投资约 5 亿元，投运以来对缓解百色市电网供需不平衡的矛盾发挥了重要作用。为确保电站能安全、可靠、经济、高效地运行，必须加强对水电厂的技术与安全管理，健全制度，落实责任，加强培训，做好设备的日常检修与维护。

  本书参照国家标准、行业标准及相关技术规范、规定，并结合工作实践，提出了适用于百色那比水力发电厂的安全、生产技术管理标准，考虑现行设备的实际运行要求，阐述了百色那比水电厂安全生产管理需要注意的事项、措施和方法，本书主要包括安全生产体系、制度、保证措施，生产运行的制度、主要设备的运行规程等，希望能对读者有一定的指导和启发。

  由于时间较紧，加上编者经验不足、水平有限，不妥之处在所难免，希望广大读者批评指正。

编者

2023 年 9 月

目录 ●

第 2 篇　生产运行管理

第3篇 电气及自动化系统运行规程

第4篇 水力机械系统运行规程

第 5 篇 金属结构及其他系统运行规程

第1篇
安全生产管理

第1章 ●
安全生产技术体系与职责

1.1　技术体系

1.1.1　安全生产技术总则

　　贯彻执行"安全第一、预防为主"的安全生产方针,建立安全生产责任制,制定安全管理制度、安全技术措施及操作规程,排查治理隐患和监控重大危险源,建立风险分析和预控机制,规范生产行为,使各生产环节符合有关安全生产法律法规。不断加强企业安全生产规范化建设,完善制度,以规范化、标准化的安全管理体系为保障,以隐患排查治理为基础,提高安全生产水平,减少事故发生,保障人身安全,保证生产经营活动的顺利进行。

1.1.2　安全生产技术目标

　　加大安全管理力度,严格落实各项安全管理措施,进一步提高安全管理水平,推进安全标准化建设力度;加强安全监管,杜绝生产安全事故的发生;加大对安全生产的投入,夯实安全生产基础,改善安全生产环境,确保全年不发生重伤以上安全生产事故,不发生火灾事故,确保安全形势稳定,确保年度生产安全管理目标的实现,为公司营造良好的安全发展环境,为公司创造更好的经济效益保驾护航。

　　(1)重大人身伤亡事故为零。

　　(2)重大生产事故为零。

　　(3)重大设备事故为零。

（4）重大交通事故为零。

（5）重大火灾事故为零。

（6）重大爆炸事故为零。

（7）多人急性中毒事故为零。

（8）最大限度地减少一般事故,安全隐患的整改率达 100%。

1.1.3　安全生产技术保证体系

为确保安全生产,建立健全各项安全规章制度,做到依法办事;加强安全教育,提高广大职工的安全意识和防范安全事故的能力;及时开展安全生产大检查,消除事故隐患;建立高效、精干的安全管理组织机构,切实加强组织领导;从技术入手,针对实际情况,制定切实可行的安全技术措施,及时解决生产中的安全问题,以保证安全目标的实现。并按照"五项原则"(综合治理、管生产必须管安全、否决权、从严治理、标准化管理),建立安全保证体系。

1.2　公司负责人安全生产职责

1.2.1　安全生产领导小组工作职责

（1）贯彻落实国家有关安全生产的法律、法规、方针、政策。

（2）制定公司安全生产管理的目标、规章制度。

（3）定期召开会议,分析安全生产形势,研究安全生产工作的重大事项。

（4）研究安全事故的处理决定,表彰安全生产工作中成绩优异的部门和个人。

（5）在新、改、扩建项目中,遵守和执行"三同时"规定,健全安全设施。

（6）监督考核安全生产责任目标,审批安全生产奖惩方案。

（7）组织公司有关部门定期开展各种形式的安全检查,并迅速做出处理。改善劳动条件,及时解决重大隐患,对本单位无力解决的重大隐患,向上级有关部门提出报告。

（8）对安全经费的使用实施监督检查。

（9）组织对公司发生的重大事故进行调查分析,按"四不放过"的原则严肃处理,并对所发生的重大事故调查、登记、统计和报告的正确性、及时性负责。

（10）负责评审应急救援预案的可操作性,尤其是潜在事件和突发事故发生后的评审。

（11）负责每年评审公司各项安全生产规章制度的适用性，并及时予以修订；当发生各项变更须进行修订时，可随时组织实施。

1.2.2　总经理安全生产职责

（1）建立、健全公司的安全生产责任制。

（2）组织制定公司的安全生产规章制度和操作规程。

（3）组织制定并实施公司的安全生产教育和培训计划。

（4）保证公司的安全生产投入的有效实施。

（5）督促、检查公司的安全生产工作，及时消除生产安全事故隐患。

（6）组织制定并实施公司的生产安全事故应急救援预案。

（7）及时、如实报告生产安全事故。

1.2.3　分管安全生产工作副总经理安全生产职责

（1）组织落实公司的安全生产责任制。

（2）督促落实公司的各项安全生产规章制度和操作规程的制定工作。

（3）督促落实公司的安全生产宣传、教育、培训工作。

（4）督促、检查公司的安全生产投入的实施情况。

（5）指导公司的安全生产监督、检查工作，督促、检查安全生产隐患排查治理情况。

（6）督促、落实公司的生产安全事故应急救援预案。

（7）协助公司总经理研究解决安全生产工作中的重大问题。

（8）及时、如实地报告生产安全事故。

1.2.4　工会主席（主持工作副主席）安全生产职责

（1）贯彻国家及全国总工会有关安全生产、劳动保护的方针和政策，并监督执行，充分发挥群众在安全生产工作中的监督作用。

（2）按照"谁主管、谁负责"的原则，对工会系统的安全工作负直接领导责任。

（3）协助监督部搞好安全生产竞赛活动和合理化建议活动，参加有关安全规章制度、职业卫生健康制度、劳动保护制度的制订。

（4）组织职工开展遵章守纪和预防事故的群众性活动，支持公司关于安全工作的奖惩，协助做好职工伤亡事故的善后处理工作。

（5）关心职工劳动条件的改善，保护职工在劳动中的安全与健康，做好女工劳动保护工作，把职业卫生健康工作列入职工代表大会的议题。

1.3 综合部及各级岗位安全生产工作职责

1.3.1 综合部及其负责人安全生产职责

（1）对本部门安全生产目标的实现负全部责任。

（2）贯彻落实国家有关安全生产法律、法规以及上级有关规定。

（3）负责公司那比、百色车辆交通安全管理工作，确保车辆行驶安全。

（4）负责公司档案防火、防盗、保密的安全管理工作。

（5）负责对公司专职驾驶员和兼职驾驶员的安全培训，提高行车安全意识。

（6）负责与车班班长和专、兼职驾驶人员签订年度安全生产责任书，并报公司监督部备案。

（7）按有关规定，及时、如实、准确报告事故情况，按照"四不放过"原则，认真调查处理，健全安全及事故档案。

（8）积极参加公司组织的各项安全生产活动。

（9）督促车班每季度对公司车辆安全状况进行一次全面检查及处理，检查处理记录报公司监督部备案。

（10）对部门员工进行安全生产教育。

（11）负责本部门安全生产台账建立和完善。

（12）负责对本部门标准化工作进行绩效评定和持续改进。

1.3.2 营地综合管理员安全生产职责

（1）认真学习和执行国家安全生产法律法规及公司安全生产规章制度，积极参加安全生产教育培训，掌握本岗位所需的安全生产知识和操作技能。

（2）负责那比营地的食堂、保安、招待所等的综合安全管理工作。

（3）负责那比营地职工劳保用品、办公用品、接待用品等的发放工作，落实相关领用制度。

（4）协助做好公司资料安全管理工作，文件不损毁、不遗失、不泄密。

（5）协助做好公司防火、防盗的安全管理工作。

（6）积极参加公司组织的各项安全生产活动。

（7）完成公司领导和综合管理部领导交办的其他工作。

1.3.3　百色综合管理员安全生产职责

（1）贯彻落实国家有关安全生产法律、法规以及上级有关规定。

（2）协助做好公司车辆交通安全管理工作，确保车辆行驶安全。

（3）协助做好公司公务接待的安全管理工作。

（4）负责办公设备采买和发放工作，及时跟进设备应用需求，购买相关设备。

（5）负责外委项目的咨询、跟踪、对接、办理工作，确保项目安全顺利开展。

（6）积极参加公司组织的各项安全生产活动。

（7）完成公司领导和综合管理部领导交办的其他工作。

1.3.4　人事劳资员安全生产职责

（1）认真贯彻执行安全生产的法律、法规和规章制度，落实公司各项安全生产管理制度。

（2）根据公司实际情况，配备具有一定文化技术和实践经验的安全生产管理人员，并负责对安全生产管理人员的资格进行审查。

（3）严格执行作业人员的劳动保护规定，组织工人特别是特种作业人员进行定期体格检查。

（4）对新招收的工人进行资格审查和上岗培训结果审查，保证上岗人员具有相应的安全生产素质。

（5）有效管理公司办公用品采购，及时跟进用品、用具应用需求，购买相关物品。

（6）负责公司食堂的卫生管理工作，预防食物中毒和传染疾病的发生。

（7）法律、法规规定的其他安全生产责任。

1.4　财务部安全生产工作职责

1.4.1　财务部及其负责人安全生产职责

（1）对本部门安全生产目标的实现负全部责任。

（2）认真贯彻执行国家有关安全生产方针、政策、法规及有关规定。

（3）确保年度安全生产经费和安全生产项目资金及时到位。

（4）根据安全生产需要编制安全生产费用计划，并严格审批程序，建立安全生产费用使用台账。

（5）每半年对安全生产费用使用情况进行检查，年终进行总结，并以适当形式披露安全生产费用使用情况。

（6）建立应急资金投入保障机制，妥善安排应急管理经费。

（7）认真做好防盗、防火及保密工作；确保现金、支票等各种票据及有价证券的安全存放。

（8）对员工进行安全生产教育。

（9）积极参加全公司性的安全生产活动。

（10）负责对本部门标准化工作进行绩效评定和持续改进。

1.4.2　会计员安全生产职责

（1）严格遵守国家法律、法规和公司制定的各项规章制度和安全管理规定，牢固树立"安全第一，预防为主，综合治理"的思想，切实履行岗位安全和工作职责，尽职尽责，防范各类安全事故发生。

（2）积极配合公司组织开展的各项安全生产活动。

（3）按有关规定做好《安全生产费用使用台账》汇总工作，每半年对安全生产费用使用情况进行一次检查，年终进行总结、披露。

（4）按会计基础达标管理办法及公司财务制度的要求确保公司会计资料编制规范、存放安全。

1.4.3　合同管理员安全生产职责

（1）落实安全生产方针、法律、法规和各项规章制度。

（2）参加制定年度投资计划，保证维护正常生产和经营活动的安全投入。

（3）参加审查技术方案中安全措施的制定和完善。

（4）参加计划检查，督查涉及安全的计划项目的落实情况。参加计划项目检查，落实相关安全措施。

（5）协助做好本部门危险源的登记建档和监控工作。

（6）在项目招标文件及合同文件中，要求承包人提出安全生产措施及相应费用，对安全生产费用的使用和奖惩进行规定。

（7）负责合同统计相关档案、信息的安全管理。

（8）协助负责合同检查，督查合同文件中安全条款的落实情况。

1.5　监督部及各岗位安全生产工作职责

1.5.1　监督部及其负责人岗位安全生产职责

（1）贯彻宣传国家、水利部、广西自治区政府、右江水利公司等上级单位关于安全生产的方针、政策、法律法规。

（2）组织或者参与拟订公司安全生产规章制度、操作规程和生产安全事故应急救援预案。

（3）组织或者参与公司安全生产教育和培训，记录安全生产教育和培训情况。

（4）组织落实公司重大危险源的安全管理措施。

（5）组织或者参与公司应急救援演练。

（6）检查公司的安全生产状况，及时排查生产安全事故隐患，提出改进安全生产管理的建议。

（7）制止和纠正违章指挥、强令冒险作业、违反操作规程的行为。

（8）组织落实公司安全生产整改措施。

（9）负责归口监督管理和检查公司各部门的安全生产工作。

（10）负责组织开展公司季度安全生产会和安全月安全生产活动。

（11）组织公司安全生产事故调查处理。

（12）负责组织公司安全生产责任书的签订，并组织考核。根据《百色那比水力发电厂安全生产奖惩管理办法》对各部门安全指标完成情况进行考核，对事故、障碍和违纪违章现象予以查处，提出奖罚意见。

（13）对员工进行安全生产教育。

（14）负责安全生产台账的建立和完善。

（15）负责对公司标准化工作进行绩效评定和持续改进。

1.5.2　安全管理员岗位安全生产职责

（1）参与公司安全生产制度制定，参加安全生产责任制的落实情况的监督、检查。

（2）参与公司及所管工程项目的安全检查，并参加监督、检查隐患整改情况。

（3）参与起草公司突发事件应急救援综合预案，协助督促各部门制定相应的专项预案或应急处置措施、开展应急救援演习。

（4）参与、配合公司各类生产安全事件的调查工作。

（5）办理部门领导交办的工作。

1.6 那比水力发电厂安全生产工作职责

1.6.1 电厂安全生产职责

（1）对本部门安全生产目标的实现负全部责任。

（2）贯彻执行国家、行业和那比水电站的有关安全生产法规、制度，并组织落实。

（3）积极配合公司组织开展的各项安全生产活动。

（4）组织签订厂内各级人员的年度安全生产责任书，并报监督部备案。

（5）每月组织召开一次厂内安全分析会，针对存在的问题及时提出改进措施。

（6）定期开展安全大检查，及时组织消缺和安全隐患整改，检查整改记录及时报公司监督部备案。

（7）组织员工开展安规学习、定期考试，并对新员工开展安全生产教育。

（8）负责电厂主办的公司外委项目的安全管理，并与外委项目承包方签订安全生产责任书，报公司监督部备案。

（9）按有关规定，及时、如实、准确报告事故情况，按照"四不放过"原则，认真调查处理。

（10）对员工、实习人员、外来参观人员等进行安全生产教育。

（11）负责安全生产台账的建立和完善。

（12）负责对本部门标准化工作进行绩效评定和持续改进。

1.6.2 电厂负责人安全生产职责

（1）对实现全厂安全目标负责，是本部门安全第一责任人。

（2）认真贯彻执行国家有关安全生产的方针、政策、法规和上级有关规定，并负责组织贯彻落实。

（3）负责建立、健全并贯彻落实电厂各部门、各岗位的安全生产责任制。

（4）负责审批本部门各项安全管理制度，审定有关安全生产的重要活动和重大措施。

（5）组织编制年度安全目标计划,组织有关安全生产的重大活动和安全大检查,对安全生产中的重大隐患明确处理意见、责任部门和计划完成时间,限期解决。

（6）建立有效的安全生产管理网络,建立健全安全生产监察体系,支持各级安全员认真履行安全监察职责,主动听取工作汇报。

（7）建立和完善安全生产责任保证体系,协调各部门之间的安全协作、配合关系,保证安全生产顺利进行。

（8）每月主持召开月度安全生产例会,及时研究解决安全生产中存在的问题,组织消除重大事故隐患。

（9）定期或不定期对生产、检修现场安全状况进行巡视检查,深入现场检查安全生产情况,掌握一线实际情况。

（10）主持或参加有关事故事件的调查处理,对性质严重或典型事故事件,应及时掌握情况,必要时召开事故事件分析会,提出防止生产安全事故事件再次发生的措施。

（11）定期向上级报告安全生产工作情况,主动接受上级有关安全方面的监督和建议等。

1.6.3　电厂安全员安全生产职责

（1）在厂长的领导下,负责电厂的具体安全管理工作,并负责分管工作范围内的安全管理与监督工作,承担相应的安全责任。

（2）贯彻执行国家及行业的有关安全生产法规、制度、标准、规程、规定,并依此制定适用于电厂及公司的各种安全生产管理制度。

（3）认真监督好与安全生产有关的各种规章、制度及上级有关指示的执行情况,负责电厂人身和设备的安全监督工作。

（4）协助组织完成或参与电厂的反事故演习;组织开展《电力安全工作规程》、入厂安全教育、外来施工人员以及特殊工种持证上岗等安全教育培训工作,并做好相应考核,颁布相关资质。

（5）深入现场,开展安全工作的督促和检查工作,检查"两票三制"和其他安全技术措施的执行情况,并对劳动保护设施进行监督、检查,严肃查处违章违纪行为。

（6）参加或组织制定重要项目（施工、操作）的安全技术及组织措施,按规定报批后组织实施。

（7）参与电厂年度"两措"计划的落实和电力安全生产标准化建设工作,

并开展相关的督促和检查工作。

（8）组织召开电厂月度安全生产例会和事故分析会，对电厂范围内存在的不安全问题提出改进措施，并负责组织实施。

（9）按电厂安全工作部署，负责组织开展电厂月度、节假日以及专项安全生产大检查，并对检查出的整改项目进行督促落实。

（10）按"四不放过"的原则进行事故调查，编写事故报告，及时做好事故统计，找出安全生产薄弱环节，制订防范措施。

（11）不违章指挥，不强令工人冒险、超时、超负荷作业，并对发现的违章作业及时纠正。

（12）经常深入生产现场，全面掌握安全生产情况，及时指导解决安全生产中存在的问题。

1.6.4　电厂 ON-CALL 组各级人员安全生产职责

1. ON-CALL 值长安全生产职责

（1）ON-CALL 值长对 ON-CALL 组的安全生产负直接领导责任。对 ON-CALL 员工行使安全监督权力，并负相应的安全监督责任。

（2）严格贯彻执行国家、行业和公司、电厂的有关安全生产法规、标准、规程，加强 ON-CALL 组安全生产管理。

（3）负责监督、指导、检查 ON-CALL 期间的设备巡检、故障消缺和事故处理等工作，督促尽快消除设备缺陷和薄弱环节，建立稳固的安全基础。

（4）主持每日的 ON-CALL 例会，及时研究解决安全生产中存在的问题，强调相关安全注意事项，及时督促落实整改。

（5）及时了解掌握全厂安全生产状况，查看重点部位安全措施是否良好，了解设备缺陷处理情况，跟踪安全隐患的发展和预见，如遇复杂安全问题难以处理应及时反馈厂部统一安排处理。

（6）负责电厂生产安全事故事件的现场应急处置工作。配合开展生产安全事故事件调查和原因分析，严格按电厂《生产安全事故事件管理规定》执行。

（7）组织贯彻落实公司或电厂通报的生产安全事故事件的相关文件，督促 ON-CALL 组举一反三，落实整改及制定防范措施。

（8）不违章指挥，不强令工人冒险、超时、超负荷作业，并对发现的违章作业及时纠正。

（9）妥善处理 ON-CALL 期间发生的一切安全问题，遇有重大安全事项应及时向厂领导汇报，并按领导批示执行落实有关安全事项。

（10）负责督促、检查、指导 ON-CALL 值班人员严格履行安全生产职责，对 ON-CALL 组人员进行安全生产考核评价。

（11）参加电厂月度安全例会，从各个方面将 ON-CALL 组安全工作情况及时反馈到厂领导。同时，将厂部安全工作会议精神传达并落实到 ON-CALL 组日常工作中。

（12）负责厂领导交办 ON-CALL 组的其他安全生产事项的贯彻落实。

2. ON-CALL 组成员安全生产职责

（1）严格贯彻执行国家、行业和公司、电厂的有关安全生产法规、标准、规程，确保安全生产管理各项制度落到实处。

（2）认真执行设备巡检、轮换、绝缘测量、试验、缺陷处理及事故处理等工作，及时消除设备缺陷和薄弱环节，建立稳固的安全基础。

（3）熟悉并严格执行《运行规程》《检修规程》《调度规程》及电厂颁布的各项应急预案、黑启动方案等相关安全生产规程规定。

（4）参加每日的 ON-CALL 例会，听取 ON-CALL 期间安全生产状况，及时向 ON-CALL 值长提出安全生产中存在的问题或安全注意事项，及时落实整改。

（5）严格执行"两票三制"。ON-CALL 期间，严格按规定办理操作票、工作票，全面考虑清楚安全技术措施，努力做好各项工作的危险点分析与安全风险防控工作。

（6）积极处理 ON-CALL 期间发生的一切安全问题，遇有重大安全事项及时向 ON-CALL 值长汇报，按组长指示落实有关安全事项。努力做到"四不伤害"，对发现的违章行为及时制止和纠正。

（7）参与生产安全事故事件处理过程的汇报和相关资料、数据、报表整理工作。对本值所发生的事故事件、障碍以及不安全现象，及时做好详细记录，协助调查处理，如实反映事故真相。

（8）协助 ON-CALL 值长做好电厂生产安全事故事件的现场应急处置工作；积极参与生产安全事故事件调查和原因分析。对发生的事故事件做到举一反三，在日常工作中切实落实好整改措施和预防方法。

1.7　防汛领导小组组长岗位职责

1.7.1　防汛领导小组组长岗位职责（第一责任人）

（1）贯彻执行《中华人民共和国防洪法》、《中华人民共和国防汛条例》和

《中华人民共和国抗旱条例》，以及有关法律、法规、方针政策。

（2）贯彻落实上级有关防洪抢险的指示和指令。

（3）依据有关法律法规，建立和健全公司防洪抢险的组织机构；落实防汛安全和抗洪抢险责任制；健全各项防汛安全规章制度和工作制度。

（4）审批公司防洪度汛工作计划，及时做出防洪和抢险救灾工作部署。

（5）根据水情和气象预报情况，及时组织召开防汛会商和抗洪抢险领导小组会议并作出决策，发布抗洪抢险指令、启动紧急预案令。

（6）工程或库区出现重大汛情、险情、灾情时，要亲临第一线组织相关单位和人员，做好抗洪抢险指挥工作。

（7）一旦工程或库区出现重大险情和灾情时，要及时向上级主管或地方防汛机构报告，拟定需请示执行的事项，贯彻落实上级批复授权的工作。

（8）对本公司的防汛工作总负责。

1.7.2 防汛值班领导岗位职责（带班领导）

（1）根据防洪度汛领导小组组长的统一部署和要求，负责和协调所分管工作的防汛责任制的落实。

（2）经常检查、督促所分管的涉及防洪度汛的工作，发现问题及时处理，对于重大事项要及时向防汛领导小组组长报告。

（3）负责值班时段的防汛值班带班工作，决策当班重要事宜，主持有关防汛的会商会议，并及时向防汛领导小组组长汇报有关情况。

（4）检查值班工作人员的工作情况，随时听取值班人员的工作汇报，及时处理值班期间的重要事务。

（5）在值班时段内，当出现汛情、险情、灾情或突发事件时，要密切关注其发展趋势，亲临现场处理有关紧急事务，及时向防汛领导小组组长汇报最新情况，并协助防汛领导小组组长做好有关工作。

（6）完成防汛领导小组组长交办的其他防汛工作。

（7）在值班时段结束前，要提前与下一接班人联系，并做好交班工作。

1.7.3 防汛办公室主任安全生产职责

（1）在公司防汛领导小组的直接领导下，负责防洪度汛日常管理工作。

（2）汛前组织编写年度汛期运行计划和防洪应急预案，由公司防汛领导小组审定后报上级防汛主管部门，并督促有关部门落实防洪度汛措施的实施。

（3）组织编制和审查防洪调度方案、大坝监测方案及防汛安全检查制度，并监督执行。

（4）组织有关部门做好每年的防汛物资准备、计划和采购工作。

（5）组织做好防汛各项准备工作，组织有关部门开展防汛安全大检查，发现问题及时组织处理。

（6）汛前或汛中组织开展防洪抢险培训和演习。

（7）汛前组织编制防汛值班安排表，每天查询、查阅水情信息，掌握本地区和相关区域的雨情、水情和汛情，根据不同水情和值班要求安排防汛值班。

（8）安排防汛工作人员在职责范围内定期对防汛有关设备进行巡检，特别对启闭设备、闸门、抽排水设备及供电设施的运行情况进行全面的巡回检查，并做好检查记录，发现问题及时组织处理。

（9）每年汛前、汛后及洪水期间组织有关部门开展水工建筑物及水库上下游护坡护岸巡视检查，发现问题及时组织处理。对危及大坝运行安全的事件，在无法处理的情况下要及时上报解决。

（10）负责汛期日常险情处理和防汛情况上报；当发生较大、重大汛情和险情时，及时上报防汛领导小组、县防指办公室，根据不同的险情等级进行险情上报与通报。

（11）组织汛后检查，调查水毁工程和防汛物资消耗等情况，制定防洪工程水毁修复计划等。

（12）汛后主持编写防汛工作总结；负责统计掌握洪涝灾害情况；表彰好人好事，提出奖惩意见报公司防汛领导小组，对防汛抢险中做出突出贡献者应给予奖励。

1.7.4　防汛值班长安全生产职责

（1）在带班领导的指导下，负责和协调值班时段内的日常防洪度汛工作。

（2）熟悉防洪度汛的有关法律、法规和公司发布的防洪度汛有关文件。关注值班期内水情、险情和灾情；在发生重大险情或突发事件时要及时向带班领导汇报，并驻守值班室按带班领导的要求进行处理。

（3）经常检查、督促值班人员按防洪度汛有关制度做好防汛值班工作；查阅工作记录与发布的信息，确保信息传递及时、准确，发现问题要及时纠正；随时听取值班人员的工作汇报。

（4）做好带班领导安排的其他防洪度汛工作。

（5）在值班时段结束前，要提前与下一接班人联系，并做好交班工作。

1.7.5 防汛值班员安全生产职责

（1）密切监视实时雨水情、掌握防汛现状和动态,包括水文气象部门预测、暴雨分布和强度、台风强度和移动路径、洪水预报和警报、工程安全监测情况、水库调度运行情况等信息,并做好值班记录。

（2）主动了解流域发生的险情、灾情,跟踪了解地方防汛指挥机构、移民防汛主管部门的有关情况,包括险情灾情发生的时间、具体位置、人员伤亡、经济损失、基本情况、成灾原因、抢险救灾部署和险情灾情发展情况等信息,及时向带班领导和防汛办主任报告有关重大事项,并做好值班记录。

（3）及时查收各类值班文件、传真、电话或邮件等信息,认真登记,规范整理。文件、传真要及时编号,分类存放;重要文件、邮件要存放在指定目录;重要电话要登记来电时间、单位、双方姓名、通话内容;对收到的重要传真件,先复印一份存档,并及时交给带班领导。

（4）重要值班信息要通过电话、短信、简报、快报或传真等方式及时上传下达,做到不漏报、不迟报。对重要险情灾情和突发事件,要做好跟踪和续报。

（5）及时处理来文来电交办的应急事务,并及时向带班领导报告。对咨询防汛有关事宜的来电、来函要耐心答复处置,不能马上答复的,应做好解释并做好记录。不得占用防汛电话接打与防汛无关的事,以免影响正常防汛信息的传送。

（6）遇到重大问题、紧急情况或突发事件时,要立即向值班长、带班领导报告,不得自作主张,擅自越权处理。必要时,联系有关单位做好预测预报、调度方案、后勤保障等工作,做好抢险救灾准备。

（7）爱护值班室计算机、传真机等公共财物,认真检查防汛通信设备,保障设备正常运行,发现故障,及时报修。

（8）认真填写值班记录,包括值班人员、气象概况、雨水情、险情灾情、来文来电、巡检情况、领导指示、重要事件处理、交接班及其他事项。必要时,负责编写防汛快报或防汛简报。

（9）认真做好交接班,确保值班和突发性事件处理的连续性。交班人员应当面向接班人员交代值班时间内发生的主要情况、处理结果和遗留问题,指出关注重点,交代待办事宜,接班人员要跟踪办理。

（10）做好重要文件或资料的保密工作,严守国家秘密,做好值班室防火防盗,保持整洁卫生。

第 2 章 ●
安全生产管理制度

2.1　安全生产目标与考核管理

2.1.1　一般要求

（1）安全生产工作必须坚持中国共产党的领导,应当以人为本,坚持人民至上、生命至上,把保护人民生命安全摆在首位,实行安全生产"一岗双责"和"管行业必须管安全、管业务必须管安全、管生产经营必须管安全"。

（2）对安全生产工作的奖惩,坚持精神鼓励与物质奖励相结合、思想教育与责任追究相结合的原则,严格落实安全生产工作"一票否决"的要求。

（3）安全管理工作应做到奖惩分明,对做出贡献、成绩显著的给予表彰奖励;对发生生产安全责任事故,以及因违规违章、失职渎职等造成严重影响及不良后果的,给予责任追究。

2.1.2　安全生产目标、责任制考核

考核指标分为安全生产目标考核和安全生产责任制考核两个部分,根据个人签订的《年度安全生产责任书》内容进行考核。

2.1.2.1　考核方式和周期

（1）公司各部门员工的考核由本部门负责人负责,部门负责人的考核由分管领导负责,以半年为考核周期,考核结果经分管安全公司领导审核,报公司主要负责人审批后,由考核办存档。

（2）公司安全生产目标及责任制考核工作按照《右江水利公司安全生产

目标及责任制考核办法》执行。

2.1.2.2　考核评分

（1）个人考核评分采取量化打分方式，分为安全生产目标考核和安全生产工作职责考核两部分（见附件 A2.1），每部分满分为 100 分，安全目标和工作职责的平均分为本次考核评分的最终得分。

（2）个人年度考核得分为上、下半年考核总评分的平均分。

（3）个人半年（或年度）考核得分低于 70 分的，取消年度评优资格，对造成不良影响及后果的相关责任人及其所在部门的负责人进行警示约谈。

2.1.2.3　安全生产考核

（1）考核办对各部门人员实行月度安全生产考核，并负责监督、检查各部门安全生产工作，不定期进行抽查，次月 6 日前完成上月安全考核工作并报领导小组审批。

（2）发生一般性违章事件，由考核办提出处罚意见报领导小组审批后对有关责任人进行处罚（见附件 A2.2）。

（3）由上级部门或公司组织调查的事故，按调查组所作出的事故调查报告及意见，依照相关管理制度和本办法给予处罚，当处罚标准发生冲突时，按最高标准执行。

（4）发生本办法规定之外的不安全事件，由领导小组研究讨论形成处理意见，给予相关责任人相应处罚。

2.1.2.4　表彰奖励

（1）表彰奖励类别包括：

①安全生产先进集体奖。

②安全生产先进个人奖。

③年度安全生产奖。

④安全生产专项奖。

（2）公司荣获上级单位安全生产先进集体奖，奖励全体员工 300 元/人（被公司取消个人年度评优资格的人员，当年不得奖励）。

2.1.2.5　安全生产先进个人奖

1. 评选条件

（1）遵守公司安全生产各项规章制度，年度无违章和处罚。

（2）具有较强的安全生产意识及安全技能，并能主动担当作为。

（3）积极参与安全风险管控和隐患排查治理工作，在安全生产工作和活动中表现较为突出。

（4）为安全生产工作积极建言献策被公司采纳的。

2. 评选程序

公司生产一线部门推荐一名先进个人,其他各行政部门共推荐一名先进个人,由推荐部门（生产一线部门由电厂负责,行政部门由综合部负责）填报推荐表（见附件 A2.3）,经考核办审核后报领导小组批准。

3. 表彰奖励

获得先进个人的人员,每人奖励 1 000 元,并颁发荣誉证书。

2.1.2.6　年度安全生产奖

（1）安全生产奖励资金列入年度预算。

（2）各岗位年度安全生产奖励基础标准见附件 A2.4。

（3）安全奖惩实行月度考核,年底统一核算发放。新员工试用期间,安全奖按岗位奖励金 80% 发放。

2.1.2.7　安全生产专项奖

（1）对积极参加各类安全生产活动或者在安全生产过程中做出突出贡献者,由考核办参照安全生产考核表彰奖励细则（见附件 A2.5）提出奖励意见,报领导小组审批。

（2）安全生产考核表彰奖励资金原则上从公司安全生产管理经费中列支,特殊情况由公司经营班子另行研究。

2.2　安全生产教育培训制度

2.2.1　责任分工

（1）监督部是安全生产教育培训主管部门,制定安全生产教育培训计划,组织公司主要负责人、部门负责人、专职安全生产管理人员和其他管理人员的安全生产培训,评估培训效果,建立培训档案,对公司安全生产教育培训情况进行检查。

（2）公司各部门负责制定本部门的安全生产教育培训计划,建立本部门的培训档案。监督部负责对各部门的安全生产教育培训情况进行检查。

2.2.2　安全生产教育培训的内容及有关时间要求

2.2.2.1　安全生产管理人员教育培训

公司主要负责人和安全生产管理人员必须参加与本单位所从事的管理

活动相适应的安全生产知识和管理能力培训,取得合格证书后,方可担任相应职务。安全生产管理人员的取证培训、延期培训、每年的安全再教育培训由监督部负责监管。

2.2.2.2 "三级"安全教育

到公司的新从业人员,必须接受公司、部门、班组/岗位的三级安全培训教育:公司级安全教育,由综合部组织;部门级和班组/岗位级安全教育由部门负责人和安全员负责组织培训。上岗前接受安全生产教育和培训的时间不得少于24学时,经考核合格后,方能上岗。

1. 公司级安全教育主要内容

(1) 国家、省、市及有关部门制定的安全生产方针、政策、法规。

(2) 安全生产基本知识。

(3) 本单位安全生产情况及安全生产规章制度和劳动纪律。

(4) 从业人员安全生产权利和义务。

(5) 有关事故案例等。

2. 部门级安全教育的主要内容

(1) 本部门的安全生产状况。

(2) 本部门工作环境、工程特点及危险因素。

(3) 所从事工种可能遭受的职业伤害和伤亡事故。

(4) 所从事工种的安全职责、操作技能及强制性标准。

(5) 自救互救、急救方法、疏散和现场紧急情况的处理、发生安全生产事故的应急处理措施。

(6) 安全设施设备、个人防护用品的使用和日常维护。

(7) 预防事故和职业危害的措施及应注意的安全事项。

(8) 有关事故案例。

(9) 其他需要培训的内容。

3. 岗位级安全教育由班组长负责组织教育

教育的主要内容包括:

(1) 岗位安全操作规程。

(2) 岗位之间工作衔接配合的安全与职业卫生事项。

(3) 本工种的安全技术操作规程、劳动纪律、岗位责任、主要工作内容。

(4) 本工种发生过的案例分析。

(5) 其他需要培训的内容。

2.2.2.3　采用新工艺、新技术、新设备、新材料的教育培训

（1）"四新"在投产前应对操作人员和管理人员进行专门的培训,经考核合格后,方可上岗。

（2）培训由部门负责组织实施。

（3）培训内容包括新工艺、新技术、新设备、新材料安全技术,操作技能,工作程序等。

2.2.2.4　转岗、离岗 6 个月以上的教育培训

（1）从业人员转岗、离岗 6 个月及以上的职工,在重新上岗前,应接受部门的安全培训,经考试合格后,方可上岗。

（2）培训由部门负责组织实施。

（3）教育内容:岗位安全操作规程,岗位之间工作衔接配合的安全与职业卫生事项,有关事故案例,其他需要培训的内容。

2.2.2.5　特种作业人员安全教育培训

特种作业人员上岗作业前,必须进行专门的安全技术和操作技能的培训教育,并经考核合格取得《特种作业人员操作资格证书》,方可从事相应的作业或者管理工作。特种作业人员的新取证、复审培训由各部门组织实施,报监督部批准、备案。取得《特种作业人员操作资格证书》者,按国家有关规定进行延期复核。

2.2.2.6　安全生产的经常性教育

每年进行不少于 1 次全员安全教育,监督部组织公司全员参加,学习时间不少于 12 学时。学习内容为有关国家、省、市及有关部门制定的安全生产方针、政策、法规、规程、标准,新技术、新知识,安全生产事故案例。根据接受教育对象的不同特点,采取多层次、多渠道和多种方法进行。具体形式如下:

（1）举办安全生产训练班、讲座、报告会、事故分析会。

（2）印发安全生产简报、通报等,建立安全生产黑板报、宣传栏。

（3）张贴安全保护挂图或宣传画、安全标志和标语口号。

（4）举办安全生产文艺演出、放映安全生产音像制品。

2.2.2.7　相关方作业人员安全教育

（1）相关方作业人员是指在本单位管理范围内从事施工作业的人员,包括外来承包施工人员、为本单位供货人员等。

（2）相关方进入现场前,部门负责督促相关方对进场人员按照规定进行培训;需持证上岗的岗位,不得安排无证人员上岗作业。对经常进入本单位的相关方要定期进行培训。

（3）对临时来公司办事、实习、外来参观、学习、检查等人员进入生产作业场地应由接待部门负责进行有关安全规定及安全注意事项的告知，提供必要的劳动防护用品，并有专人陪同（一般不少于 2 人）。

2.2.3　安全生产教育培训工作的检查

监督部负责定期对公司及各部门的安全教育、培训情况进行检查，检查的主要内容包括：

（1）新进场人员的三级教育考核记录。

（2）公司及各部门的安全教育培训情况及资料。

（3）变换岗位时是否进行安全教育。

（4）从业人员对本工种安全技术操作规程的熟悉程度。

（5）安全生产管理人员的年度培训考核情况。

（6）公司员工持证情况；相关方人员培训、持证情况。

2.2.4　安全生产教育培训工作的管理

（1）各部门建立所属员工的安全培训教育档案，对每一位员工建立安全教育培训记录卡，实施一人一卡制度，记录卡上的内容主要包括需要培训内容、学时、培训人、时间、地点以及考核成绩等，由部门负责人负责登记。

（2）未经安全生产教育或经教育考核不合格的职工，公司各部门均不得安排其从事本岗位工作，违者按照安全生产奖惩制度给予经济处罚，并承担违反规定造成的其他损失。

2.2.5　安全教育培训效果评估

每次培训结束后由培训组织部门进行安全教育培训效果评估，通过考试、发放调查表等形式对本次培训进行效果评估。

对反映出的问题进行原因分析，根据学员提出的建议加以改进。

2.3　安全生产事故隐患排查治理办法

2.3.1　一般要求

（1）安全生产事故隐患是指生产经营单位违反安全生产法律、法规、规章、标准、规程和安全生产管理制度的规定，或者因其他因素在生产经营活动中存在可能导致事故发生的物的危险状态、人的不安全行为和管理上的缺陷。

（2）事故隐患分为一般事故隐患和重大事故隐患。一般事故隐患，是指危害和整改难度较小，发现后能够立即整改排除的隐患；重大事故隐患，是指危害和整改难度较大，应当全部或者局部停产停业，并经过一定时间整改治理方能排除的隐患，或者因外部因素影响致使生产经营单位自身难以排除的隐患。

（3）开展安全生产事故隐患排查治理工作，应当坚持"安全第一、预防为主、综合治理"的方针，重点治理重大安全事故隐患、防控安全生产重特大事故，保证安全生产持续稳定，实现安全生产目标。

2.3.2 排查治理范围

安全生产事故隐患排查治理范围为公司管理范围内的生产经营场所和设施以及公司各部门的安全管理行为等。公司管理范围内的生产经营场所和设施主要包括：

（1）发电厂。

（2）压力容器、压力管道、电梯、起重机械、厂（场）内机动车辆等特种设备。

（3）公司管理的其他经营场所和设施。

2.3.3 排查治理内容

安全生产事故隐患排查治理的主要内容包括：安全生产规章制度、监督管理、教育培训、事故查处等方面存在的薄弱环节，基础设施、技术装备、作业环境、防控手段等方面存在的事故隐患。主要针对以下方面的情况进行排查治理：

（1）安全生产法律法规、规章制度、规程标准的贯彻执行情况。

（2）安全生产责任制建立和落实情况。

（3）作业现场、作业环境、设备设施运行的安全状况。

（4）特种设备和危险物品的存储容器、运输工具的完好状况及检测检验情况。

（5）安全生产事故报告、调查处理及对有关责任人的责任追究和落实情况。

（6）安全生产基础工作及教育培训情况，特别是各部门主要负责人、安全管理人员和特种作业人员的持证上岗情况和生产一线工作人员的教育培训情况。

（7）制定监控措施和应急救援预案情况，进行定期检测、评估、监控和预案演练情况，应急救援物资储备、设备配置及维护情况。

（8）新建、改建、扩建工程项目的安全"三同时"（安全设施与主体工程同时设计、同时施工、同时投产和使用）执行情况。

（9）交通安全设施设置、道路维护等情况。

（10）对周边或作业过程中存在的易由自然灾害引发事故灾难的危险点排查、防范和治理情况等。

（11）事故隐患排查治理长效机制建立情况，以及其他可能存在薄弱环节和事故隐患的情况等。

2.3.4　排查治理工作实施

（1）各部门是本部门（单位）安全生产事故隐患排查治理工作的直接责任主体，应当建立安全生产事故隐患排查治理工作机制，实行分级排查、专项排查和全面排查相结合的管理体系。生产部门至少每月进行一次排查，其他部门至少每季度进行一次排查，监督部对各部门隐患排查工作进行不定期抽查。各类检查的相关材料（检查方案、检查记录、评估分析、隐患档案等）需报公司监督部备案。

（2）事故隐患排查治理程序：

①开展事故隐患排查治理前需制订方案，明确排查的目的、范围、时限、方法和要求等方面的内容。

②检查时填写检查记录单（详见附件 A2.6）。

③检查完成后对发现的问题进行分析评估、分级（详见附件 A2.7）。

④治理部门组织整改工作并建档（详见附件 A2.8）。

⑤每月 6 日前将本部门隐患整改情况汇总表报公司监督部（详见附件A2.9）。

⑥每季度、每年各部门对事故隐患排查治理情况进行统计分析，开展安全生产预测预警；监督部每年对公司事故隐患排查治理情况进行统计分析，开展安全生产预测预警。

（3）各部门应当保障事故隐患治理的专项资金投入和使用。

（4）检查发现问题应落实整改责任人和整改期限，不能在限期内整改完成的应当及时向上级汇报说明原因。

（5）公司生产部门应当建立安全生产事故隐患排查治理有奖举报制度，鼓励工作人员对生产工艺、流程、设备设施、作业环境及管理上存在的问题和事故隐患进行举报或提出建议,对查证属实的举报人或建议人给予适当奖励。

(6) 重大事故隐患在治理前应采取临时控制措施,并制定应急预案。公司对重大安全生产事故隐患实行登记、整改、销号的全过程管理,各相关部门应当及时对重大安全生产事故隐患的排查及治理情况进行登记并报告监督部,监督部汇总建档,并跟踪检查整改落实情况。

(7) 公司各部门应当在事故隐患排查的基础上加强重点部位及专业、专项事故隐患的治理,解决影响安全生产的突出矛盾和问题;重点排查、治理违章指挥、违章作业、违反劳动纪律及习惯性违章行为;严格安全标准执行力度,加强现场管理,加大安全投入,推进安全技术改造;加强应急管理,完善事故应急救援预案体系,落实事故隐患治理责任与监控措施。

(8) 对事故隐患隐瞒不报或排查治理过程中违反有关安全生产法律、法规、规章、标准和规程规定的部门和个人,造成严重后果的,按有关规定追究其责任。

2.4　危险源辨识、风险评价及风险管控办法

2.4.1　一般要求

(1) 本办法适用于公司所辖范围内水利水电工程运行管理危险源辨识、风险评价和风险管控,以及水利水电工程施工风险管控。水利水电施工危险源辨识与风险评价按照《水利水电工程施工危险源辨识与风险评价导则(试行)》执行。基本定义如下:

①危险源:水利水电工程、水库、水电站、水闸工程、运行管理过程中存在的,可能导致人员伤亡、健康损害、财产损失或环境破坏,在一定的触发因素作用下可转化为事故的根源或状态。

②重大危险源:在水利水电工程、水库、水电站、水闸工程运行管理过程中存在的,可能导致人员重大伤亡、健康严重损害、财产重大损失或环境严重破坏,在一定的触发因素作用下可转化为事故的根源或状态。

③安全风险管控:通过识别生产经营活动中存在的危险、有害因素,并运用定性或定量的统计分析方法确定其风险严重程度,进而确定风险控制的优先顺序和风险控制措施,以达到改善安全生产环境、减少和杜绝安全生产事故的目标而采取的措施和规定。

(2) 全方位、全过程开展危险源辨识与风险评价,至少每季度开展 1 次

（含汛前、汛后），及时掌握危险源的状态及其风险的变化趋势，更新危险源及其风险等级。

（3）在每年第一次危险源辨识与风险评价的基础上，编写危险源辨识与风险评价报告，主要内容及要求详见附件 A2.10，若有重大变化须重新编写危险源辨识与风险评价报告。

（4）公司危险源辨识与风险评价报告须经相关部门负责人和监督部负责人、分管安全的公司领导、公司主要负责人签字确认，必要时应先组织专家进行审查。

2.4.2 危险源类别、级别与风险等级

（1）危险源分六个类别，分别为构（建）筑物类、金属结构类、设备设施类、作业活动类、管理类和环境类，各类的辨识与评价对象主要有：

①构（建）筑物类（水库）：挡水建筑物、泄水建筑物、输水建筑物、过船建筑物、桥梁、坝基、近坝岸坡等。

②构（建）筑物类（水闸）：闸室段、上下游连接段、地基等。

③金属结构类：闸门、启闭机械等。

④设备设施类：电气设备、特种设备、管理设施等。

⑤作业活动类：作业活动等。

⑥管理类：管理体系、运行管理等。

⑦环境类：自然环境、工作环境等。

（2）危险源辨识分两个级别，分别为重大危险源和一般危险源。

（3）危险源的风险评价分为四级，由高到低依次为重大风险、较大风险、一般风险和低风险，分别用红、橙、黄、蓝四种颜色标示。

2.4.3 危险源辨识

（1）危险源辨识是指对有可能产生危险的根源或状态进行分析，识别危险源的存在并确定其特性的过程，包括辨识出危险源以及判定危险源类别与级别。

（2）危险源辨识应考虑工程正常运行受到影响或工程结构受到破坏的可能性，以及相关人员在工程管理范围内发生危险的可能性，储存物质的危险特性、数量以及仓储条件，环境、设备的危险特性等因素，综合分析判定。

（3）危险源由公司相关部门负责人和（或）安全管理方面经验丰富的专业人员及基层人员（5人及以上），采用科学、有效及相适应的方法进行辨识，对

其进行分类和分级,汇总制定危险源清单,并确定危险源名称、类别、级别、事故诱因、可能导致的事故等内容,必要时可进行集体讨论或专家技术论证。

(4) 危险源辨识方法主要有直接判定法、安全检查表法、预先危险性分析法、因果分析法等。

(5) 危险源辨识应优先采用直接判定法,不能用直接判定法辨识的,应采用其他方法进行判定。当出现符合《水库工程运行重大危险源清单》(附件 A2.11)、《水闸工程运行重大危险源清单》(附件 A2.12)中的任何一条要素的,可直接判定为重大危险源。

(6) 当相关法律法规、规程规范、技术标准发布(修订)后,或构(建)筑物、金属结构、设备设施、作业活动、管理、环境等相关要素发生变化后,或发生生产安全事故后,应及时组织辨识。

2.4.4　危险源风险评价

(1) 危险源风险评价是对危险源在一定触发因素作用下导致事故发生的可能性及危害程度进行调查、分析、论证等,以判断危险源风险程度,确定风险等级的过程。

(2) 危险源风险评价方法主要有直接评定法、作业条件危险性评价法(LEC 法)、风险矩阵法(LS 法)等。

(3) 对于重大危险源,其风险等级应直接评定为重大风险;对于一般危险源,其风险等级应结合实际选取适当的评价方法确定。

(4) 对于维修养护等作业活动或工程管理范围内可能影响人身安全的一般危险源,宜采用作业条件危险性评价法(LEC 法)(见附件 A2.13)。

(5) 对于可能影响工程正常运行或导致工程破坏的一般危险源,应由不同管理层级以及多个相关部门的人员共同进行风险评价,宜采用风险矩阵法(LS 法)(见附件 A2.14)。

(6) 一般危险源的 L、E、C 值(作业条件危险性评价法)或 L、S 值(风险矩阵法)参考取值范围及风险等级范围见《水库工程运行一般危险源风险评价赋分表(指南)》(见附件 A2.15)和《水闸工程运行一般危险源风险评价赋分表(指南)》(见附件 A2.16)。

2.4.5　安全风险管控

(1) 按安全风险等级实行分级管控,落实公司、部门、车间(施工项目部)、班组(施工现场)、岗位(各工序施工作业面)的各级管控责任。

（2）根据危险源辨识和风险评价结果，针对安全风险的特点，通过隔离危险源、采取技术手段、实施个体防护、设置监控设施和安全警示标志等措施，达到监测、规避、降低和控制风险的目的。

（3）强化对重大安全风险的重点管控，制定重大危险源管理控制措施，包括采取技术措施（设计、建设、运行、维护、检查、检验等）和组织措施（职责明确、人员培训、防护器具配置、作业要求等），并对措施的实施情况进行监控。

（4）风险等级为重大的一般危险源和重大危险源要报上级主管部门备案，危险物品重大危险源要按照相关规定同时报有关应急管理部门备案。

（5）关注危险源风险的变化情况，动态调整危险源、风险等级和管控措施，确保安全风险始终处于受控范围内。

（6）风险变更前，对变更过程及变更后可能产生的风险进行分析，制定控制措施，履行审批及验收程序，并告知和培训相关的从业人员。

（7）建立专项档案，定期对安全防范设施和安全监测监控系统进行检测、检验，组织进行经常性维护、保养并做好记录。

（8）针对公司安全风险可能引发的事故完善应急预案体系，明确应急措施，对风险等级为重大的一般危险源和重大危险源实现"一源一案"，定期组织开展相关演练。

（9）将危险源评价结果及所采取的控制措施告知从业人员，使其熟悉工作岗位和作业环境中存在的安全风险。针对存在安全风险的岗位，制作岗位安全风险告知卡，明确主要安全风险、隐患类别、事故后果、管控措施、应急措施及报告方式等内容。

（10）定期组织风险教育和技能培训，确保从业人员和进入风险工作区域的外来人员掌握安全风险的基本情况及防范、应急措施。

（11）将安全防范与应急措施告知可能直接影响范围内的相关单位和人员。

（12）在醒目位置和重点区域分别设置安全风险公告栏，标明工程的主要安全风险名称、等级、所在工程部位、可能引发的事故隐患类别、事故后果、管控措施、应急措施及报告方式等内容。

（13）在重大危险源现场和存在重大安全风险的工作场所，设置明显的安全警示标志和危险源警示牌，并强化监测和预警。

2.4.6 相关职责

（1）公司主要负责人负责科学、系统、全面地组织开展危险源辨识与风险

评价,严格落实相关管理责任和管控措施,有效防范和减少生产安全事故。具体工作如下:

①批准公司危险源辨识与风险评价报告。

②负责组织开展公司重大风险管控。

(2)分管安全公司领导负责协助公司主要负责人组织开展危险源辨识与风险评价,严格落实相关管理责任和管控措施,有效防范和减少生产安全事故。具体工作如下:

①审核公司危险源辨识与风险评价报告。

②协助公司主要负责人组织开展公司重大风险管控,督促相关部门落实重大风险的具体管控措施。

③负责组织开展较大风险管控,督促分管部门落实较大及以下风险的具体管控措施。

④督促监督部落实危险源辨识、风险评价与风险管控相关工作。

(3)监督部负责统筹组织开展公司危险源辨识与风险评价,监督相关部门落实相关管理责任和管控措施,有效防范和减少生产安全事故。具体工作如下:

①编制公司危险源辨识与风险评价报告,并组织上报上级主管部门。

②协助组织开展公司重大风险管控,监督相关部门落实重大风险的具体管控措施。

③督促相关部门开展危险源辨识与风险评价,监督落实较大及以下风险的具体管控措施。

④通过水利安全生产信息系统等方式,组织报送公司危险源辨识与风险评价结果。

⑤建立公司危险源辨识与风险评价相关台账,包括并不限于《危险源辨识与风险评价表》(适用于 LEC 法)(见附件 A2.17)。

(4)相关部门负责落实相关管理责任和管控措施,有效防范和减少生产安全事故。具体工作如下:

①对辨识出的危险源实施分级分类差异化动态管理,制定并落实各级安全风险管控责任,以及相应的控制措施和应急措施。

②定期对管辖范围内的危险源进行巡查,重大危险源和风险较大的一般危险源每天巡查一次,一般风险和低风险危险源每月或每周巡查一次。

③制定范围内的重大危险源管理控制措施并组织实施;制定重大危险源应急预案,定期组织开展演练。

④制作本部门岗位安全风险告知卡,将危险源评价结果及所采取的控制措施告知相关从业人员,按规定定期组织风险教育和技能培训。

⑤设置管辖范围内的安全风险公告栏、安全警示标志和危险源警示牌。

2.5 重大危险源监督管理办法

2.5.1 一般要求

本办法所称重大危险源,是指长期或临时生产、搬运、使用或存储危险物品,且危险物品的数量等于或者超过临界量的单元(包括场所和设施)。重大危险源包括以下五类:

①贮罐区(贮罐)。

②库区(库)。

③生产场所。

④压力管道。

⑤压力容器。

公司重大危险源的监督管理工作,实行分级监控、动态管理,由监督部定期向上级上报监控信息。

2.5.2 工作职责

(1)监督部负责重大危险源监督管理制度的制定、监督检查工作,负责协调解决重大危险源监控工作中存在的有关问题。

(2)监督部负责重大危险源的普查、辨识、登记和监控,并将重大危险源监控自查报告于每年12月份报送右江水利公司监督部。当重大危险源发生变化时,监督部应当及时调整监控方案,并报告公司安全生产领导小组和右江水利公司安全生产监督部及地方政府有关部门。

(3)公司主要负责人对本部门重大危险源的监控工作全面负责,防范生产安全事故发生。

2.5.3 重大危险源监督管理

(1)公司应当按照有关规定委托具备相应资质的安全生产中介机构定期对管理区域内的重大危险源进行安全评价,根据安全评价结果制定监控方案,并将安全评价结果和监控方案报送右江水利公司安全生产监督部和当地政府安全生产监督管理部门备案。

（2）存在剧毒物质的重大危险源，应当每年进行一次安全评价，其他重大危险源，应当每两年进行一次安全评价。重大危险源在生产流程、材料、工艺、设备、防护措施和环境等因素发生重大变化，或者有关法律、法规、国家标准、行业标准发生变化时，应当重新进行安全评价。

（3）安全评价报告应当包括以下主要内容：

①安全评价的主要依据。

②重大危险源基本情况。

③危险、危害因素辨识。

④可能发生事故的种类及损害程度。

⑤重大危险源等级。

⑥应急救援预案效果评价。

⑦监控方案。

（4）公司应当根据国家或行业有关标准定期对重大危险源的工艺参数、危险物质进行检测，对重要设备设施进行检验，对安全状况进行检查，做好记录，建立档案。

（5）公司应当制定重大危险源应急救援预案，并定期组织演练，及时修订预案。应急救援预案应当包括以下主要内容：

①应急救援机构、人员及其职责。

②危险源辨识与评价。

③应急救援设施和设备。

④应急救援能力评价与资源。

⑤报警、通讯联络方式。

⑥应急救援程序与行动方案。

⑦保护措施与程序。

⑧事故后的恢复与程序。

⑨培训与演练。

（6）公司有关部门应当定期对重大危险源安全状况进行检查，发现安全隐患应当立即采取措施予以排除。难以立即排除的，应当组织论证，制定治理方案，限期治理。安全隐患排除前或者排除过程中无法保证安全的，应当立即从危险区域撤出作业人员，停产停业或者停止使用，并采取有效的安全防范和监控措施。

（7）治理方案应当包括隐患事实、治理期限和目标、治理措施、责任机构和人员、治理经费、物质保障等内容。

（8）公司主要负责人应当保证重大危险源的安全管理、检测、监控及隐患治理所必需的资金投入，并对由于资金投入不足导致的后果承担责任。

（9）对重大危险源存在的事故隐患，任何部门和个人有权向监督部或公司安全生产领导小组或行业主管安全生产监督管理部门报告、举报。

（10）对未按规定对重大危险源进行普查、辨识；对重大危险源未登记建档，未进行评价、监控，或者未制定应急预案的，一经查出，将依据《中华人民共和国安全生产法》(2021 年 9 月 1 日起施行)及有关规定进行责任追究；造成严重后果构成犯罪的，移交司法机关处理。

2.6 突发事件应急管理办法

2.6.1 组织机构与职责

2.6.1.1 应急救援领导小组

组　长：总经理

副组长：分管安全副总经理

成　员：各部门负责人

主要职责：

①贯彻国家应急工作方针，拟定公司突发安全事件应急工作计划，指导突发安全事件应急处置工作。

②指导、协调突发安全事件应急处置工作。

③向上级部门报告突发安全事件应急处置进展情况并请示有关重大事项。

④指派公司应急处置工作组赴现场应急指挥工作。

⑤审查公司突发安全事件综合应急预案和专项应急预案。

2.6.1.2 应急救援领导小组办公室

主　任：监督部负责人

成　员：各部门负责人

主要职责：

①负责公司突发安全事件应急管理的日常工作。

②组织公司突发安全事件综合应急预案和专项应急预案的起草、修订，并监督实施。

③组织、指导公司突发安全事件应急管理体系和应急信息平台的建设。

④向应急救援领导小组报告突发安全事件应急处置进展情况。

⑤承办公司应急管理的专题会议,督促落实公司有关决定事项和公司领导的批示、指示精神。

⑥负责对口联系生产场所所在地上级主管部门,当突发安全事件涉及启动政府应急预案时,配合政府相关应急指挥机构开展应急处置工作。

⑦负责协助突发安全事件调查处理和善后工作。

⑧协调公司突发安全事件的预防预警、应急演练、应急处置、调查评估、应急保障和宣传培训等工作。

2.6.1.3　现场应急救援指挥部

指挥部负责人为总经理或分管安全副总经理(总经理不在现场时由分管安全副总经理担任),指挥部成员为各部门负责人,指挥部包括综合组、后勤保障救护组、宣传报道组、安全保卫组(综合部负责)、应急抢险抢修组(百色那比水力发电厂负责)、事故调查和善后处理组(监督部、财务部负责)等。各工作组职责:

1. 综合组职责

(1)负责与事发现场和事发单位建立通信联络,掌握相关人员的联系方式。

(2)负责与其他工作组建立工作联系。

(3)负责联系医疗机构等外援组织。

2. 应急抢险抢修组职责

(1)负责按专项应急预案的要求开展现场应急救援工作。

(2)负责确定突发安全事件抢险方案,采取积极措施防止事故进一步扩大。

(3)负责事发现场人员抢救、灭火、设备设施隔离保护、抢修等具体工作。

(4)待外援人员到达现场后,负责安排相应人员进行交底,并组织参与实施抢险方案。

3. 后勤保障救护组职责

(1)负责文件、资料等的打印、复印、递送。

(2)负责应急物资(如急救药品、防护用品)的采购和调配。

(3)负责协调车辆,保障应急人员、应急物资的运送。

4. 宣传报道组职责

(1)负责各类应急信息的收集、汇总和编辑,上报应急救援领导小组办公室,按照规定的程序开展对外报道工作。

（2）协助应急救援领导小组办公室编辑突发安全事件简报,及时向上级有关主管部门报告应急处置信息。

（3）负责记录应急救援工作中的过程信息。

（4）负责引导媒体客观地报道事故情况和抢险救援、善后处理等有关情况,防止和制止事故谣传和误传。

5. 事故调查和善后处理组职责

（1）负责消除突发安全事件的影响,协调生产秩序的恢复。

（2）协助事故现场的调查工作。

（3）负责组织、协调伤亡人员家属安抚、慰问和补偿工作。

6. 安全保卫组职责

（1）负责事发现场的警戒、隔离和人员的疏散、引导。

（2）负责事发现场的治安、交通指挥。

（3）负责事发现场各种物资、设备的保卫工作。

2.6.2 突发事件处理

（1）各部门要认真及时发现处理各种潜在的危机,如若发生突发事件,要及时处理并在第一时间向公司突发事件应急工作小组报告。

（2）对于重大突发事件,公司应急工作小组要在第一时间向上级应急处置工作组报告,力求将可能造成的负面影响降至最低。

（3）应急工作小组制定的应变策略和措施在实施前,应征求公司内、外及法律顾问的意见,以得到法律上的支持和保障。

（4）对发生重大事件不及时上报或避重就轻、隐瞒不报者,一经发现将予以通报批评并追究相关责任人的责任。

2.7 特种作业人员安全管理

2.7.1 一般要求

本办法适用于本公司各种特种作业人员。本办法所称特种作业是指容易发生安全事故,对操作者本人、他人及周围设施的安全有重大危害的施工作业。主要包括:

（1）电工作业:电气安装、维修、维护等。

（2）金属焊接切割作业：电焊、切割机。

（3）起重机械作业：门式、塔式、桥式、缆索起重机及其他移动起重机作业与安装、拆除、维修；电梯作业与安装、拆除、维修；起重指挥、司索等。

（4）厂内机动车辆驾驶：场内运输汽车。

（5）登高架设及高空悬挂作业：各种排架、平台的架设拆除；外墙、坝面清理、装修；悬挂设备安装维修。

（6）压力容器操作：空压设备、调速器设备操作、维修等。

（7）其他国家或省级政府有关部门明确的特种作业。

2.7.2　特种作业人员

（1）特种作业人员应持有特种作业证件才能上岗作业。特种作业证件按当地政府有关规定进行定期复审和换证。特种作业人员必须具备以下基本条件：

①年龄满 18 周岁。

②身体健康，无妨碍从事相应作业的疾病和生理缺陷。

③初中以上文化程度，具备相应工种的基本安全知识和安全操作技能。

④经专业培训，参加国家规定的专业技术理论和实际操作考核合格，取得特种作业证件。

（2）公司应对特种作业人员进行安全教育培训，经考核合格后，才能安排上岗。对离开特种作业岗位 6 个月以上的特种作业人员，应当重新进行实际操作考核。

（3）特种作业人员在作业过程中应当严格执行特种作业安全操作规程，遵守各项规章制度。

（4）特种作业人员在作业过程中发现异常现象、事故隐患或其他不安全因素，应立即处理，并报告有关负责人。

（5）公司对特种作业证件已到有效期的特种作业人员，应当提前向发证机关提出复审申请。复审准备内容为：

①健康检查。

②违章作业记录检查。

③安全培训教育记录。

④安全知识考试。

（6）各部门应对特种作业制定必要的安全生产作业指导书，监督检查，确保特种作业安全。并对特种作业人员建立档案，主要内容为：

①特种作业证件、复审记录复印件。

②接受安全教育、培训、考核记录。

③健康检查情况。

④安全作业记录。

⑤违章作业和事故记录。

（7）各部门要加强对特种作业人员的管理，对违背本办法规定、造成安全事故的，应加重处罚。

2.8 特种设备安全管理

2.8.1 一般要求

（1）本办法所称特种设备是指在安装、维修和使用过程中涉及生命安全、危险性较大的压力容器（含气瓶，下同）、压力管道、电梯、起重机械、场（厂）内专用机动车辆。

（2）本办法所称特种设备作业人员是压力容器（含气瓶）、压力管道、电梯、起重机械、场（厂）内专用机动车辆等特种设备的作业人员及其相关管理人员的统称。

（3）使用特种设备必须坚持"安全第一，预防为主，综合治理"的工作方针，做好特种设备的安全管理工作，防止事故发生。

（4）监督部负责对公司特种设备和作业人员的管理情况进行监督检查。具体管理和使用特种设备应按照职责分工，做好特种设备安全使用、管理和作业人员的管理工作。

2.8.2 安全责任

（1）公司主要负责人是安全工作的第一责任人，对公司特种设备的安全负有领导责任，并应当层层落实特种设备安全管理责任，建立相应的规章制度和操作人员岗位制度。

（2）公司应当加强对特种设备作业现场和特种设备作业人员的管理，应履行下列义务：

①制定特种设备操作规程、相关安全管理制度，并实施设备挂牌管理，明确管理责任人。

②聘用持证特种设备作业人员，建立特种设备作业人员管理档案和设备管理台账。

③对特种设备作业人员进行安全教育和培训。

④确保特种设备作业人员持证上岗和按章操作。

⑤提供必要的安全作业保障和条件。

⑥法规明确应履行的其他义务。

2.8.3　特种设备的采购、安装、更新、改造及大修

（1）采购特种设备时，应选择由国家认定的具有特种设备生产资质的厂家生产的特种设备。必要时，也可向质量技术监督部门进行咨询，在其指导下选择适当的厂家。不得自行设计、制造和使用自制的特种设备，也不得对原有的特种设备擅自进行改造或维修。

（2）特种设备安装、更新、改造及大修的施工单位应当持有有效的特种设备安装、改造、维修资质证书和相关的资质、证件等。

2.8.3.1　特种设备安装、更新、改造及大修的施工单位还应当具备的条件

（1）有与特种设备安装、更新、改造及大修相适应的专业技术人员和有资质的技术工人。

（2）有与特种设备安装、更新、改造及大修相适应的生产条件和检测手段。

（3）有健全的特种设备质量管理体系和责任制度等。

2.8.3.2　安装、更新、改造、大修特种设备，施工单位应到监督部办理的告知手续

（1）安装、改造、维修单位有效资质的证书和相关的资质、证件等。

（2）施工队伍及特种设备作业人员资质证书、资料。

（3）安全技术规范要求的技术文件、设备图纸、涉及土建基础的土建基础图等。

（4）施工工艺方案及安全技术措施和施工合同。

（5）产品质量合格证明。

（6）安装及使用、维修和保养说明。

（7）监督检验证明书。

（8）特种设备制造单位合同委托书或同意施工意见书。

（9）开工报告书及相应验收标准。

（10）使用部门同意施工意见书（特种设备安装、维修告知书，特种设备注册登记表，法人委托书）。

2.8.3.3 施工单位履行告知程序后,进行施工前检查原则

（1）安装、更新的特种设备。设备基础与厂房是否符合设计、安全防护、建筑工程质量和消防安全要求;是否符合施工工艺方案和安全措施等要求。

（2）改造、大修的特种设备。改造、大修方案与使用部门要求是否一致;是否按检验检测部门出具的检验报告或技术测试报告要求进行施工;是否符合技术规范、工艺方案、安全技术措施等要求。

（3）施工单位在施工结束后,应当向质量技术监督局提出书面申请检验,由质量技术监督局指定具有特种设备检测检验资格的机构按照条例、规程等有关规定进行检验。检验合格后方可进行项目验收,不经过项目验收不能正式投入使用。

（4）验收工作由监督部组织,质量技术监督局、施工单位、管理及使用部门参加。验收工作结束后,公司应当在验收后30日内,到质量技术监督局完成该设备的登记注册和信息更新,并按照归档要求,将资料全部归档管理,不需要归档的资料全部移交使用部门。

（5）对于新安装的或更新的特种设备在投入使用后30日内,应当到质量技术监督局进行注册登记、办理特种设备使用证,注册登记工作也可依据合同委托施工单位办理。办理注册登记时,应当按质量技术监督局要求提供相应的资料。注册登记标志应当置于或者附着于该特种设备的显著位置。

2.8.4 特种设备的使用

（1）特种设备使用部门应当严格执行有关安全生产的法律、行政法规和本办法,保证特种设备的安全使用。

（2）公司应当使用取得许可生产并经检验合格的特种设备。特种设备投入使用前,应当核对其是否附有安全技术规范要求的设计文件、产品质量合格证明、安装及使用维修说明、监督检验证明等文件。

（3）应当建立特种设备安全技术档案。安全技术档案应当包括以下内容:

①特种设备的设计文件、制造单位、产品质量合格证明、使用维护说明等文件以及安装技术文件和资料。

②特种设备的定期检验和定期自行检查的记录。

③特种设备的日常使用状况记录。

④特种设备及其安全附件、安全保护装置、测量调控装置及有关附属仪器仪表的日常维护保养记录。

⑤特种设备运行故障和事故记录。

⑥应急救援演练记录。

（4）特种设备使用部门应当对在用特种设备进行经常性日常维护保养；对在用特种设备应当至少每月进行一次自行检查，并做出记录；对在用特种设备的安全附件、安全保护装置、测量调控装置及有关附属仪器仪表也应当根据要求进行定期校验、检修，并做出记录。

（5）电梯日常维护保养还应当按照保养说明书提供的保养项目、方法和周期要求，制定日常维护保养计划，并做好保存期不低于 3 年的保养记录。

（6）特种设备使用部门需要委托安装、改造或者维修保养特种设备的，应当委托已依法取得相应许可、有资质的特种设备维修保养单位进行。特种设备维护现场须有使用部门设备责任人进行安全监管。

（7）特种设备的安装、使用、报废应当及时报质量技术监督局和右江水利公司监督部备案。

（8）特种设备使用部门应当按照安全技术规范的定期检验要求，在安全检验合格有效期届满前 1 个月向质量技术监督局提出定期检验要求，由依法经核准的特种设备检验检测机构进行检验。未经定期检验或者检验不合格的特种设备，不得继续使用。

（9）特种设备出现影响安全生产的故障或异常情况，及时向公司监督部和质量技术监督局报告，并采取有效措施，消除事故隐患后，方可重新投入使用。

（10）特种设备存在严重事故隐患，无改造、维修价值，或者超过安全技术规范规定使用年限，及时予以报废，并到质量技术监督局办理注销手续。

（11）制定特种设备的事故应急预案和救援措施，每年至少进行一次特种设备应急预案的演练工作，并做好记录。每 3 至 5 年对应急预案进行一次全面的修订。

2.8.5　特种设备作业人员

（1）根据特种设备使用要求，配备专职、兼职的安全管理人员。特种设备的安全管理人员应当对特种设备使用状况进行经常性检查，发现问题应当立即处理；情况紧急时，可以决定停止使用特种设备，并且立即报告部门负责人。

（2）申请《特种设备作业人员证》的人员应当符合下列条件：

①年龄在 18 周岁以上。

②身体健康并满足申请从事的作业种类对身体的特殊要求。

③有与申请作业种类相适应的文化程度。

④有与申请作业种类相适应的工作经历。

⑤具有相应的安全技术知识与技能。

⑥符合安全技术规范规定的其他要求。

（3）特种设备作业人员应当按照国家有关规定，取得国家统一格式的特种设备作业人员证书，方可从事相应的作业或者管理工作。

（4）特种设备作业人员证书应当按照国家规定时间复审，逾期未申请复审或考试不合格的，其《特种设备作业人员证》自动失效，继续从事特种设备操作或管理工作视为无证上岗。

（5）任何单位和个人不得非法印制、伪造、涂改、倒卖、出租或者出借《特种设备作业人员证》。

（6）特种设备作业人员应当遵守以下规定：

①积极参加特种设备安全教育和安全技术培训。

②严格执行特种设备操作规程和有关安全规章制度。

③拒绝违章指挥。

④发现事故隐患或者不安全因素立即向现场管理人员、部门负责人和公司监督部报告。

⑤严格执行其他有关规定。

（7）凡公司特种设备作业人员，调离本工种者或因健康原因不能继续从事原作业的，及时到质量技术监督局办理注销手续。

2.9 生产安全事件、事故报告和调查处理办法

2.9.1 一般要求

（1）本办法适用于公司管理范围内生产经营活动中发生的各类生产安全事件、事故报告和调查处理相关工作。

（2）事件、事故的报告应当及时、准确、完整，分析应当全面、深刻，调查应当实事求是，处理应当按照"四不放过"原则进行。

（3）任何部门和个人对违反本办法、隐瞒事故或阻碍事故调查的行为有权越级反映。

2.9.2 事件、事故定义和等级划分

（1）一般安全事件，是指依据有关法律、法规或行业规定，不构成一般及以

上事故的安全事件,通常指未造成人员伤亡、直接经济损失在50万元以下的安全事件(包括可能造成重大事故、重大损失、重大影响的涉险事件和未遂事件)。

(2)生产安全事故是指在生产经营活动(包括与生产经营有关的活动)中突然发生的,伤害人身安全和健康,或者损坏设备设施,造成经济损失的,导致原生产经营活动(包括与生产经营活动有关的活动)暂时中止或永远终止的意外事件。包括人身事故、设备事故和经济损失事故。

(3)生产安全事故的等级划分和标准,执行国家有关规定;涉及电力生产的事故按照《电力安全事故应急处置和调查处理条例》有关规定执行。

2.9.3　事件调查

(1)一般安全事件发生后,现场有关人员应当立即报告本部门负责人。部门负责人接到报告后,应当立即报告监督部。监督部2小时内报告公司安全生产领导小组。

(2)事件的调查,执行国家有关规定;涉及电力生产事故的调查按照《电力安全事故应急处置和调查处理条例》有关规定执行。

(3)对未造成人员伤亡且经济损失在10 000元以下的一般安全事件,由责任部门组织有关人员进行调查,提出处理意见报监督部。对造成人员轻伤以上或经济损失在10 000元以上的一般安全事件,由公司安全生产领导小组组织有关人员进行调查。

(4)一般安全事件的调查报告由事件调查部门或调查组负责编写,监督部审查后报公司领导批准后执行。

(5)事件调查报告应当包括下列内容:

①事件发生经过。

②事件造成的直接经济损失及影响情况。

③事件发生的原因及性质。

④事件应急处置情况。

⑤事件责任认定和对事故责任单位、责任人的处理建议。

⑥事件防范和整改措施。

(6)事件发生部门和责任人员应当认真吸取经验教训,落实事故防范和整改措施,防止事故再次发生。

2.9.4　事故报告

(1)公司所属部门在生产活动中发生一般及以上安全事故报告程序:

①当发生一般及以上安全事故时,事故现场有关人员应当立即向本部门负责人报告,部门负责人在接到报告后立即报告监督部和安全生产领导小组,公司主要负责人接到报告后 1 小时内向地方政府安监部门报告,并在 24 小时内提交书面报告。

②若发生电力安全事故或特种设备安全事故,公司在向右江水利公司安监部报告的同时,还要在 1 小时内报地方政府安监部门和电力监管部门,并在 24 小时内提交书面报告。

(2)承担公司委托(基建工程、物业、维修等)项目的外来承包单位安全事故报告程序:

①事故现场有关人员应当立即向本单位负责人和公司项目管理部门负责人报告,事故发生单位负责人在接到报告后 1 小时内报告事故发生地县级以上人民政府安全生产监督管理部门和负有安全生产监督管理职责的有关部门,并 24 小时内提交书面报告。

②公司项目管理部门负责人在接到报告后立即报告监督部和公司安全生产领导小组,监督部接到报告后立即报告公司安全生产领导小组,并在 24 小时内提交书面报告。

(3)事故报告应当包括下列内容:

①事故发生的时间、地点。

②事故发生的简要经过。

③事故造成的人员伤亡和初步的直接经济损失情况。

④事故应急救援开展情况。

⑤其他应当报告的情况。

(4)报告形式为电话、传真、电子邮件等。

(5)当发生一般及以上事故时,由公司安全生产领导小组组织开展救援和善后处置工作,并全力配合上级有关单位和部门开展事故调查。

2.9.5 责任追究

生产安全事故责任追究执行《生产安全事故报告和调查处理条例》《生产安全事故罚款处罚规定(试行)》,电力安全事故责任追究执行《电力安全事故应急处置和调查处理条例》。对发生安全生产责任事故,以及因违规违章、失职渎职等造成严重影响及不良后果的相关责任人,视情节轻重给予相应的行政处分。如涉及违法犯罪的,将移送司法机关,追究其法律责任。对下列情况应当从严处理:

（1）违章指挥、违章作业、违反劳动纪律造成的事故。

（2）事故发生后隐瞒不报、谎报、迟报或在调查中弄虚作假、隐瞒真相的。

（3）阻挠或无正当理由拒绝事故调查，拒绝或阻挠提供有关情况和资料的。

（4）其他需要从严处理的行为。

在事故处理中积极参与应急处置工作，在事故调查中主动反映事故真相，使事故调查顺利进行的有关事故责任人员，可酌情从宽处理。

2.10　安全设施管理办法

2.10.1　安全设施标准内容

1. 安全标志

（1）禁止标志。

（2）警告标志。

（3）指令标志。

（4）提示标志。

（5）安全宣传标志。

（6）消防标志及其他。

2. 设备及安全工器具标志

（1）机组、闸门等主设备标志。

（2）机组、闸门等辅助设备标志。

（3）电气设备标志。

（4）电力（电缆）线路标志。

（5）阀门标志及其他。

（6）管道着色及介质流向标志。

（7）电气安全工器具标志。

3. 安全警示线

（1）禁止阻塞线。

（2）减速提示线。

（3）安全警戒线。

（4）防止踏空线。

（5）防止绊跤线。

4. 安全防护

(1) 安全工具箱。

(2) 固定防护围栏。

(3) 临时防护遮拦。

(4) 临时提示遮拦。

(5) 孔洞盖板。

(6) 爬梯遮拦。

(7) 防小动物板。

5. 目视管理

(1) 生产现场各层导向图。

(2) 生产现场各层走向标志。

(3) 设备巡检走向图。

(4) 地埋设施设备标志。

(5) 设备参数标示牌。

2.10.2 管理要求

(1) 安全设施分工按照"谁主管、谁负责"的原则,各部门根据设备和区域划分,分别对所属责任区域内安全设施的日常检查、维护、维修、保养、统计、安装和管理负责。特殊情况下,其他部门因工作需要必须拆除或移位安全设施的,必须征得原管理部门的同意,工作结束后必须经原管理部门验收合格。

(2) 各部门负责建立所属责任区域内标准化的安全设施,建立安全设施台账,每月组织一次对所属区域内的安全设施的普查、统计,对发现的问题及时报告部门领导并进行处理。

(3) 建设项目的安全设施,即新建、扩建、改建项目预防生产安全事故的设备、设施、装置、建筑物和其他技术措施,由责任部门负责且必须与主体工程同时设计、同时施工、同时投入生产和使用,并按相关规定进行验收。

2.11 安全生产记录管理制度

2.11.1 职责

(1) 监督部负责对公司安全生产监督、检查、管理活动中形成的安全生产记录的管理。

（2）监督部编制统一标识、规定保存期限,对公司记录进行归口管理和控制,列出公司《记录清单》。

（3）记录包括公司管理和生产体系运行所需要的记录,如检查记录、运行记录、隐患排查记录等。

（4）职能部门负责人批准本部门编制的记录格式,并报公司监督部备案,同时设专人负责收集、整理、保管本部门的记录。

（5）各部门负责相关记录的收集、传递、编目、存储、保管、归档。

2.11.2　工作程序

2.11.2.1　安全生产记录管理

1. 安全生产记录

（1）安全会议类记录,如会议签到表、会议纪要等。

（2）安全检查类记录,如安全检查记录表、安全巡查记录、台账等。

（3）安全投入类记录,如安全生产费用使用台账等。

（4）安全教育培训类记录,如新员工入职三级安全教育台账、安全技术培训、考核记录等。

（5）安全设备设施类记录,如各类安全设备设施台账及其检验、检测、校验记录等。

（6）特种人员和设备类记录,如特种作业人员台账、特种设备台账等。

（7）应急管理类记录,如应急培训和演练纪录、应急设备设施台账等。

（8）危险源管理及事故隐患治理类记录,如危险源登记台账、事故隐患排查整改记录、隐患整改通知书等。

（9）事故调查与处理类记录,如事故报告、事故调查与处理报告等。

（10）职业卫生与劳动保护类记录,如职业卫生检查与监护记录、劳动防护用品发放使用记录等。

（11）相关施工管理类记录,如对分包方和供应方监管记录、与分包单位签订的安全生产协议等。

（12）其他安全生产管理活动中形成的有关记录。

2. 记录的形式

安全生产记录可采用表格、图表、报告、电子媒体及照片等形式。

3. 填写要求

（1）安全生产记录要及时填写、内容完整、字迹清楚、标识明确、签字和印章清晰,手续齐全,不得随意涂改。

（2）各部门负责人或记录审批人、记录填写人要对记录中的数据和文字内容的准确性、完整性、规范性及真实性负责。

4．收集要求

负有安全生产管理职责的部门应按职责范围建立记录清单，按记录清单完全地收集记录，并指定人员负责记录的收集、整理、登记和保管。

5．标识要求

（1）安全生产记录表格及标识规范。

（2）其他记录按照记录内容分类编号，采用类别号、年号加流水号的方法进行编号。以工程名称、部位、日期、签字等进行标识，以便实现可追溯性。

6．贮存要求

（1）纸质记录应保存在专用文件夹、文件盒内，并存放在专用文件柜内，不得散落。保存环境应适宜，并做好防潮、防火、防鼠与防虫等措施，防止记录的损坏、变质或丢失。

（2）电子媒体记录应做好防潮、防压、防碰撞、防磁等措施，并做好备份，防止存储的丢失。

7．保护规定

根据重要程序、保密等级对记录采取相应保护措施，必要时做好备份。

8．检索要求

记录应按时间、类别、项目编制目录，方便检索和查阅。

9．保留

对需要长期保存的记录资料按公司档案管理要求进行归档保留。

10．处置规定

（1）保存期满的记录由记录保管人员整理出过期的记录，经部门负责人审批后由记录保管人员按审批意见进行处置。

（2）对于过期记录需要作为参考资料保留时，需在记录封面醒目处加盖"作废"章，并与有效记录分开存放。

（3）对已经处置的过期和已销毁的记录，需在记录登记表目录中添加"作废"或"已销毁"的标识。

（4）流转、移交、处置、保存期限等按公司档案有关要求和规定执行。

2.11.2.2　安全生产档案管理

安全生产文件和记录按《公司档案管理办法》规定进行档案化管理，安全生产档案内容主要包括（但不限于）：

1. 文件、证件及人员信息

(1) 主管部门、项目法人、监理单位批准或下发的安全生产文件。

(2) 施工单位及相关单位印发的安全生产文件。

(3) 施工现场安全管理人员岗位安全考核合格证。

(4) 施工单位资质及专业人员证件(复印件)。

(5) 人身意外伤害保险证明(复印件)。

(6) 安全防护用品(包括:安全帽、安全网、安全带和漏电保护器等)允许使用相关证明。

(7) 安全生产许可证(复印件)。

(8) 现场施工人员登记表。

(9) 企业负责人、安全生产管理专(兼)职人员登记表。

(10) 特种作业人员登记表。

2. 安全生产目标管理

(1) 安全生产目标管理计划及相关文件。

(2) 安全生产目标责任书(包括公司与部门、部门与个人的安全生产目标责任书)。

(3) 安全生产目标考核标准及相关文件。

(4) 安全生产目标考核结果及相关文件等。

3. 安全生产管理机构和职责

(1) 公司安全生产管理组织网络。

(2) 安全生产会议相关记录、纪要及落实情况。

(3) 公司与委外单位签订的协议书。

(4) 各级安全生产责任制(包括公司各部门、各岗位的安全生产责任制)。

(5) 安全生产责任制的考核记录。

4. 施工现场安全生产管理制度

(1) 安全生产管理制度。

(2) 施工现场各工种安全技术操作规程。

(3) 施工现场各机械设备安全操作规程。

(4) 安全生产管理制度的学习记录。

(5) 安全生产管理制度执行情况和适用性的检查、评价报告等。

5. 安全生产费用

(1) 施工合同书(安全费用的内容复印件)。

(2) 安全生产费用使用计划及相关文件。

（3）安全生产费用投入、使用台账。

（4）安全生产费用支付申请及凭证等。

6．施工组织设计和专项施工方案

（1）施工组织设计（含工程概况表）。

（2）施工现场总平面布置图。

（3）危险性较大的分部分项工程汇总表。

（4）专项安全施工方案及相关审查、认证记录。

（5）安全施工技术措施、专项施工方案、工种等安全技术交底记录。

（6）消防设施平面布置图等。

7．安全教育

（1）年度安全教育培训计划。

（2）安全教育汇总表。

（3）管理人员、现场工人安全教育记录。

（4）三级安全教育培训记录。

（5）班组班前安全活动记录。

（6）待岗、转岗安全教育培训记录。

（7）特种作业人员安全教育培训记录。

8．设施设备管理

（1）设施设备管理台账（包括安全设施、生产设备、现场机械、消防设备、特种设备等）。

（2）劳动保护用品采购及发放台账。

（3）设施设备进场验收资料（包括起重机械、施工机械、机具、脚手架、模板工程、安全防护用具、砂石料系统、混凝土拌合系统验收记录等）。

（4）设施设备运行记录。

（5）设施设备检查记录。

（6）设施设备检、维修记录等。

9．作业安全

（1）安全标志登记台账。

（2）动火作业审批表。

（3）危险作业审批台账。

（4）危险性较大作业安全许可审批表。

（5）相关方安全管理登记表等。

10. 安全隐患排查治理

（1）各级主管部门、项目法人、监理单位和本公司检查的有关资料（事故隐患通知书、整改回执等）。

（2）隐患排查记录（隐患排查汇总表、整改通知单、整改结果等）。

（3）隐患排查统计报告。

（4）安全生产重大事故隐患排查报告。

（5）隐患治理方案及处理结果。

（6）安全生产事故隐患排查治理情况统计分析月报表等。

11. 危险源管理

（1）危险源辨识、分级记录。

（2）重大风险控制措施。

（3）重大风险关键装置，重点部位的责任部门、责任人名称。

（4）重大风险场所安全警示标志的设置情况。

12. 职业卫生和环境保护

（1）职业危害场所检测计划、检测结果。

（2）建立职业卫生档案和员工健康监护（包括上岗前、岗中和离岗前）档案。

（3）有毒、有害作业场所管理台账。

（4）接触职业危害因素作业人员登记表。

（5）职业危害防治设备、器材登记表等。

13. 应急管理

（1）施工现场安全事故应急救援预案及演练记录。

（2）安全生产月报表。

（3）生产安全事故相关材料和记录等。

2.12　危险化学品安全管理办法

2.12.1　一般要求

（1）本办法适用于公司危险化学品的运输、储存、使用及废弃物安全管理活动。

（2）危险化学品指具有毒害、腐蚀、爆炸、燃烧、助燃等性质，对人体、设施、环境具有危害的剧毒化学品和其他化学品。

（3）公司涉及使用的危险化学品主要有：汽油、柴油、煤油、透平油、抗磨液压油、医用酒精、工业酒精、次氯酸钠（消毒用）、84 消毒液、清洗剂（电气、机械设备用）、机油、油漆、泡沫填缝剂等。

（4）废弃危险化学品指淘汰、过期和失效的危险化学品。

2.12.2　管理内容

2.12.2.1　危险化学品的采购

使用部门负责危险化学品的采购，采购时必须遵守如下规定：

（1）负责调查、收集、保存危险化学品供方的资质。

（2）供货方或危险化学品生产企业必须提供与其危险化学品相符的化学品安全技术说明书，并在危险化学品包装（包括外包装件）上粘贴或者拴挂与包装内物品相符的化学品安全标签。使用部门负责保存采购的相关危险化学品安全技术说明书。

（3）要求供方在危险化学品的包装箱上，标注醒目的"危险品"、"防火"、"防爆"及"有害"等警示标志和安全注意事项等标识。

（4）使用部门要确保所采购的危险化学品符合法律、法规的要求，严禁采购国家明令禁止的化学品。

2.12.2.2　危险化学品的装卸、转运

（1）装卸人员，必须熟知危险品性质和安全防护知识。根据危险物品的性质，佩戴相应的防护用品。装卸时必须轻装轻卸，严禁摔拖、重压和摩擦，不得损毁警示标志，堆放稳妥。

（2）装运汽油、乙醇、柴油等易燃液体物品时，必须使用符合安全要求的运输工具。

（3）对碰撞或互相接触即易引起燃烧、爆炸的危险化学品，应按规定进行运输和装卸，不得混合装运。

（4）对遇热、遇潮容易引起燃烧、爆炸的易燃易爆品，在装运时应当采取隔热、防潮措施。

2.12.2.3　危险化学品的储存

（1）危险化学品的存储必须符合《危险化学品仓库储存通则》（GB 15603—2022）的规定。分类、分库存放，存放地点和数量要适宜，性质相互抵触的严禁一起存放；储存地点应注明危险化学品的名称、性质及灭火方式，有明显严禁烟火等警告标志。

（2）储存地点要有相应的危险化学品安全技术说明书、作业指导书和应急救援措施，并配备相应的灭火器材和应急救援物资。

（3）危险物品仓库应符合《建筑设计防火规范》（GB 50016—2014）的要求，并与生产、生活区之间达到消防规定的安全间距，小于规定安全间距应建造隔离墙。

（4）危险化学品仓库应有良好的通风，并根据不同要求设置防火、耐高温、防爆等安全防护设施。

（5）储存危险化学品的仓库必须由专人负责管理，同时配备可靠的个人安全防护用品。

（6）危险化学品出、入库时，保管人员必须填写《危险化学品出入库登记台账》。

（7）使用部门每月 5 日前，填写《危险化学品出入库台账》报监督部。

2.12.2.4　危险化学品的使用

（1）危险化学品的使用部门和作业人员，必须严格遵守各项安全制度、岗位作业指导书及安全技术说明书的有关规定，严禁超量使用和违规操作。

（2）各种气瓶在使用时，应距离明火 10 m 以上。氧气瓶的减压器上应有安全阀，严防沾染油脂，不得曝晒、倒置，平时使用时与液化气瓶的工作间距应不小于 5 m。

（3）特殊情况需要将危险化学品转移或分装到其他容器时，容器在使用前必须进行检查，并在容器上张贴安全标签标志，消除容器静电隐患，容器在未净化处理前，不得更换原有的安全标签，防止爆炸、火灾、中毒、污染等事故的发生。

（4）生产作业现场危险化学品的存放量，不得超过规定的使用量。作业现场应有相关的危险化学品应急救援措施和配备解救设施。

（5）作业人员必须配戴相应的防护用品，使用专用器具操作，防止泄漏、火灾。

（6）使用部门负责对员工进行教育培训，要求掌握识别危险化学品安全标签、了解安全技术说明书，以及必要的应急处理方法和自救措施。

（7）废弃的危险化学品按照危险废物有关要求规定进行处理。

2.12.2.5　危险化学品使用的监督管理

（1）监督部对使用现场进行监督检查，对存在隐患或不合格的地方要及时整改。

（2）监督部每季度对公司危险化学品的采购、储存、使用情况进行监督检查，对于未按此管理制度执行的，按公司相关规定进行限期整改和考核。

2.13　消防安全管理规定

2.13.1　一般要求

公司消防安全管理工作贯彻"谁主管、谁负责""设备、消防一体化"的原则。各部门应积极贯彻"预防为主,防消结合"的工作方针,建立消防责任制,明确职责,制定切实可行的消防管理与防火检查等制度。

监督部是归口管理部门,各相关部门必须在监督部统一协调下,管理消防安全。

2.13.2　组织架构与职责

为加强消防工作统一领导,增强预防火灾和处理灾情的能力,公司成立消防安全管理领导小组,人员构成如下:

（1）组　　长:总经理

（2）副组长:分管安全副总经理

（3）成　　员:各部门负责人

消防安全管理领导小组下设办公室,成员如下:

（1）主　　任:监督部负责人

（2）副主任:各部门负责人(不含监督部)

（3）成　　员:消防安全管理人员

2.13.3　安全职责

2.13.3.1　领导小组职责

（1）负责消防安全管理领导工作。

（2）贯彻执行国家有关法律法规及上级单位有关规章制度,建立健全各级消防安全责任制。

（3）组织防火检查,及时处理涉及消防安全的重大问题。

（4）建立、健全公司消防网络,根据"定配置地点、定规格数量、定责任部门"原则,制定消防管理制度。

2.13.3.2　领导小组办公室职责

（1）负责消防安全管理领导小组办公室的日常管理工作。

（2）负责宣传国家及地方政府的消防法规,贯彻执行国家有关法律法规及上级单位有关规章制度,接受地方消防部门的业务指导。

（3）组织公司消防知识培训。

2.13.3.3　其他部门职责

（1）负责本部门所辖区域的消防管理。

（2）制定本部门年度消防安全工作计划。

（3）负责所辖区域消防制度和应急预案的编制。

（4）负责本部门消防安全教育。

（5）负责所辖区域消防设施的维修,消防设备的采购、维护、年检等事宜。

（6）根据有关标准制定各处消防器材的配置定额。

（7）负责本部门责任范围的防火检查和火灾隐患的整改工作。

（8）负责所管辖范围内消防设施、器材日常巡检等工作,并对移动式消防设备、器材、空气呼吸器、防毒面具等统一建立台账。

2.13.4　消防安全责任区域划分及消防级别

公司所辖区域责任部门及消防级别详见表 2-1。

表 2-1　公司所辖区域责任部门及消防级别表

序号	区域	责任部门	消防级别
1	综合楼	综合部	重点部位
2	食堂	综合部	重点部位
3	生活区仓库	百色那比水力发电厂	重点部位
4	主坝（启闭机室）	百色那比水力发电厂	重点部位
5	厂房	百色那比水力发电厂	重点部位
6	危化品仓库	百色那比水力发电厂	重点部位

责任部门主要负责人为该区域消防安全责任人。责任部门须对所辖区域进一步划分,明确细分区域责任人。

2.13.5　重点区域防火管理

2.13.5.1　综合楼安全防火管理

（1）综合楼要配置消防广播,由专人负责定期检查管理。

（2）综合楼每一层都要设置消防疏散图,并保持清洁。

（3）综合楼必须配备适量、适用的消防器材（灭火器）,定期检查,始终保持良好备用状态,不准挪作他用,发现人为的损坏或挪用,按"谁损坏,谁挪用,谁负责"的原则进行处理。

(4) 消防设备周围不准堆放杂物,通道不准堵塞,必须保持畅通。

(5) 严禁乱拉乱接电源、电线、插座,严禁使用大功率电器。

(6) 严禁躺卧在床上吸烟,不准乱扔烟蒂。

(7) 严禁携带易燃、易爆、化学危险物品进入综合楼,严禁综合楼存放易燃、易爆、化学危险物品。

(8) 全体员工应熟悉所配消防设备设施的放置地点及使用方法。

2.13.5.2　食堂安全防火管理

(1) 按规定配备相应种类和数量的灭火器材,定期检查,保持完好有效。

(2) 厨师要严格按照安全操作规程使用明火,当日工作结束前,要检查所有阀门、开关、气源、电源是否断开,发现故障及时汇报,确认安全无误后方可离开。

(3) 严禁携带易燃、易爆物品进入食堂。

(4) 食堂内不得私接乱拉电源、电线,如确实需要,需请示领导,由电厂安排专业人员办理,用后及时拆除。

(5) 消防设备周围不准堆放杂物,通道不准堵塞,必须保持畅通。

(6) 综合部需定期对食堂工作人员进行防火安全教育,做到熟悉所配灭火器性能和使用方法,会扑救初起火灾,会逃生自救。

2.13.5.3　生活区仓库安全防火管理

(1) 仓库应当确定一名主要防火负责人,全面负责仓库的消防安全管理和日常巡查工作。

(2) 按规定配备相应种类和数量的灭火器材,定期检查,保持完好有效。

(3) 仓库内照明灯具应符合防火安全要求,严禁乱拉乱接电线。

(4) 仓库周围未经许可,严禁动用明火。

(5) 仓库内严禁吸烟及使用电加热器具。

(6) 消防设备周围不准堆放杂物,通道不准堵塞,必须保持畅通。

(7) 严禁存放易燃、易爆、化学危险物品。

(8) 全体员工应熟悉所配灭火器性能和使用方法。

2.13.5.4　主坝(启闭机室)安全防火管理

(1) 主坝(启闭机室)应当确定一名主要防火负责人,全面负责启闭机室的消防安全管理工作。

(2) 应当建立启闭机室日常消防巡查制度。

(3) 按规定配备相应种类和数量的灭火器材,定期检查,保持完好有效。

(4) 启闭机室内照明灯具应符合防火安全要求,严禁乱拉乱接电线。

（5）启闭机室应设置"严禁烟火"警示牌。

（6）启闭机室内严禁吸烟及使用电加热器具。

（7）消防设备周围不准堆放杂物。

（8）严禁存放易燃、易爆、化学危险物品。

（9）全体员工应熟悉所配灭火器性能和使用方法。

2.13.5.5　厂房安全防火管理

（1）电厂主要负责人为厂房的重点防火责任人,全面负责厂房的消防安全管理工作。

（2）厂房要配置消防广播及火灾报警装置,由专人负责定期检查管理。

（3）厂房每一层都要设置消防疏散图,并保持清洁。

（4）按规定配备相应种类和数量的灭火器材,定期检查,保持完好有效。

（5）厂房电气设备室(400 V、10.5 kV 配电室,保护室,GIS 室)需配备制冷设备,保持室内温度适宜,以防在高温环境下运行的电气设备过热引起火灾事故。

（6）厂房各区域均应设置"严禁烟火"警示牌。

（7）厂房照明灯具应符合防火安全要求,油库室、主变室必须使用防爆灯具,严禁乱拉乱接电线。

（8）厂房内严禁吸烟及违规使用大功率电器设备。

（9）消防设备周围不准堆放杂物,通道不准堵塞,必须保持畅通。

（10）严禁存放易燃、易爆、化学危险物品。

（11）全体员工应熟悉所配消防设备设施的放置地点及使用方法。

2.12.5.6　危化品仓库

（1）危化品仓库必须配备具有专业知识的管理人员,管理人员经过培训考核合格后方可上岗。

（2）危化品仓库应根据存储物品性质,配备足够的、相适应的安全措施及消防器材。

（3）禁止携带火种进入仓库,严禁在仓库内吸烟和使用明火,禁止使用无线通信。

（4）进入危化品仓库,应先开门对仓库强制通风不低于 3 min。

（5）装卸搬运货品时应按有关规定进行,做到轻装、轻卸,严禁摔、碰、撞击、拖拉、倾动和滚动。

（6）清扫、装卸易燃易爆物料时,应使用不产生火花的工具。

（7）危化品仓库周围无杂草和易燃物,库房内应经常打扫,无漏撒物料,保持清洁卫生。

（8）各货品的储存应根据其性能分区、分类储存，不得混存。禁忌物品不得同库存放。

（9）危化品仓库应设明显的防火标志，通道、出入口和通向消防设施的道路应保持畅通。

（10）核对、验收进库物品的规格、质量、数量，无产地、铭牌、检验合格证的物品不得入库。

（11）禁止在化学品库贮存区域内堆积可燃废弃物品，泄漏和渗漏化学品的包装容器应迅速移至安全区域。

2.13.6 管理规定

2.13.6.1 消防器材的配置

（1）消防设施是贯彻"预防为主、防消结合"方针的前提和必要条件，其配置一定要做到适量、适用、合理。

（2）所配备的消防器材要做到定人保管，定点放置，定期检查。

（3）各类消防器材的领发应指定专人负责，补发、更换等需有书面手续。

2.13.6.2 消防器材、消防设施的使用及安全管理

（1）消防器材及消防设施主要包括：各种灭火器、消防栓、水枪、火灾自动报警器及灭火系统、消防装备、阻燃防火材料及其他消防产品，只限消防专用，禁止占用或挪用，禁止非工作性移动位置，禁止损坏。

（2）消防器材及设施的日常维护和保养，由所辖部门负责。

（3）消防器材及设施必须纳入生产设备管理中，配置的灭火器一律实行挂牌责任制，实行定位放置、定人负责、定期检查维护的"三定"管理。

（4）各部门对责任范围内消防器材、设施，应设立台账，各类消防器材的领发原则上由部门兼职防火员（安全员兼任）负责。

（5）各部门对所辖区域消防设施的定期检查、维护，每月不应少于一次，以保证能有效投入使用。定期检查、维护时，应认真填写记录，巡检内容包括：

①消防设施、器材及消防安全标志是否就位、完整。

②灭火器材数量是否充足，压力是否正常，外形是否完好。

③消防栓柜门是否完好，阀门有无锈蚀现象，消防水带、水枪是否完好，水带卷法是否符合要求。

④消防水系统各组成部件有无损坏，各水喷头有无渗漏现象。

⑤消防通道是否畅通。

⑥防火门是否处于正常状态。

⑦安全疏散标志、应急照明是否完好。

⑧自动报警、自动灭火系统是否正常完好。

（6）消防器材在使用后必须更换到位，在使用过程中，应注意不要损坏，并保持无灰尘、无油污。

（7）消防器材在巡检中发现失效、损坏、过期等情况，应及时查明原因，及时更换。

（8）移动式消防器材应放置在干燥、通风、取用方便的地方，防止日晒雨淋及生锈损坏。放置消防器材处应有禁止阻塞标志，防止物品放置造成消防通道堵塞。

（9）操作人员应掌握消防器材的使用，掌握扑灭火灾的基本办法，熟悉各部位消防器材及设施的配备情况。

2.13.6.3　防火检查

公司每半年组织一次防火巡检。巡查的内容包括：

（1）火灾隐患的有关整改情况及防范措施的落实情况。

（2）消防车通道、消防水源、消防管道、主要阀门、消防栓情况。

（3）灭火器材配置及有效情况。

（4）重点工种人员以及其他员工消防知识的掌握情况。

（5）用火、用电有无违章情况。

（6）安全出口、疏散通道是否畅通，安全疏散指示标志、应急照明是否完好。

（7）消防设施、器材和消防安全标志是否在位、完整。

（8）消防安全重点部位的人员在岗情况。

（9）其他消防安全情况。

严格按照有关规定定期对灭火器进行维护保养和维修检查。对灭火器应当建立档案资料，记明配置类型、数量、存放地点、设置及检查维修部门（人员）等有关的情况。

2.13.6.4　火灾隐患整改

对下列违反消防安全规定的行为，应当责成有关人员当场改正并督促落实：

（1）违章进入储存易燃易爆危险物品场所的。

（2）违章使用明火作业或者在具有火灾、爆炸危险的场所吸烟、使用明火等违反禁令的。

（3）将安全出口上锁、遮挡，或者占用、堆放物品影响疏散通道畅通的。

（4）消火栓、灭火器材被遮挡影响使用或者被挪作他用的。

（5）消防设施管理、值班人员和防火巡查人员脱岗的。

（6）违章关闭消防设施、切断消防电源的。

（7）其他可以当场改正的行为。

（8）违反前款规定的情况以及改正情况应当有记录并存档备查。

火灾隐患的上报、统计等按公司一般隐患相关规定执行。

对不能当场改正的火灾隐患，应当及时将存在的火灾隐患向本部门报告，提出整改方案。责任部门或者消防安全责任人应当确定整改的措施、期限以及负责整改的有关人员，并落实整改资金。

在火灾隐患未消除之前，应当落实防范措施，保障消防安全。不能确保消防安全，随时可能引发火灾或者一旦发生火灾将严重危及人身、设备安全的，应当将危险部位停产停业整改。

火灾隐患整改完毕，监督部应当组织验收，并保留相关记录。

2.13.6.5 消防安全教育培训

通过多种形式开展经常性的消防安全宣传教育。宣传教育和培训内容包括：

（1）有关消防法规、消防安全制度和保障消防安全的操作规程。

（2）本部门、本岗位的火灾危险性和防火措施。

（3）有关消防设施的性能、灭火器材的使用方法。

（4）报告火警、扑救初起火灾及自救逃生的知识和技能。

（5）各部门应当组织新上岗和进入新岗位的员工进行上岗前的消防安全培训。

下列人员应当接受消防安全专门培训：

（1）消防安全责任人、消防主管（专责）。

（2）专、兼职消防管理人员。

（3）其他依照规定应当接受消防安全专门培训的人员。

2.13.6.6 消防应急预案的编制及演练

消防应急预案编制应当包括下列内容：

（1）组织机构，包括：灭火行动组、通信联络组、疏散引导组、安全防护救护组、火警监控组。

（2）报警和接警处置程序。

（3）应急疏散的组织程序和措施。

（4）扑救初起火灾的程序和措施。

（5）通信联络、安全防护救护的程序和措施。

消防应急预案演练具体要求：

按照灭火和应急预案，至少每年进行一次演练，并结合实际，不断完善预案。各部门应当结合本部门实际，参照制定相应的应急方案，至少每年组织或参加一次演练。消防演练时，应当设置明显标识并事先告知演练范围内的人员。

2.14　临时电源安全管理办法

2.14.1　一般要求

本办法适用于公司各部门及外委单位在生产或施工作业区域内现场临时电源使用管理工作。本办法规范了临时性使用 380 V 及以下低压电力系统临时用电作业的安全管理要求。超过 1 个月的临时用电，不能按照本办法进行管理，应按照相关工种设计规范配置线路。

（1）临时用电：本办法的临时用电是指在公司管理区域或施工作业区域范围内进行临时性施工、设备维修及日常维护的临时性用电。

（2）临时用电线路：除按标准成套配置的，有插头、连线、插座的专用接线和接线盘以外的，所有其他用于临时性用电的电气线路，包括电缆、电线、电气开关、设备等称为临时用电线路。

2.14.2　临时电源的设计与施工

（1）在公司生产区域中使用临时电源应向百色那比水力发电厂（以下简称电厂）提出申请，申请内容包括使用地点，使用负荷的容量、性质，使用时间，临时电源使用的负责人等项目。

（2）临时电源的使用方案由电厂电气专业人员审批，以书面形式报请部门领导批准后下发至用电部门（或外委单位）。方案应包括以下内容和步骤：

①现场查勘。

②确定电源进线、配电室、总配电箱、分配电箱等的位置及线路走向。

③进行负荷计算。

④电源线不允许使用双股送料线（有保护套除外）。

⑤选择导线截面和电器的类型、规格。

⑥绘制电气接线图。

（3）临时电源可以由使用部门（或外委单位）自行敷设，在敷设时必须有电厂具备相应资格的专业人员进行全程监护。

（4）临时电源接入系统时按公司正常检修工作程序执行。

（5）临时电源与负荷之间应加装符合要求的配电箱（必须包括短路保护、过负荷保护和漏电保护）。配电箱必须有可靠接地。如在室外使用应有可靠防雨措施。

（6）临时负荷使用的电缆应满足安全和使用要求。一般情况下，临时电缆不允许从道路中间通过，有条件时应架空敷设，确实需要从道路中间敷设时，应在电缆上面覆盖钢管保护。

2.14.3　临时电源使用

（1）临时电源接入系统的电源开关（即上级开关）应有明显的标示牌，并由电厂执行停、送电操作。

（2）临时电源的上级开关由电厂电气专业负责维修。

（3）临时电源的就地配电箱由施工部门（单位）负责管理维护，但必须由相应资质人员担任。

（4）施工部门（单位）在使用临时电源时，必须严格执行安规中相关规定。

（5）临时电源使用部门或外委单位不得擅自增加用电负荷，变更用电地点、用途。

（6）临时电源使用到批准的使用期限后，如需要继续使用，使用部门（单位）提出延长使用申请。

2.14.4　临时电源的拆除

临时电源须拆除时，由施工部门（单位）提出申请，同意后在公司相关部门有资格的人员进行全程监护下拆除临时电源系统。

2.14.5　临时电源使用人员

使用部门（单位）在安装、维修和拆除临时电源时必须由电气专业人员完成。电气专业人员等级必须与其工作的技术难度相适应。

使用部门（单位）用电人员应做到：

（1）掌握安全用电基本知识和所用设备性能。

（2）使用设备前必须按规定穿戴和配备好相应的劳动防护用品并检查电气装置和保护设施是否完好，严禁设备带"病"运转。

（3）停用的设备必须拉闸断电、锁好开关箱。

（4）负责保护所用设备的负荷线、保护零线和开关箱，发现问题，及时报告解决。

（5）搬迁或移动用电设备，必须经电工切断电源并做妥善处理后进行。

2.14.6 安全技术档案

施工现场临时用电必须建立安全技术档案，其内容应包括：

（1）临时用电施工组织设计的全部材料。

（2）修改临时用电施工组织设计的资料。

（3）技术交底资料。

（4）临时用电工程检查验收表。

（5）电气设备的试验、检验和调试记录。

（6）定期检（复）查表。

安全技术档案由监督部或电厂负责建立与管理。临时用电工程拆除后统一归档。

临时用电工程的定期检查时间，施工现场每月一次，检查时，对不安全因素必须及时处理，并应履行复查验收手续。

2.15 施工项目安全管理办法

2.15.1 基本要求

（1）外委施工项目须遵守国家、行业的有关法律法规和公司相关安全管理制度。

（2）外委施工项目的安全管理为公司日常安全管理的一部分，按照安全生产"三管三必须"原则，由项目管理部门负责外委施工项目安全管理。

（3）外委施工项目在合同签订时须同时签订《外委工程安全协议》，明确相关安全责任和义务。《外委工程安全协议》的格式和主要内容见附件 A2.18，协议内容可根据项目实际情况进行适当调整。

2.15.2 安全管理职责

2.15.2.1 财务部职责

（1）组织审核外委施工项目承包方的相关资质和安全生产许可证。

（2）组织签订《外委工程安全协议》。

（3）负责外委项目安全经费的审核和结算。

2.15.2.2 监督部职责

（1）审核《外委工程安全协议》。

（2）监督项目管理部门对外委施工项目的安全管理,对因安全管理不到位造成损失或不良后果的相关责任人进行责任追究。

2.15.2.3 项目管理部门职责

（1）编制《外委工程安全协议》。

（2）负责外委施工项目的安全管理。

（3）检查督促外委施工项目承包方履行相关安全责任和义务,对承包方未履行安全责任和义务造成的损失组织进行调查和索赔。

（4）负责开展安全教育培训和进行安全技术交底,安全技术交底应有双方签字的书面记录,至少保存 12 个月。

2.16 安全生产变更管理办法

2.16.1 一般要求

本制度适用于公司各部门在生产经营、运行管理过程中进行的机构、人员、管理、工艺、技术、设备设施等方面的变更行为。

安全生产变更管理的定义:安全生产变更管理是指对机构、人员、管理、工艺、技术、设备设施等永久性或暂时性的变化进行有计划的控制,以避免或减轻对安全生产造成影响而进行的管理行为。在安全生产变更管理过程中,具体职责和分工如下:

（1）变更管理部门为本部门职能范围内变更工作的归口管理部门。

（2）变更管理部门负责对"四新"（即新工艺、新技术、新材料、新设备）、重大技术变更及其他需要进行技术审核的项目等方面进行审核。

（3）监督部负责对变更的安全风险及防控措施等方面进行审核。

（4）综合部负责对涉及机构、人员、管理等方面的变更进行审核。

（5）公司领导对变更进行审批,确定是否进行变更。

2.16.2 变更的类型

2.16.2.1 机构、人员、管理变更

（1）人员的变更。

（2）组织机构的变更。

（3）管理职责的变更。

（4）其他管理方面的变更。

2.16.2.2　工艺和技术变更

（1）新建、改建、扩建项目引起的技术变更。

（2）原料、介质变更。

（3）工艺流程及操作条件的重大变更。

（4）工艺设备的改进和变更。

（5）操作规程的变更。

（6）工艺参数的变更。

（7）其他工艺、技术上的变更。

2.16.2.3　设备设施变更

（1）设备设施的更新改造。

（2）安全设施的变更。

（3）更换与原设备不同的设备或配件。

（4）设备材料代用变更。

（5）临时的电气设备变更。

（6）其他设备设施变更。

2.16.3　变更管理

（1）出现需进行变更的事项时,变更管理部门应确定负责变更审批程序的变更申请人,履行审批及验收程序。

（2）变更前,变更管理部门应明确变更项目、变更内容、变更范围、实施计划及其技术依据。

（3）变更前,变更管理部门应对变更过程中及变更后可能产生的安全风险进行分析,并制定安全风险防控措施。

2.16.3.1　变更审批程序

（1）由变更申请人填写《变更审批表》(见附件 A2.19),经部门审核后逐级上报,变更管理部门应对变更内容及其技术依据、风险分析结果及风险防控措施负责。

（2）由变更审核部门根据自身职责对变更的可行性、技术依据、风险分析结果及风险防控措施进行复核,并在《变更审批表》中出具审核意见。

（3）由业务分管公司领导对变更进行审核批准,确定是否进行变更。涉及公司机构、人员、管理变更的,由公司主要负责人审核批准。

（4）具体变更审批流程如下:

①申请人填写变更审批表。

②部门负责人审核。

③变更审核部门审核。

④公司领导批准。

2.16.3.2　变更实施

（1）变更批准后,由变更管理部门负责组织实施并落实安全防控措施。任何变更未经审查和批准,不得超过原批准的范围和期限。

（2）变更实施前,由变更管理部门负责将变更过程及变更后存在的安全风险和相应的安全风险防控措施告知相关从业人员并组织相关培训,工艺流程、操作规程、设备设施变更等需要进行相关操作、技能培训的,应同时进行针对性的安全培训。

（3）涉及机构、人员、管理变更的,由综合部根据变更审批结果,并按照机构人员管理的其他有关规定履行发文等相关程序。

2.16.3.3　变更验收

（1）工艺、技术、设备设施等变更实施结束后,变更管理部门应根据变更审批意见,组织对变更完成情况及防控措施落实情况、告知及培训情况等进行验收,填写《变更验收单》(见附件 A2.20),确保变更达到计划要求。变更主管部门应及时将变更结果通知相关部门和人员。

（2）涉及项目验收的,不准因履行变更验收免除其他规定进行的验收项目。

（3）涉及机构、人员、管理变更的项目视具体情况可不进行验收,以印发的正式文件作为变更成果验收记录。

（4）涉及新技术、新材料、新工艺、新设备的"四新"的变更,按照《"四新"管理制度》中的有关程序和规定执行。

2.17　安全生产会议管理办法

2.17.1　会议级别和频次

建立公司三级安全生产会议制度:公司级、部门(厂)级和班组级。

（1）公司级安全生产会议分为:年度安全生产工作会议、季度安全生产例会、安全专题会议。

（2）部门安全生产会议分为：月度安全生产例会、部门安全生产专题会议。

（3）班组级安全生产会议为：每日班组长布置生产任务时，同时布置安全注意事项。

2.17.2　会议时间和参加人员

（1）公司年度安全生产工作会议在每年第一季度召开，由公司总经理主持，公司安全生产领导小组成员参加。

（2）公司季度安全生产例会在每季度第一个月内召开，由公司总经理（或分管安全工作的副总经理）主持，公司各部门负责人和安全员参加。

（3）部门月度安全生产例会在每月上旬召开，由部门主要负责人主持，部门全体人员参加。

（4）班组安全生产例会自行确定时间召开，班组负责人主持，班组工作人员参加。

（5）特殊情况下，由会议主持者提议，可随时召开上述会议。

2.17.3　会议内容

（1）公司年度安全生产工作会议主要内容：总结公司上年度安全生产工作，分析公司安全生产工作形势，制定本年度安全生产目标，提出安全生产主要工作计划任务和要求，公司各部门与公司签订安全生产目标责任书。

（2）公司季度安全生产例会主要内容：参会部门总结汇报本部门上季度安全生产情况、安全生产目标执行和隐患排查治理情况；公司监督部对公司上季度安全工作进行总结，对安全生产工作目标执行情况进行评审，汇总隐患排查治理情况，并提出下季度安全生产工作目标计划；公司领导提出安全生产相关工作要求。

（3）部门月度安全生产例会和班组安全生产例会主要内容：学习传达上级部门关于安全生产的指示和工作要求、文件、法律、法规及会议精神；总结上阶段的安全生产工作、隐患排查治理情况；研究解决生产中出现的安全问题，安排下一步的安全生产工作。

2.17.4　会议有关要求

（1）公司年度、季度安全生产工作会议，由监督部负责准备工作，包括收集会议议题、安排会议议程、准备会议文件、组织会议召开、起草会议纪要等工作,各部门协助筹办。

(2) 公司年度、季度安全生产例会形成会议纪要文件,在 OA(Office Automation)上以公司专题会议纪要形式发布。

(3) 公司级别的安全生产会议文件、纪要和专题纪要由综合部按公司有关规定归档。

(4) 部门和班组安全生产会议形成会议纪要或记录,至少保存两年以上。

(5) 安全生产会议一律实行签到制。

2.18 安全生产费用投入和使用管理办法

2.18.1 安全生产费用具体内容

安全生产费用(简称安全费用)是指企业按照规定在成本中列支,专门用于完善和改进企业或者项目安全生产条件的资金。包括:

(1) 安全资料的编印、安全标志的购置及宣传栏的设置费用。

(2) 安全生产培训及教育费用。

(3) 安全生产防护用品和安全工器具的购置费用。

(4) 消防设施与消防器材的配置及检验费用。

(5) 安全生产设施及特种设备检测检验支出。

(6) 开展重大危险源和事故隐患评估、监控和整改支出。

(7) 安全生产检查、评价、咨询和标准化建设支出。

(8) 抢险应急措施的支出。

(9) 安全标志和标识支出。

(10) 其他与安全生产直接相关的支出。

2.18.2 管理要求

(1) 公司安全生产费用管理按照"专项预算、安监办监管、优先保障、规范使用"的原则进行。

(2) 公司各部门每年预算中列出安全生产费用,由财务部统一纳入年度财务预算上报公司批准后实施。

(3) 财务部将安全费用纳入年度财务预(决)算,并建立安全生产费用使用台账,实行专款专用,当年安全费用预算不足的,超出部分上报公司批准后可追加预算。

（4）安全费用的使用必须由有关部门提出申请,报公司领导批准后,方可使用。

（5）财务部会同公司安监办每半年对安全生产费用使用情况进行检查,年终进行总结,财务部在第一季度安全生产工作会议上通报上年度安全费用使用情况。

（6）安全费用形成的资产,应当纳入相关资产进行管理。

2.19　安全生产标准化绩效评定管理规定

2.19.1　职责

（1）公司分管安全的副总经理负责绩效评定领导工作。

（2）公司安监办负责绩效评定计划的拟定、收集并提供绩效评定所需的材料,负责对绩效评定的纠正、预防和改进措施进行跟踪和验证。

（3）各相关部门负责提供绩效评定所需资料,报告安全生产标准化执行情况、安全生产工作目标完成情况,负责绩效评定工作的实施、落实、组织、协调。

（4）生产部门负责制定生产设施纠正、预防措施。

2.19.2　管理要求

（1）标准化绩效评定频次和周期:每年至少进行一次安全生产标准化绩效评定,相邻两次绩效评定间隔的时间不超过 12 个月。

（2）绩效评定的信息收集记录:

①安监办牵头负责绩效评定信息的收集、汇编并报绩效评定领导小组。

②各部门负责职责范围内绩效评定信息的收集、整理并报公司安监办。

2.19.2.1　绩效评定的准备

（1）上述部门应将收集的信息提交安监办,安监办审核汇总,在绩效评定会上报告公司安全标准化执行情况、安全生产工作目标完成情况。

（2）在绩效评定会议两周前,安监办将绩效评定计划报分管安全副总经理审批,并发至各相关部门。

2.19.2.2　绩效评定实施

（1）绩效评定会议由公司分管安全副总经理主持。

（2）各部门汇报安全生产标准化执行情况，安全生产工作目标完成情况和上次评定会议提出的纠正、预防措施的实施情况。

（3）各相关部门就绩效评定内容进行汇报并提出改进、变更或纠正、预防措施交会议讨论。

2.19.2.3 绩效评定内容

（1）组织机构的适合性，包括人员和其他资源配置。

（2）职业健康安全管理各种制度的符合性，执行的有效性。

（3）需要进行改进、变更的范围。

（4）未完成的工作。

（5）上次评定结论的处理情况。

2.19.2.4 绩效评定的结论

（1）公司分管安全工作副总经理对评定会议讨论情况作出结论。就职业健康安全管理各项规章制度对安全生产标准化的适应性、充分性、有效性做出正式评价，分清和落实存在问题的责任部门，确定改进、变更或纠正、预防措施。

（2）安监办根据绩效评定会议记录编写《安全生产标准化评定报告》，经批准后，以文件形式发放至各部门。

2.19.2.5 绩效评定结果跟踪、验证

（1）责任部门根据《安全生产标准化评定报告》上的要求，负责实施改进、变更或纠正、预防措施。

（2）安监办负责对改进、变更或纠正、预防措施的实施情况进行跟踪、检查、验证、记录。

（3）绩效评定有关的记录按职能进行整理、归档保存。

2.19.2.6 绩效评定结果考核

（1）对取得成绩的部门或个人及未按要求完成标准化工作的责任部门和个人，按相关规定进行奖惩。

（2）对未按纠正、预防措施要求进行整改的责任部门或个人加重处罚。

第 3 章 ●
保证安全的措施

3.1　保证安全的组织措施

保证安全的组织措施一般包括工作票制度,工作许可制度,工作监护制度,工作间断、转移和终结以及恢复送电制度。

3.1.1　工作票制度

工作票是准许在电气设备、热力和机械设备以及电力线路上工作的书面命令书。也是明确安全职责,向工作人员进行安全交底,以及履行工作许可手续、工作间断、转移和终结手续,并实施保证安全技术措施等的书面依据。对于发电厂、变电所来说,由于各种工作条件下对安全工作的要求不同,采取的安全措施也不一致,工作票的形式也有所区别。工作票的形式主要有七种:发电厂(变电所)第一种工作票,发电厂(变电所)第二种工作票,电力线路第一种工作票,电力线路第二种工作票,热力机械工作票及一级、二级动火工作票。对于各种工作票的填用范围,《电力(业)安全工作规程》上都有明确的规定:在发电厂或变电所高压电气设备上工作,需要全部或部分停电;在高压室内的二次接线和照明等回路上的工作,需要将高压设备停电或做安全措施的工作,应填用发电厂(变电所)第一种工作票。

在发电厂或变电所的电气设备上带电作业和在带电设备外壳上作业;在控制盘和低压配电盘、配电箱、电源干线上的工作;二次接线回路上工作而无需将高压设备停电;转动中的发电机、同期调相机的励磁回路或高压电动机转子电阻回路上的工作；非当值值班人员用绝缘棒和电压互感器定相或用钳形电流表测量高压回路的电流等，应填用发电厂（变电所）第二种工作票。

在停电线路（或在双回线路中的一回停电线路）上的工作；在全部或部分停电的配电变压器台架上或配电变压器室内的工作，应填用电力线路第一种工作票。

在电力线路上带电作业；在带电线路杆塔上工作；在运行中的配电变压器台上或配电变压器室内的工作，应填用电力线路第二种工作票。

在热力机械生产现场进行检修、试验或安装工作时，为了能有安全的工作条件和保障设备的安全运行，防止事故发生，必须填用热力机械工作票。它适用的范围有：需要将生产设备、系统停止运行或退出备用，由运行值班人员按《电业安全工作规程第1部分：热力和机械》（GB 26164.1—2010）规定采取断开电源，隔断与运行设备联系的热力系统，对检修设备进行消压、吹扫等任何一项安全措施的检修工作，以及需要运行值班人员在运行方式、操作调整上采取保障人身、设备运行安全措施的工作。

在电力生产区域的易燃易爆部位动火时，必须按照《电力设备典型消防规程》（DL 5027—2015）的要求，填写动火工作票。

各种工作票的格式在《电力（业）安全工作规程》发电厂和变电站电气部分、电力线路部分、热力和机械部分都相应作了规定。工作票应用钢笔或圆珠笔填写，一式两份，应正确清楚，不得任意涂改。工作票一份交给工作负责人，另一份留存签发人或工作许可人处。

工作票所列人员必须具备相应的条件，同时负有相应的安全责任，工作票签发人要对工作的必要性、工作是否安全、工作票上所填安全措施是否正确完备、所派工作负责人和工作班人员是否适当负责。工作负责人（监护人）要正确安全地组织工作，结合实际进行安全思想教育，工作前要对工作班成员交代安全措施和技术措施，严格执行工作票所列安全措施，必要时还应加以补充，同时要督促、监护工作人员遵守安全工作规程。工作许可人要认真审查工作票所列安全措施是否正确完备、是否符合现场条件，检查停电设备有无突然来电的危险等内容，工作班成员应认真执行安规和现场安全措施。

3.1.2 工作许可制度

工作许可制度，是在完成安全措施之后，为进一步加强工作责任感，确保工作安全所采取的一种必不可少的措施。因此，在完成各项安全措施之后，必须再履行工作许可手续，方可开始工作。工作许可制度的主要内容有：对于发电厂和变电所第一、二种工作票的许可工作,工作许可人在完成施工现场的安全措施后还应会同工作负责人到现场再次检查所做的安全措施,以手触试,证明检修设备确无电压;对工作负责人应指明带电设备的位置和注意事项,并和工作负责人在工作票上分别签名。

对从事电力线路第一种工作票的工作,工作负责人必须在得到值班调度员或工区值班员的许可后,方可开始工作,线路停电检修时,值班调度员必须在发电厂、变电所将线路可能受电的各方面都拉闸停电,并挂好接地线后,将工作班组数目、工作负责人的姓名、工作地点和工作任务记入记录簿内,才能发出许可工作的命令。

执行热力和机械工作票的许可工作,工作许可人和工作负责人应共同到现场检查安全措施,由工作许可人向工作负责人详细交代安全措施布置情况和安全注意事项,工作负责人对照工作票检查安全措施无误后,双方在工作票上签字并记上开工时间,作为工作许可的凭证。

3.1.3 工作监护制度

完成工作许可手续后,工作负责人(监护人)应向工作班人员交代现场安全措施、带电部位和其他注意事项,正确和安全地组织工作,工作负责人(监护人)必须始终在工作现场,随时检查、及时纠正工作班人员在工作过程中的违反安全工作规程和安全措施的行为。特别当工作者在工作中,人体某部位移近带电部位或工作班人员转移工作地点、部位、姿势、角度时,更应重点加强监护,以免发生危险。

工作票签发人或工作负责人,如碰到现场安全条件差或施工范围广等情况时,应增设专人监护,专责监护人不得兼做其他工作。若工作期间,工作负责人因故必须离开工作地点时,应指定能胜任的人员临时代替,离开前将工作现场交代清楚,并设法告知工作班人员,原工作负责人返回后也应履行同样的手续。

3.1.4 工作间断、转移和终结以及恢复送电制度

工作间断时,所有安全措施应保持不动,电力线路上的工作如果工作班须暂时离开工作地点,则必须采取安全措施和派人看守,不让人、畜接近挖好的基坑或接近未竖立稳固的杆塔以及负载的起重和牵引机械装置等,恢复工作前,应检查接地线等各项安全措施的完整性。当天不能完成的工作,每日收工应清扫工作地点,开放已封闭的道路,并将工作票交回值班员,次日复工

时,应得到值班员许可,取回工作票。工作负责人必须事前重新认真检查安全措施是否符合工作票的要求后方可工作。在电力线路上工作,如果每日收工时需要将工作地点所装的接地线拆除,次日重新验电装接地线恢复工作的,均须得到工作许可人许可后方可进行。

在同一电气连接部分用同一工作票依次在几个工作地点转移工作时,全部安全措施由值班员在开工前一次做完,不需再办理转移手续,但工作负责人在转移工作地点时,应向工作人员交代带电范围、安全措施和注意事项。

全部工作完毕后,工作班应清扫、整理现场。工作负责人应先周密检查,确认无问题后带领工作人员撤离现场,再向值班人员讲清所修项目发现的问题、试验结果等,并与值班人员共同检查设备状况、有无遗留物件、是否清洁等,然后在工作票上填明工作终结时间,经双方签名后,工作票方告终结。电力线路上工作终结前,工作负责人必须认真检查线路检修地段以及杆塔上、导线上及绝缘子上有无遗留的工具、材料等,确认全部工作人员已从杆塔上撤下,再拆除接地线。

恢复送电必须在工作许可人接到所有工作负责人的完工报告后,并确知工作已经完毕,所有工作人员已从线路上撤离,接地线已拆除,并与记录簿核对无误后方可下令拆除发电厂、变电所线路侧的安全措施,向线路恢复送电。

3.2 保证安全的技术措施

在电力线路上工作或进行电气设备检修时,为了保证工作人员的安全,一般都是在停电状态下进行,停电分为全部停电和部分停电,不管是在全部停电或部分停电的电气设备上工作还是在电力线路上工作,都必须采取停电、验电、装设接地线以及悬挂标示牌和装设遮栏四项基本措施,这是保证发电厂、变电所、电力线路工作人员安全的重要技术措施。

1. 停电

《电力(业)安全工作规程》上规定必须停电的设备详见规程。将工作现场附近不满足安全距离的设备停电,主要是考虑到工作人员在工作中可能出现的一些意外情况而采取的措施。

将检修设备停电,必须把各方面的电源完全断开(任何运行中的星形接线设备的中性点,必须视为带电设备)。必须拉开隔离开关,使各方面至少有一个明显的断开点。

禁止在只经断路器断开电源的设备上工作。与停电设备有关的变压器和电压互感器,必须从高、低压两侧断开,防止向停电检修设备反送电。为了防止检修断路器或远方控制的隔离开关可能因误操作或因试验等引起的保护误动作,而使断路器或隔离开关突然跳、合闸导致意外发生,必须断开断路器和隔离开关的操作电源,隔离开关操作把手必须锁住。

2. 验电

通过验电可以验证停电设备是否确无电压,可以防止出现带电装设接地线或带电合接地开关事故的发生。验电必须用电压等级合适而且合格的验电器,验电前,验电器应先在有电设备上进行试验,确证验电器良好,方可使用;如果在木杆、木梯或架构上验电,不接地线不能指示有无电压时,经值班负责人许可,可在验电器上接地线,为了防止某些意外情况发生,在检修设备进出线两侧分别验电;验电时必须戴绝缘手套,330 kV 及以上的电气设备,在没有相应电压等级的专用验电器的情况下,可使用绝缘棒代替验电器,根据绝缘棒端有无火花和放电噼啪声来判断有无电压。表示设备断开和允许进入间隔的信号、经常接入的电压表等,因为有可能失灵而错误指示,所以不得作为设备无电压的根据,但如果指示有电,则禁止在该设备上工作。

3. 装设接地线

装设接地线是保护工作人员在工作地点防止突然来电的可靠安全措施,同时接地线也可将设备断开部分的剩余电荷放尽。装设接地线应符合安规的有关规定,在用验电器验明设备确无电压后,应立即将检修设备接地并三相短路,防止在较长时间间隔中,可能会发生停电设备突然来电的意外情况,对于可能送电至停电设备的各方面或停电设备可能产生感应电压的,都要装设接地线。所装接地线与带电部分应符合安全距离的规定,这样对来电而言,可以做到始终保证工作人员在接地线的后侧,因而可确保安全。当停电设备有可能产生危险感应电压时,应视情况适当增挂接地线。检修母线时,应根据母线的长短和有无感应电压等实际情况确定接地线数量。检修 10 m 及以下的母线,可以只装设一组接地线。在门型架构的线路侧进行停电检修,如工作地点与所装接地线的距离小于 10 m,工作地点虽在接地线外侧,也可不另装接地线。检修部分若分为几个在电气上不相连接的部分(如分段母线以隔离开关或断路器隔开分成几段),则各段应分别验电接地短路。降压变电所全部停电时,应将各个可能来电侧的部分接地短路,其余部分不必每段都装设接地线。为了防止因通过短路电流时断路器跳闸或熔断器迅速熔断而使工作地点失去接地保护,所以接地线与检修部分之间不准连有断路器或熔断器。

在室内配电装置上工作,接地线应装在该装置导电部分的规定地点,这些地点的油漆应刮去,并划下黑色记号,所有配电装置的适当地点,均应设有接地网的接头,接地电阻必须合格。这主要是为了保证接地线和设备之间的接触良好,因为若接触不良,则当流过短路电流时,在接触电阻上产生的电压降将施加于被检修的设备上,这是不允许的,所以,接地线必须使用专用的线夹固定在导体上,严禁用缠绕的方法进行接地或短路。装设接地线必须由两人进行,若为单人值班,只允许使用接地开关接地,或使用绝缘棒合接地刀闸,避免万一出现设备带电危及人身安全而无人救护的严重后果;装设接地线必须先接接地端,后接导体端,拆接地线的顺序与此相反。这是为了在装拆接地线的过程中始终保证接地线处于良好的接地状态。

接地线应用多股软裸铜线,其截面积应符合短路电流的要求,但不得小于 25 mm²,接地线在每次装设以前应经过详细检查。损坏的接地线应及时修理或更换。禁止使用不符合规定的导线作接地或短路之用,这主要是为了防止发生短路时,在断路器跳闸前接地线过早地烧断,使工作地点失去保护,故其截面应满足短路时的热稳定要求。高压回路上的工作,需要拆除全部或一部分接地线后方能进行工作,如测量母线和电缆的绝缘电阻,检查断路器(开关)触头是否同时接触时,必须征得值班员或调度员的许可,方可临时拆除接地线,但在工作完毕后应立即恢复。

每组接地线均应编号,并存放在固定地点。存放位置亦应编号,接地线号码与存放位置号码必须一致,装、拆接地线应做好记录,交接班时应交代清楚,这样便于检查和核定以及掌握接地线的使用情况,以防止发生带接地线送电事故。

4. 悬挂标示牌和装设遮栏

在工作现场悬挂标示牌和装设遮栏可以提醒工作人员减少差错,限制工作人员的活动范围,防止接近运行设备,是保证安全的重要技术措施之一。应悬挂标示牌和装设遮栏的地点主要有以下几处。

(1)在一经合闸即可送电到工作地点的断路器和隔离开关的操作把手上,该处应悬挂"禁止合闸,有人工作"的标示牌。

(2)如果线路上有人工作,应在线路断路器和隔离开关操作把手上悬挂"禁止合闸,线路有人工作"的标示牌,标示牌的悬挂和拆除应按调度员的命令进行。部分停电的工作,其安全距离应符合规程中的有关要求。临时遮栏可用干燥木材、橡胶或其他坚韧绝缘材料制成,装设应牢固,并悬挂"止步,高压危险"的标示牌。35 kV 及以下设备的临时遮栏,如因工作需要,可用绝缘挡板与带电部分直接接触。但此种挡板必须具有高度的绝缘性能。

（3）在室内高压设备上工作，应在工作地点两旁间隔、对面间隔的遮栏上和禁止通行的过道上悬挂"止步，高压危险"的标示牌，以防止工作人员误入有电设备间隔及其附近。

（4）在室外地面高压设备上工作，应在工作地点四周用绳子做好围栏，围栏上悬挂适当数量的"止步，高压危险"的标示牌，标示牌必须朝向围栏里面。

（5）在工作地点悬挂"在此工作"的标示牌。在室外架构上工作，则应在工作地点附近带电部分的横梁上，悬挂"止步，高压危险"的标示牌。此项标示牌在值班人员的监护下，由工作人员悬挂。在工作人员上下的铁架和梯子上应悬挂"从此上下"的标示牌。在邻近其他可能误登的带电架构上，应悬挂"禁止攀登，高压危险"的标示牌。以上按要求悬挂的标示牌和装设的遮栏，严禁工作人员在工作中移动和拆除。

3.3　电气防误操作事故技术措施

（1）强化业务技能培训、岗位练兵，做好事故预想，按照计划组织反事故演练，通过演练提升事故的处理能力，防止误操作事故发生。

（2）为防止电气误操作事故，所有带有闭锁和联锁装置的设备应运行正常，运行中的防误闭锁装置不得随意退出，须停用时必须经部门、当值值长批准，方可使用解锁钥匙或破坏闭锁操作。

（3）电气操作前应按操作票的要求，做好相应的操作前的准备工作，操作时不同意改变操作顺序，当操作发生疑问时，应马上停止操作，并报告部门，不同意随意修改操作票，不同意解除防误闭锁装置。

（4）建立完善的万能钥匙使用和保管制度。防误闭锁装置不能随意退出运行，停用防误闭锁装置时，严禁非当值值班人员和检修人员使用解锁钥匙。

3.4　防止全厂停电事故技术措施

（1）培训运行人员熟悉柴油发电机负荷的分配及盘车电机的操作程序及油泵的操作。

（2）非正常的厂用电运行方式要事先写好安全措施，做好事故预想。

（3）加强定期切换制度的执行，加强对厂用电系统的检查、维护和试验，及时发现缺陷并输入 MIS 缺陷登记表。

（4）加强对运行人员的技术培训，特别是厂用电的事故处理。

（5）机组发生直流接地时，严禁擅自拉试，必须通知 ON-CALL，ON-CALL 人员到现场后共同拉试查找。

（6）厂用电在倒换时特别是事故处理防止非同期。

（7）加强对直流保险定值管理，防止越级熔断、越级跳或拒动。

（8）柴油机应处于备用状态，认真执行定期启动试验制度。

（9）严格执行微机防误闭锁使用规定。

3.5 防止发电机损坏事故技术措施

（1）发电机在同一工况下温度明显上升，应停机检查，转子电流突然增大应停机处理。

（2）对发电机漏气、漏水、进油问题，加强监测，防止发电机绝缘破坏，组织运行人员学习发电机非全相运行的处理规定。

（3）发电机定子线圈、定子铁芯和进出风温度的控制值、报警值、停机值应在规程中明确规定，对于异常变化要及时汇报并采取措施。发电机解、并列时公司有专人在现场，出现非全相时应按运行规程处理，并熟悉手动打闸功能。

（4）严格执行发电机并列条件，防止非同期并列损坏发电机。

（5）发电机绝缘过热装置报警值低于 75%，应立即汇报。

（6）防止发电机非全相运行，编制《防止发电机非全相运行措施》并组织学习执行。

3.6 防止变压器损坏和互感器爆炸事故技术措施

（1）严格巡回检查，对变压器的温度、油位、油质认真记录及分析，主变压器投入或解除前应投入接地刀闸，防止操作过电压。

（2）检查主变压器放电间隙及避雷器是否完好，防止雷电过电压。

（3）严格监视风冷器运行情况及潜油泵运行情况，防止变压器油质劣化。

（4）严格执行无功负荷管理规定及电压监视控制点，使目标值、电压曲线在合格范围内。

（5）在互感器冒烟着火时，应执行规程有关规定。

（6）加强对电压、电流互感器检查，外壳应接地良好、清洁，无裂纹、渗油、放电现象，一、二次接线良好，保险及辅助接点接触良好，引线无过热现象。

（7）各班严格检查变压器的消防设施。

（8）变压器本体、有载开关重瓦斯保护投跳闸，若退出瓦斯保护，应制定安全技术措施。

3.7　防止接地线或地刀合闸措施

（1）电气值班员必须对接地刀、接地线的数量及地点了如指掌，日志中做好记录，并作为交接班的重要内容，交接不清严禁交接班。

（2）检修过的设备必须认真检查，测试绝缘合格，送电前对开关柜前后进行认真检查确无接地点。

（3）升压站设备送电时，在操作刀闸时，一定要远方电动操作，如需就地手动操作，一定要检查有关地刀闸确在断位。

（4）对于 10.5 kV 母线停电检修后，小车开关暂时存放在试位的开关送电时，必须将开关拉至过道，对一次触头及柜内进行全面检查，确认接地刀断开且无异常后方可进行送电操作。

（5）对于检修中接地点的接地刀和接地线封装状况与工作票要求是否相符，必须认真检查，值班人员必须心中有数。

（6）已装设接地线或接地刀开关柜的操作把手上必须悬挂"已接地"标示牌，在接地线拆除前不得随意取下。

（7）10.5 kV 开关柜封地线后，必须在操作票中封地线的操作项目中注明接地线的位置（开关前后）。

（8）10.5 kV 开关柜封地线时，必须使用方头长夹子接导体端，并不准将柜门关闭，接地线必须明显可见。

（9）执行倒闸操作任务时，必须按操作票所列项目顺序依次进行操作，操作完一项经操作人员检查操作质量完好以后，监护人应立即在操作项目左侧打"√"，再进行下面的一项操作，严禁跳项、倒项、漏项操作。

（10）对设备检修后恢复送电或转冷备用的操作，必须按《两票补充规定》中的规定：由检修状态转冷备用状态，应单独作为一个操作任务填写操作票。

3.8　防止带负荷拉刀闸措施

（1）电气倒闸操作时，严格执行省局《两票补充规定》中"电气倒闸操作的执行标准"，操作人、监护人、审批长对操作票要严格审核把关，操作时严格执行监护制度，严禁无票操作（事故处理除外）。

（2）严格执行单电源线路、双电源线路、变压器停送电操作原则。

（3）升压站刀闸不能电动操作，此时电气闭锁不起作用，在进行操作时，必须按电气闭锁条件检查有关开关、刀闸的实际位置，防止误操作。

（4）在断开操作线路侧刀闸时，一定要确证两侧开关都断开，一定要确证对侧开关也在断位，以便防止电抗器带负荷拉合刀闸。

（5）厂用400 V系统操作必须按程序进行，不能随意解除闭锁。

3.9　防止有电装接地线措施

（1）设备检修装接地线或合接地刀时，必须把各方面的电源完全断开，且拉开刀闸，使各方面至少有一个明显断开点，与停电设备有关的变压器和电压互感器，必须从高、低压两侧断开，防止向停电设备反送电。

（2）禁止将表计参数、信号灯作为设备停电与否的判据。

（3）装接地线时，必须确认试验电器完好，并在有电的设备上试验，进一步确证验电器完好，然后在检修设备的进出线两侧分别验电，验明确无电压时方可装接地线。

3.10　防止误拉合开关措施

（1）严格执行安规、两票中操作的有关规定，特别要核对设备名称和编号。

（2）严格执行操作监护制度，操作人、监护人必须到位，操作中必须执行"唱票、复诵、三秒思考"的程序。

（3）严禁无票操作，单项操作也要填写操作小票，履行有关签字手续。

（4）对重要开关按钮加装防护罩，防止人员误碰、误动。

（5）对于经过终端单元控制的开关，必须将终端单元控制柜加锁。

（6）做好开关直流控制电源系统的维护，防止直流接地引起的误跳闸。

（7）如果在操作过程中发现异常或疑问时，要立即停止操作，不得盲目怀疑闭锁装置,更不能私自解锁操作。

（8）对于 10.5 kV 小车开关,在操作过程中,如遇到闭锁未解除时,一定要认真检查开关是否在合闸状态以及是否有其他异常情况。

（9）10.5 kV 小车开关的停送电操作,如需将小车开关拉出或推进时,一定要使用专用移动手推车,并且要防止开关跌落损坏。

（10）10.5 kV 小车开关的停送电操作,必须填写固定操作票。

3.11　防止误入带电间隔措施

（1）运行中的所有配电盘柜门必须关闭,并用专用钥匙将柜门锁好。

（2）设备停电检修部分与运行部分之间须设立明显标志或者围栏。

（3）进行任何操作项目的操作前,必须对设备的名称、编号及运行方式核对无误后方可进行操作。

（4）10.5 kV 开关柜封地线时,必须确证柜前开关在隔离位置并核对柜号无误后进行验电封地线操作。

（5）在 10.5 kV、400 V 开关下口进行封地线前,必须将地线理顺,不得扭花,封装时要与带电母线保持安全距离。

（6）所有电气操作必须有两人进行,其中一人操作一人监护,监护人员一定要监护到位,真正起到监护作用,严禁在失去监护或监护不到位的情况下进行操作。

3.12　两票执行程序

（1）运行人员对所接收的工作票要认真审核,工作票所列的安全措施要能够满足工作任务的要求。

（2）工作票要有统一的编号,填写的工作内容字迹必须清晰工整,重要的开关、刀闸、设备编号不得涂改。

（3）运行人员用来填写的操作票要统一编号,填写操作票时应字迹工整,不得随意漏项或添项,填写操作票内容,顺序既要满足操作技术原则要求,又要符合现场实际操作过程的需要。

（4）操作票应由操作人根据操作任务的要求、设备系统的运行方式和运行状态进行填写,每张操作票只能填写一个操作任务。

（5）操作人填写操作票时,必须做到"四个对照",即:对照运行设备系统、对照运行方式和实际接线图、对照工作任务、对照固定操作票,同时注意无漏项、倒项,确保操作票的填写正确无误。

(6) 倒闸操作票应填写下列项目:检查开关和刀闸的位置;检查接地线是否拆除;装设接地线;应拉合的开关和刀闸;检查负荷分配;安装或拆除控制回路电压互感器回路的保险,切换保护回路和检验是否确无电压。

(7) 操作人填写好操作票后,应同监护人在符合现场操作要求的情况下对操作票进行详细的核对。

(8) 核对后的操作票,再经监护人、审批人两级复审正确无误,重要的操作还需值长批准后才能执行。

(9) 进行刀闸操作前要携带操作时必要的工具和安全用具,对所使用的钥匙必须认真核对,严防错带钥匙或错开锁子。

(10) 操作前应由监护人负责和各有关岗位的联系工作,只有得到对方的明确答复"可以操作"之后,才能进行操作。

(11) 操作人和监护人到达操作地点后,必须再次核对被操作设备的名称、编号和设备的实际运行状况,确认正确无误,确定是否具备操作条件。

(12) 操作时必须按操作票的顺序进行操作,不准跳项、漏项、添项或倒项,也不得穿插口头命令。

(13) 监护人检查操作人站立位置正确、使用安全用具符合要求后,由监护人高声"唱票",操作人再次核对设备名称和编号,明确操作把手应操作的方向,核对无误后高声"复诵",监护人确认无误后下达"对,执行"的命令,操作人根据命令进行操作。

(14) 每操作完一项,操作人、监护人应认真检查,并在该项前做一个"√"记号,以示该项操作完毕,全部操作完毕后进行复查。

(15) 操作开始和终了都要记准时间,且重要的操作项目也要记下时间。

(16) 操作完毕后应由监护人向发令人汇报,并在值班日志中记录清楚,变更模拟板,使其符合倒闸操作后的运行方式要求,凡用操作票进行的操作,交接班时都要对操作票进行核对交接。

(17) 在操作中还要执行下列规定:

① 操作中如果发现操作票与现场实际运行情况不符或对操作项目、顺序产生疑问,以及操作过程中发现异常情况,应立即停止操作,并向发令人汇报,弄清情况后方可继续操作。

② 监护人不可代替操作人操作,也不能帮助操作人操作,如操作人在操作中确有困难,则可事先携带一名操作助手。

③操作人或监护人其中一人不在操作地点,不准进行操作。

④拉、合开关时必须注意有关表计变化,并核对小车开关位置指示与操作一致。

(18)在执行工作票时,还应做到"四不开工""五不结束":

①"四不开工"为:

工作地点或工作任务不明确不开工;

安全措施的要求或布置不完善不开工;

审批手续或联系工作不完善不开工;

检修和运行人员没有共同赴现场检查或检查不合格不开工。

②"五不结束"为:

检修人员未全部撤离工作现场不结束;

设备变更和改进交代不清楚或记录不明不结束;

安全措施未全部拆除不结束;

有关测量试验工作未完成或测试不合格不结束;

检修和运行人员没有共赴现场检查或检查不合格不结束。

(19)建立严格的防误装置管理制度,防误闭锁装置一经投入,必须落实设备主人,做好维护检修工作,并不得随意退出。

(20)加强对运行和检修人员的防误闭锁装置的培训,使其达到"四懂三会"。"四懂"即:懂装置的原则、性能、结构、操作程序;"三会"即:会操作、会安装、会维护。

3.13 电气倒闸操作程序

单电源线路停送电的操作顺序必须按照断开开关、负荷侧刀闸(保险)、母线侧刀闸(保险)的顺序依次操作,送电操作顺序与此相反,同时在刀闸操作前必须先检查开关确在断开位置,在合闸送电前,必须检查刀闸在合闸位置,严防带负荷拉、合刀闸。

双电源线路停送电操作顺序:

(1)停电时,应先将线路两端的开关断开,然后依次拉开线路侧刀闸和母线侧刀闸,送电操作顺序与此相反,在操作刀闸前,必须先检查开关确在断位,在合闸送电前,必须检查刀闸在合闸位置。

(2)用开关进行系统并列操作前,应将同期检查装置投入,在系统同期的情况下,方可将开关投入,以防止非同期并列。

（3）变压器的停送电操作顺序：

①单电源变压器，停电时应先断开负荷侧开关，再断开电源侧开关，最后拉开各侧刀闸，送电操作顺序与此相反。

②双电源或三电源变压器，停电时，一般先断开低压侧开关，再断开中压侧开关，然后断开高压侧开关，最后拉开各侧刀闸，送电操作顺序与此相反。

（4）熔断器的操作顺序：

①水平排列时，停电取保险时应先取中间相，后取两边相，送电操作顺序与此相反。

②垂直排列时，停电取保险应从上到下依次断开各相，送电操作顺序与此相反。

③在只有刀闸和保险的低压供电回路中，停电时应先拉开刀闸，后取下保险，送电时与此相反。

④保护和自动装置的投入应先送交流电源，后送直流电源，待检查各继电器回路运行正常后，再投入有关压板，退出时与此相反。

（5）验电器的使用顺序及规定：

①验电前，应首先检查验电器同被测电气设备的电压等级是否相符。

②验电前应先对 10.5 kV 验电器进行自检试验，其方法是按一下自检按钮，若测电指示器发出连续的间歇式声光讯号，则证明验电器性能完好。

③自检试验完好的验电器还应在有电的设备上进行试验，进一步确证验电器良好。

④高压验电前必须戴绝缘手套，10.5 kV 及以上电气设备在没有相应电压等级的专用验电器的情况下，可使用绝缘棒代替验电器，根据绝缘棒端有无火花和放电噼啪声来判断有无电压。

⑤进入验电间隔必须保证与带电设备之间的安全距离符合要求，必须进一步核对所验设备的名称、编号与实际运行状况相符。

⑥所用的验电器必须有车间安全工具器的统一编号，有半年一次的试验合格证标签。

⑦对于所要求停电的设备，应在其设备的进出线两侧验电，以确认其设备不带电。

（6）装设接地线的顺序及规定：

①当验明设备确无电压后，应立即将检修设备接地并三相短路。

②装设接地线必须由两人进行。

③装设的接地线要有统一的编号，接地线的软铜线应无断头，螺纹连接

处无松动。

④装设和拆除接地线均应使用绝缘棒和戴绝缘手套。

⑤装设接地线必须先将接地端线卡紧固在接地极上,然后按不同电压等级使用相应的操作棒将导线端线卡分别挂在导体上,拆除时应先拆除导线端线卡,后拆除接地端线卡。

⑥装设接地线时,接导体端必须紧固,用专用线夹固定在导体上,不得用缠绕的方法进行接地或短路,已装设的接地线不得扭花。

⑦拆下的接地线不得随地乱摔,同时注意清洁工作,预防泥沙、脏物进入接线的孔隙中,不用时应将其盘好,存放在与之编号相对应的固定地线柜内。

⑧装拆接地线,应做好记录,交接班时应交代清楚。

⑨经受短路电流后的接地线应作报废处理。

（7）测定电气设备绝缘的顺序及规定：

①对被测设备停电进一步核实,确认其没有突然来电的可能,设备具备测绝缘条件。

②测试前将被测设备短路接地放电。

③根据设备的额定电压,选择适当的摇表。

④把摇表放平稳,调整到水平位置。

⑤带电的设备和有可能感应出高电压的设备,不可对其测绝缘。

⑥将被测设备的表面尽可能地擦干净,如被测设备的表面虽擦拭过,但仍产生较大的影响时,应接屏蔽,以消除表面脏污对所测绝缘电阻值的影响。

⑦摇表测量时所用的引线必须绝缘良好,所测导线不得碰触其他设备。

⑧在未接被测设备时,先将摇表打开,此时摇表的指针应指在无限大的位置,短接引线指针应回零。

⑨在测量时,应先将摇表打开,指针到了无限大的位置时,将导线挂到被测设备上,并开始计算时间,记下 15 s、60 s 时的读数,以便计算吸收比,且以 60 s 时摇表的指示数值作为绝缘的电阻值。

⑩测试完毕后对摇表进行放电。

⑪记录下试验时的温度、湿度以及气象条件（如阴、晴、雨、雾等）,还要记录摇表的试验电压等级。

第 2 篇
生产运行管理

第 4 章 ●
百色那比水力发电厂生产运行管理制度

4.1 ON-CALL 管理制度

4.1.1 总则

为进一步规范百色那比水力发电厂 ON-CALL 管理制度的执行和管理，结合我厂实际情况，特制定本管理办法。

ON-CALL 管理制度是保障我厂设备安全运行的重要管理制度，目的在于及时处理设备故障，提高机组可用率，减少强迫停运和跳机次数。

ON-CALL 成员上岗资格必须经考核合格并由厂部授权，正式发文确定。

4.1.2 人员安排

（1）电厂值班人员划分为 2 个大值组，包含 2 名大值长、2 名 ON-CALL 值长。由电厂主管负责协调、安排工作任务，对电厂厂长、副厂长负责；ON-CALL 值长负责日常消缺、执行工作任务、ON-CALL 值班工作记录和汇报，对电厂主管负责。

（2）ON-CALL 组至少由 2 名人员组成，包含 ON-CALL 值长 1 名。其中，ON-CALL 值长由有一定实际工作经验的人员担任，ON-CALL 组其他成员与值守人员互为轮换。

（3）参与 ON-CALL 的成员对 ON-CALL 值长负责，听从 ON-CALL 值长统一安排日常工作，无特殊情况下，ON-CALL 成员在值班期间应严格履行其所在部门的岗位职责。

4.1.2.1　ON-CALL 组交接班规定

（1）ON-CALL 值长交接班在当值值长值班最后一天下午 18:00 前进行。

（2）ON-CALL 值长进行交接班时，交班值长填写好值班期间的《ON-CALL 运行日志》，简要总结值班期间设备接管情况、发生的事故、缺陷及需接班值长注意的事情。

（3）ON-CALL 值长必须准时、认真进行交接班，严格执行交接班制度，指定在 ON-CALL 组办公室进行交接班。

（4）交班值长在交班前半小时应做好下列工作：

①检查电厂各设备的运行情况，做好相关记录。

②认真编写当班《ON-CALL 运行日志》。

③认真编写当班期间已经接管设备的简要工作情况。

④认真编写当班期间巡检工作内容完成情况。

⑤认真编写当班期间设备缺陷处理、事故处理工作内容。

⑥ON-CALL 组专用工具清点。

（5）接班人员应提前到达交接班室，且需记录以下内容：

①现时设备的运行情况，包括：110 kV GIS 系统（包括线路及主变）运行情况、机组的运行情况、厂用电的运行情况、各辅助设备的状况。

②接班人员休息期间所出现的较大事故及故障，处理过程及结果；存在的缺陷和需要特别加以监视的地方。

③重要的试验项目，试验的目的、方法、步骤，对机组与系统的影响，以及试验的结果。

④调度系统、施工单位有关人员及安生部门对设备提出的特殊要求。

⑤了解因无备品而延期处理的缺陷情况，以及对已经采购回来的备品需及时进行缺陷处理的事宜。

（6）交班值长交班时，应做到思路清晰、条理清楚，使用专业术语。接班值长听完情况，询问清楚后，认为符合接班条件，方能签字接班。接班值长未签名下令接班，交班值长不得离开工作岗位。

（7）接班值长接班后必须逐项仔细阅读本人不当值期间（包括休息期间）的全部值班记录，了解设备状态。严禁只听交班值长的交代而不看值班记录、不检查及核对涉及主设备运行的重要报警信息。

（8）在事故处理及重要操作进行过程中，不得进行交接班。

（9）正在进行交接班时，若发生影响出力的事故，必须停止交接班。在事故处理完毕，设备恢复正常运行后，交班值长做好记录，然后才能进行交接班。

（10）遇下列情况之一者，不得交接班：

①设备运行情况交代不清，接班值长应拒绝接班。

②接班值长精神异常或醉酒，不能胜任值班工作，交班值长应拒绝交班并立即向大值长报告。

（11）因接班值长迟到影响到交接班工作的顺利进行时，经了解确属接班值长自身责任者，按厂部及公司有关规定处理。

4.1.2.2　ON-CALL 组日常工作规定

（1）ON-CALL 组日常工作主要包括：

①负责运行设备日常的定期检查，并做好缺陷登记、《ON-CALL 运行日志》等台账记录。

②负责设备的倒闸、隔离恢复操作及其他安全措施。

③设备接管期间与外委施工单位的配合操作。

④负责全厂设备日常缺陷处理。已参与处理但因技术、能力有限无法处理的缺陷，需及时汇报大值长以便协调工作。

⑤负责全厂设备事故现场紧急处理。

⑥负责机组检修期间的隔离、恢复操作。

（2）ON-CALL 成员日常作息由 ON-CALL 值长统一安排，ON-CALL 成员因个人原因调离 ON-CALL 组的，ON-CALL 值长需及时向电厂主管汇报，由电厂主管负责协调增派人员。

（3）每轮 ON-CALL 值班人员日常工作统一由 ON-CALL 组当值值长安排，当值值长负责全厂设备操作、消缺、事故处理、设备切换、定期巡检日常工作。

4.1.3　ON-CALL 值长职责

（1）负责组织值守人员进行现场事故及故障处理。

（2）负责安排 ON-CALL 成员进行设备的巡检、定期记录、测量、轮换等工作，并做好记录。

（3）根据情况合理安排本 ON-CALL 组所有成员开展工作，如有需要可通过电厂主管调用 ON-CALL 组以外人员进行故障处理。

（4）ON-CALL 值长经判断认为因技术能力或人员问题无法处理的故障，须及时汇报电厂值班领导。

（5）以前设备运行中出现过的，未查明原因的遗留故障、缺陷重复出现时，ON-CALL 值长必须汇报厂部。

（6）事故处理完毕后，ON-CALL 值长应将事故处理情况及时反馈给当班值守负责人,并由当班值守负责人将事故处理情况汇报调度。

(7) ON-CALL 值长每日必须将当天工作情况如实填写至《ON-CALL 运行日志》。

(8) 根据下达的设备定检周期表,按时按质完成设备定检周期计划中的各项目。

(9) 在每天早上的 ON-CALL 会上,了解前一天存在的缺陷,办理有关检修及消缺处理的工作票,完成所有检修、消缺工作要求的隔离措施及倒闸操作。

(10) 合理安排 ON-CALL 成员开展设备定期维护工作,根据重点设备(特别是计算机监控系统、励磁装置、调速器电气设备及继电保护自动装置等自动化设备)进行周期性的维护,以保证设备运行正常。

(11) ON-CALL 组全天处于待命状态,随时配合值守人员进行事故处理工作。

(12) ON-CALL 值长在值班期间,对 ON-CALL 成员的工作负有安排、指导、督促之责。

4.1.4 其他

(1) ON-CALL 组值班期间出现下列情况时,值守负责人要及时向 ON-CALL 值长简要汇报:

①机组跳机。

②110 kV 线路、母线、主变开关跳闸。

③ 影响机组或主设备正常运行的缺陷。

④需要 ON-CALL 组以外的人员参加处理的设备故障。

⑤对我厂运行有影响的系统事故。

⑥水库建筑物发生故障。

⑦水淹厂房重大事故。

⑧厂房火灾重大事故。

在故障处理完毕或告一段落后,由 ON-CALL 值长向值守负责人交代处理情况,并及时向电厂主管做较详细的汇报。

(2) ON-CALL 成员离岗必须征得 ON-CALL 值长同意,ON-CALL 值长离岗必须经值班领导同意,并由值班领导指定具备相同授权的人员替代。

(3) 为了全面掌握全厂设备的运行状况,协调做好各项生产安全工作,保证电厂的安全、稳定、经济运行,每天召开一次工作碰头会:

①会议地点:办公楼一楼会议室。

②参加人员：电厂主管、ON-CALL 组全体人员。

4.2　厂区范围内停、送电管理规定

4.2.1　总则

为进一步规范厂区范围内停、送电管理，根据百色那比水力发电厂有关安全生产规定和《电力（业）安全工作规程》的有关规定，特制定本规定。

本规定用于那比水电厂工作现场临时电源的使用及管理。范围包括厂房、大坝、营地生活区的用电管理。

本规定适用于百色那比水力发电厂（以下简称电厂）。

4.2.2　电源敷设申请

（1）需在运行管辖的设备上（如机组自用电盘等配电屏）接临时工作电源，应持有电厂批准的工作票，运行当值应根据《电力（业）安全工作规程》及本厂"两票"有关规定办理许可手续后方可进行。

（2）外单位施工或电厂 ON-CALL 成员检修作业需在检修电源箱接临时电源时，应向电厂主管、协管提出申请，办理工作票，中控室值守负责人同意后，方能进行临时电源的接线工作（导线应接在带有漏电保护的空气开关下），禁止擅自接用。

（3）需在其他设备上接临时工作电源，必须征得电源所属主管部门的同意，方可进行。

4.2.3　停、送电的运行管理

（1）用电负荷不得超过导线的允许载流量，发现导线有过热的情况，必须立即停止用电，并报告有关人员检查处理。每个工作面的供电设施，要根据实际用电功率的需要配置，严禁超负荷运行。

（2）安装、维修或拆除临时用电装置，必须由熟练的合格电工担任。搬迁或移动用电设备必须在断开电源的情况下进行。

（3）所有配电箱均应标明其名称、用途，并作分路标记。遇到台风、暴雨等恶劣天气，应暂时切断临时电源，在恢复送电前应对线路详细检查，确认无问题后方可合闸送电。

（4）临时电源合闸送电前，必须对接入的设备进行绝缘测量，确认绝缘合

格后方可合闸送电。中断作业、收工时必须切断有关电动工具电源。

（5）做好厂内职工及外来施工人员的安全用电教育。禁止乱拉乱接电源线路和非电工从事电气作业、线路安装。

（6）严禁约时停、送电操作。

（7）任何人员发现有违反本规定，或足以危及人身和设备安全者，应立即制止，并汇报有关领导。

4.3　工作票管理制度

4.3.1　工作票的填用

4.3.1.1　工作票应使用统一的票面格式，一个工作负责人不应同时执行两张及以上的工作票

1. 填用第一种工作票的工作

（1）在高压设备上工作，需要全部停电或部分停电者。

（2）在高压室内的二次接线和照明等回路上工作，需要将高压设备停电或做安全措施者。

（3）属于同一电压等级、位于同一平面场所，工作中不会触及带电导体的几个电气连接部分。

（4）一台变压器停电检修，其断路器也配合检修。

（5）全站停电。

2. 填用第二种工作票的工作

（1）带电作业和在带电设备外壳上的工作。

（2）控制盘和低压配电盘、配电箱、电源干线上的工作。

（3）在二次结线回路上的工作，无需将高压设备停电者。

（4）在转动中的发电机励磁回路上的工作。

（5）非当值值班人员用绝缘棒和电压互感器定相或用钳形电流表测量高压回路的电流者。

（6）在运行设备室或运行设备附近可能会影响设备和人身安全的其他电气工作。

3. 填用水力机械工作票的工作

（1）水轮机、蜗壳、导水叶、调速系统、风洞内、进水口闸门及其启闭机等机械部分的检修工作。

（2）油、水、气等管路阀门的清扫、检修工作。

（3）各种送、排风机和空调设备的检修工作。

（4）电梯、门机、桥机、尾水台车、启闭机的机械部分检修工作。

（5）各种水泵的检修工作。

（6）在运行设备室或运行设备附近可能会影响设备和人身安全的其他非电气工作。

4. 填用动火工作票的工作

在压油槽、集油槽、油管路、透平油库、绝缘油库、汽油库、压力容器、压力管道、电缆和含油污多的地方等场所的动火工作。

4.3.1.2　工作票的填写

（1）工作票由工作票签发人填写，也可由工作负责人填写。

（2）工作票签发人不得兼任该项工作的工作负责人，工作许可人不得签发工作票。

（3）工作票签发人和工作负责人应由所在部门考核推荐，由电厂审核批准并书面公布的人员担任；工作许可人应由值班员及以上的人员担任，并经电厂书面公布，其他人员不能担任。

（4）工作票要用钢笔或圆珠笔填写一式两份，填写应正确清楚，设备名称、编号、接地线位置、日期、时间、人数、签名等关键字不得涂改，一张工作票上非关键字涂改字数不得超过 2 个字。

（5）工作票中的一份（第一联）必须保存在工作地点，由工作负责人收执，另一份（第二联）由值班员收执，按值移交。

（6）电气工作票中的“工作班成员”（水力机械工作票中“工作班成员”、动火工作票的“动火工作执行人”）一栏应填写工作人员姓名，若工作人员过多填写不下时（超过 5 人），才能减填部分工作人员姓名，但必须同时写明共多少人（工作票上的总人数包括工作负责人在内）。

（7）“工作内容和工作地点”栏中必须填入设备或回路的双重编号，描述工作内容，要求精准、清楚和完整，写明被检修设备所在的具体位置。

（8）“计划工作时间”栏：根据工作内容和工作量，填写预计完成该项工作所需的时间。

（9）“安全措施”栏中必须填入设备或回路的双重编号。“必须采取的安全措施”栏：填写检修工作应具备的安全措施，安全措施应周密、细致，不错项、不漏项。检修工作需要运行人员在运行方式、操作调整上采取的措施，以及采取隔断的安全措施，必须写入“安全措施”栏。不需要做安全措施则在相应栏内填写"无",不应空白。

（10）"危险点"栏中逐项填入工作中可能发生事故的结果，"防范措施"栏中填入对应"危险点"的应对措施。

（11）"运行值班人员补充的安全措施"栏的内容包括：由于运行方式或设备缺陷需要扩大隔断范围的措施；运行人员需要采取的保障检修现场人身安全和运行设备安全的措施；补充工作票签发人（或工作负责人）提出的安全措施；提示检修人员的安全注意事项；如无补充措施，应在该栏中填写"无补充"，不得空白。

（12）"批准工作结束时间"栏：由值长根据机组运行需要填写该项工作的结束时间。

（13）工作许可人和工作负责人在检查核对安全措施执行无误后，由工作许可人填写"许可工作开始时间"并签名，然后，工作负责人签名确认。

（14）"工作票延期"栏：工作负责人填写，当班值长或值班负责人签名确认。

（15）"允许试运时间"及"允许恢复工作时间"栏：当班工作许可人填写并签名，工作负责人签名确认。

（16）"工作终止时间"栏：工作负责人填写并签名，工作许可人签名确认。

（17）"备注"栏填写内容：需要特殊注明以及仍需说明的交代事项，如该份工作票因故未执行、电气第一种工作票中接地线未拆除等情况的原因等；中途增加工作成员的情况；其他需要说明事项。

（18）接地线装设地点应填写具体明确，在"已做措施"栏内应注明接地线编号。

（19）工作票一定要按照票上所列顺序办理，各类签名要完整正确。

4.3.2　工作票中所列人员安全责任

1. 工作票签发人的安全责任

（1）确认工作的必要性。

（2）确认工作的安全性。

（3）确认工作票上所填写的安全措施是否正确、完备。

（4）确认所派工作负责人和工作班人员是否适当和足够，精神状态是否良好。

（5）确认工作负责人是否组织开展危险点分析工作并制定相应的控制措施。

2. 工作负责人的安全责任

（1）正确、安全地组织工作。

（2）结合实际进行安全思想教育。

（3）督促、监护工作人员遵守《电力（业）安全工作规程》。

（4）负责检查工作票所列安全措施是否正确完备和值班员所做的安全措施是否符合现场实际条件，必要时予以补充。

（5）工作前组织工作班人员开展危险点分析，并制定相应的控制措施。

（6）工作前对工作人员交代危险点和相应的控制措施以及安全注意事项。

（7）工作班人员变动是否合适。

3. 工作许可人的安全责任

（1）负责审查工作票所列安全措施是否正确完备，是否符合现场条件。

（2）工作现场布置的安全措施是否完善。

（3）负责检查工作负责人是否组织开展危险点分析工作并制定相应的控制措施。

（4）负责检查停电设备有无突然来电的危险。

（5）对工作票中所列内容即使产生很小的疑问，也必须向工作票签发人询问清楚，必要时应要求作详细补充。

4. 专责监护人的安全责任

负责审查工作的必要性和检修工期是否与批准期限相符以及工作票所列安全措施是否正确完备，并安排本班人员按要求做好工作票所列的安全隔离措施，办理工作票的许可手续。

5. 工作班成员的安全责任

（1）在工作负责人组织下，认真对即将开展的工作进行危险点分析和讨论，共同制定相应的控制措施。

（2）认真执行《电力（业）安全工作规程》和现场安全措施，互相关心施工安全，并监督《电力（业）安全工作规程》和现场安全措施的实施。

（3）熟悉工作内容、工作流程，掌握安全措施，明确工作中的危险点，并履行确认手续。

（4）遵守安全规章制度、技术规程和劳动纪律，执行安全规程和实施现场安全措施。

（5）正确使用安全工器具和劳动防护用品。

4.3.3　工作票的办理和使用

（1）第一种工作票应在开工前一天交给当班值班人员,当班值班人员在接到工作票时,应审查工作负责人所使用工作票是否正确,工作票中所填写的工作内容和地点是否清楚正确,设备的名称和编号与现场是否相符,安全措施是否正确完善,工作票签发人和工作负责人是否符合要求等。在全面审查合格后,由当班值长填上收到工作票的时间并签名。对填写不合格及安全措施不完善的工作票,当班值班人员必须及时通知检修人员重新填写、签发。对于特殊情况下的临时工作,不能提前一天交票给当班值班人员的,可在工作开始前直接交给当班值班人员。当班值班人员对工作票进行全面审查合格后,做好安全措施,履行办票手续。

（2）第二种工作票、水力机械工作票或动火工作票可在开工当天提前交给当班值班人员,当班值班人员在接到工作票时,应审查工作负责人所使用工作票是否正确,工作票中所填写的工作内容和地点是否清楚正确,设备的名称和编号与现场是否相符,安全措施是否正确完善,工作票签发人和工作负责人是否符合要求等。在全面审查合格后,方可根据工作票的作业要求做好安全措施,办理许可工作。对填写不合格及安全措施不完善的工作票,当班值班人员有权拒绝办理,并要求检修人员重新填写、签发。

（3）工作许可人在办理工作许可手续时应先填写编号,工作票的编号按规定(值别—月日—工作票序号)填写。

（4）对第一种工作票,当班值班人员在做完工作票中所要求的安全措施后,工作许可要在工作票上的安全措施各栏内,对应填写已做的各项安全措施,不准简化,不得漏项,禁止填写"同左"或"所要求的安全措施已做"等。

（5）在完成施工现场的安全措施后,工作许可人(当班值班人员)还应履行如下手续:

①会同工作负责人到现场再次检查所做的安全措施,以手触试,证明检修设备确无电压;

②向工作负责人指明带电设备的位置和注意事项;

③和工作负责人在工作票上分别签名。

完成上述手续后,工作班方可开始工作。

（6）工作负责人、工作许可人任何一方不得擅自变更安全措施,值班人员不得变更有关检修设备的运行接线方式。工作中如有特殊情况需要变更时,应事先取得对方的同意。

（7）完成工作许可手续后，工作负责人（监护人）应向工作班人员交代现场危险点和相应的控制措施、安全措施、带电部位和其他注意事项。工作负责人（监护人）必须始终在工作现场，对工作班人员的安全认真监护，及时纠正违反安全的行为。

（8）所有工作人员（包括工作负责人），不许单独留在高压室内和室外高压设备区内。

（9）工作负责人（监护人）在全部停电时，可以参加工作班工作。在部分停电时，只有在安全措施可靠、人员集中在一个工作地点、不致误碰导电部分的情况下，方能参加工作。

（10）工作期间，工作负责人要始终坚持在工作现场，若因故必须离开工作地点时，应指定能胜任的人员临时代替，离开前应将工作现场交代清楚，并告知工作班人员。原工作负责人返回工作地点时，也应履行同样的交接手续。若工作负责人需要长时间离开现场，应由原工作票签发人变更新工作负责人，两工作负责人应做好必要的交接。

（11）当班值班人员如发现工作人员违反安全规程或有任何危及工作人员安全的情况，应向工作负责人提出改正意见，必要时可暂时停止工作，并立即报告上级。

（12）机组停机检修时，发电机、水轮机、调速机等与运行系统无关联的部分可各开一张总的工作票。在机组检修开始第一天必须到当班值班人员处办理开工手续，以后每天开工时，应由各工作班的工作负责人检查及核对现场的安全措施。检修期间工作票由工作负责人妥善保管一份（第一联）。检修工作全部结束后，再办理工作票终结手续。

（13）凡与运行系统有关联的机械检修工作面，需要当班值班人员配合操作、试验及工作，必须另开单项工作票。

（14）所有电气设备的检修工作（是指计划检修或者是其他临时检修），各工作班在每日收工时，工作负责人必须将工作票交回当班值班人员保存，次日复工前，再向当班值班人员取回工作票继续工作。若在安全措施没有改变而又不影响运行的交接班情况下，运行当班值长应尽快许可工作票（原则上交接班前后 15 分钟内不办理工作票手续）。

（15）工作间断时，工作班人员应从工作现场撤出，所有安全措施保持不动，工作票仍由工作负责人执存。间断后继续工作，无需通过工作许可人。每日收工时，应清扫工作地点，开放已封闭的通路，并将工作票交回值班员。次日复工时，应得到当班值班人员许可，取回工作票，工作负责人必须事前重新认真检查安全措施是否符合工作票的要求后,方可工作;若无工作负责人或监护人带领,工作人员不得进入工作地点。

（16）工作票是检修作业的凭据,工作负责人与当班值班人员必须妥善保存,不能丢失和损坏,不能在票上乱写乱画,要保持工作票清洁、完整和严肃性,工作票破损不能继续使用时,必须重新办理新的工作票。工作负责人在工作过程中,还必须随身携带工作票,以备当班值班人员核对现场工作项目及进行安全监督。如发现不带工作票工作时,以无票作业论处。

（17）一个工作负责人只能发给一张工作票。特殊情况下,一个工作负责人可以办理两张及以上工作票,但运行值班人员只能发给他一张工作票进行工作。

（18）工作票上所列的工作地点,以一个电气连接部分为限。如施工设备属于同一电压、同一楼层、同时停送电,且不会触及带电导体时,则允许在几个电气连接部分共用一张工作票。开工前,工作票上所列的安全措施应一次做完。建筑工、油漆工等非电气人员进行工作时,工作票发给监护人。

（19）在几个电气连接部分上依次进行不停电的同一类型工作,可以发一张第二种工作票。

（20）工作负责人在每天作业前,必须集中工作班全体人员交代现场危险点和相应的控制措施、已做的安全措施及工作中必须注意的安全事项,工作人员要集中精神听取现场工作交代,对有不明白的地方要问清楚。工作负责人要注意工作人员的精神状态,对工作不认真的人员要及时提出批评指正,杜绝马虎作业。

（21）若一个电气连接部分或一个配电装置全部停电,则所有不同地点的工作,可以发一张工作票,但要详细填明主要工作内容。几个班同时进行工作时,工作票可发给一个总的负责人,在工作班成员栏内只填明各班的负责人,不必填写全部工作人员名单。

（22）对于连续（或连班）作业的工作,一个工作负责人不能连班负责者,可允许有两个或三个（三班倒）工作负责人。但工作票上一定要注明各班次的工作负责人姓名和工作时段。工作票必须按班交接,各工作负责人应做好工作现场的交接。

（23）若至预定时间,一部分工作尚未完成,仍须继续工作而不妨碍送电者,在送电前,应按照送电后现场设备带电情况,办理新的工作票,布置好安全措施后,方可继续工作。

（24）事故抢修工作可不用工作票,但必须经当班值守负责人同意,必须明确工作负责人和工作许可人,在开工前必须按规定做好安全措施,办理工作许可和终结手续。工作许可人还应将工作负责人姓名、采取的安全措施、工作开始和终结时间记入生产记事本内。事故抢修时间以四小时为限,如超过四小时,则应按正常检修工作办理工作票后,方能继续工作。

（25）工作票的有效时间,应以批准的检修（临检）期为限。若不能如期完成,工作负责人必须办理延期手续。延期作业时,不能增加工作票中没有列入的工作内容。

（26）延期手续应由工作负责人向当班值守负责人申请办理,主要设备延期要通过主管办理。

（27）第一种工作票、水力机械工作票至预定时间工作尚未完成,应由工作负责人向当班值守负责人办理延期手续,延期时间在两天以下者,应在到期前两小时办理,延期时间在两天及以上者,则应在到期的前一天办理。延期手续只能办一次。第二种工作票到期未完工者,不得延期使用。

（28）因等备品配件的时间预计会超过十天而使工作不能按期完成,则工作票不能延期,应办理终结手续,在"备注"栏内注明设备未修好。

（29）需要变更工作班中的成员时,须经工作负责人同意。需要变更工作负责人时,应由工作票签发人将变动情况记录在工作票上。若扩大工作任务,必须由工作负责人通过工作许可人,并在工作票上增填工作项目。若须变更或增设安全措施者,必须填用新的工作票,并重新履行工作许可手续。

（30）在未办理工作票终结手续以前,当班运行人员不准将施工设备合闸送电。在工作间断期间,若有紧急需要,当班运行人员可在工作票未交回的情况下合闸送电,但应先将工作班全班人员已经离开工作地点的确切根据通知工作负责人或检修公司负责人,在得到他们可以送电的答复后方可执行,并应采取下列措施:

①拆除临时遮栏、接地线和标示牌,恢复常设遮栏,换挂"止步,高压危险!"的标示牌。

②必须在所有通路派专人守候,以便告诉工作班人员"设备已经合闸送电,不得继续工作",守候人员在工作票未交回以前,不得离开守候地点。

③检修工作结束前,若需对设备试加工作电压,可按下列条件进行:

全体工作人员撤离工作地点;

将该系统的所有工作票收回,拆除临时遮栏、接地线和标示牌,恢复常设遮栏;

应在工作负责人和当班运行人员进行全面检查无误后,由当班运行人员进行加压试验；

工作班若需继续工作时，应重新履行工作许可手续。

（31）检修工作结束前，如遇下列情况，应重新签发工作票，并重新履行工作许可手续：

①部分检修设备将加入运行时；

②值班人员发现检修人员严重违反安规或工作票内所填的安全措施不足，应制止检修人员工作，并将工作票收回；

③必须改变检修与运行设备的隔断方式或工作条件时；

④检修工作延期一次后仍不能完成，需要继续延期者；

⑤残缺不齐或字迹模糊不清的工作票不准使用，应重新签发；

⑥事故抢修工作可不用工作票，但应遵守安规的规定。

全部工作完毕后，工作班人员必须将工作现场（场地）清理干净。工作负责人应做周密的检查，待工作班人员全部撤离后，由工作负责人向当值值班人员做作业交代，交代工作必须详细清楚（包括检修项目、发现的问题、试验结果和存在问题、设备目前是否可投入运行等），并与值班人员共同检查设备状况、有无遗留物件、是否清洁等，然后在工作票上填明工作终结时间，工作负责人和工作许可人双方签字后，工作票方告终结。

（32）工作许可人在办理工作票结束手续时，对安全措施中有投接地刀闸、挂接地线的工作票，应在工作票内注明接地刀闸是否切除和接地线是否拆除，若需继续保留接地，则应在该票"备注"栏注明没有切除的接地刀闸和没有拆除的接地线，并在有关的记录本上登记好（运行日志本、接地线登记本）。上述手续办完后，运行值班人员在"备注"栏内（右下方）盖上"工作已结束"的印章。

（33）下列工作可列为事故抢修：

①出现影响人身和设备安全的情况，需要紧急处理的。

②为了防止扩大事故，需立即处理的。

③救人、灭火。

④预计事故抢修的时间以四小时为限（从事故发生的时间算起），超过四小时的检修工作应按正常检修办理工作票。

（34）有下列情况之一者均列为不合格工作票：

①工作票上有错别字，手写部分字迹潦草，填写模糊不清，涂改超过规定。

②工作票破损，残缺不齐，污秽看不清楚。

③各类签名不全。

④工作票安全措施漏项，填写不全，语句含义不清楚。

⑤工作票没编号。

⑥填用的工作票不当。应使用第一种工作票的工作，而使用了第二种工作票；应使用第二种工作票的工作，而使用了第一种工作票；应使用水力机械工作票的工作，而使用了电气第二种工作票；应使用动火工作票的工作，而使用了水力机械工作票。

⑦工作内容（任务）、工作地点和工作时间不清楚。

⑧工作票已过期，而没办理延期手续继续工作者。

⑨工作票签发人、工作负责人或工作许可人不合规定者。

⑩已执行的安全措施中，不按规定填写具体内容，而填写"同左"或"所要求的措施已做"等。

⑪一个工作负责人同时持有两张及以上的工作票。

⑫工作票未按规定顺序执行。

⑬安全措施填写不完整，应（已）装接地线及已设遮栏、标示牌、警告牌没注明确切地点。

⑭"工作内容和工作地点"或"工作任务"栏中未填设备或回路的双重编号者。

⑮没有组织开展危险点分析工作并制定相应的控制措施者。

⑯未办理工作票终结手续，或已终结的工作票未盖"工作已结束"章，未在工作票上注明接地线是否拆除。

（35）对已许可的工作票，在工作结束时发现有上述不合格情况者，除按正常手续办理工作结束外，还需在"备注"栏注明不合格的原因，并在工作票的左上角加盖"不合格"印章。

（36）工作票的保管：

①中控室值班人员必须将一种票、二种票、水力机械票和动火票等各类工作票分不同状态（包括作废的工作票）在中控室文件柜保存好，以便查阅和统计。

②每月将上月已终结和已作废的工作票收回，并分类按时间顺序装订保管好，保管期为三个月。

（37）工作票的统计：

$$合格率（\%）=\frac{合格的工作票}{合格的工作票+不合格的工作票}\times100\%^{①} \qquad （4-1）$$

---

① 注：对作废工作票中属不合格者仍需进行统计，工作票合格率（%）按月计算。

4.4　操作票制度

操作票的使用：电厂值班人员必须严格按原部颁《电力（业）安全工作规程》和本厂《运行规程》中的有关规定正确使用操作票。

一般情况，凡有两项及两项以上的操作必须使用操作票。在发生人身触电事故时，为了解救触电人，可以不经许可，即行断开有关设备的电源，但事后必须立即报告上级。

4.4.1　可以不用操作票的工作

（1）事故紧急处理。

（2）拉合断路器及二次空气开关的单一操作。

（3）拉合接地刀闸或拆除全厂（所）仅有的一组接地线。

但上述操作必须记入生产记事簿内，且操作时必须有人监护。

4.4.2　操作票的填写

（1）操作票由操作人填写，监护人初审，当班值长审核批准，并分别在操作票上签名，不许代签。使用电脑制票系统制票，同样按以上规定执行。

（2）操作票的编号按规定统一编写（值别—年份—月份—编号），一年内不能有重复编号。

（3）操作票应填写清楚，不得任意涂改，非关键字修改不得超过2个字，关键字不得修改，涂改字数超过2个的操作票应作废，不准使用。

（4）操作票应填写设备名称和编号。

（5）填写操作票的用语应符合普通话的规范，不应使用方言。

（6）操作票上未用完的空行，从空格的第一行画一"✓"终止符号。

（7）操作人接到调度操作命令后，应分项填写操作票。操作前，由监护人用电话逐条与调度员核对，并在操作票"备注"栏内记下时间和调度员的名字。

（8）每一份操作票填写一个操作任务（即：根据同一操作命令，且为了相同的操作目的而进行的一系列相互关联并依次进行的操作），每次操作只能携带和执行一份操作票，每一个项目栏只填写一项操作内容。

（9）如果一个操作任务需填写几页操作票时，操作序号必须衔接，并在每一页上注明共几页、第几页，中间若须得到调度令才能操作的，一定要在操作票上写明。

（10）填写操作票必须做到"三考虑"（即：考虑一次设备的操作对二次设备及自动装置的影响；考虑操作中可能出现的问题，并做好事故预想；考虑操作后运行系统的安全性及经济性）和"五对照"（即：对照规程、对照图纸、对照模拟图、对照前一次操作票、对照现场设备）。操作顺序既要正确，又要安全可靠及省时。

4.4.3　操作票应填写的主要内容

（1）被操作的设备名称和编号。

（2）机组手动开停机、开关的并网解列操作。

（3）拉合开关和刀闸并检查它们的机械分合状态。

（4）控制回路切换、投入或退出保护回路压板。

（5）投入和取下控制回路或电压互感器回路的熔断器（保险）。

（6）继电保护、自动装置及测量仪表电源的投入或停用以及改变定值。

（7）拆、装接地线位置及编号。

（8）停电设备的验电及具体位置。

（9）检查有关回路的负荷、电压，合环操作时鉴定同期。

（10）测量发电机定转子、电动机线圈、电缆等的绝缘电阻。

（11）油、水、气系统管路阀门的操作。

（12）调速器控制方式及油过滤器方式的切换。

（13）调度命令中的特殊要求及涉及两个单位之间的联系工作。

4.4.4　操作票上所列人员的安全责任

（1）操作人的安全责任：在监护人的监护下进行操作，对所执行的各项操作（方法、顺序、操作人所站的位置、操作后的设备状态）的正确性负责。

（2）监护人的安全责任：对所担任监护的各项操作的正确性负主要责任。

（3）审批人的安全责任：作为操作命令的发布人，对操作票所列操作内容、操作顺序的正确性，以及操作任务是否符合现场条件负全部责任。

4.4.5　操作票的执行

（1）操作时由监护人持操作票和防误装置的锁匙，大声唱票，操作人用手指操作部位，并大声复诵无误后才能操作，正式操作前先对照模拟图预演一次。

（2）每操作完一项就打个"√"，不准操作完了一次性打"√"。

（3）重要项目的操作时间应记在操作票上，如：机组开、停，并网、解列，水车保护和继电保护投入、退出等。

（4）操作中发生疑问时，应立即停止操作，并向值长或值班调度员报告，弄清问题后再进行操作。不准擅自更改操作票，不准随意解除闭锁装置。

（5）在操作中，对由于特殊原因未进行操作的项，须经值守负责人同意，并在"备注"栏内注明原因。

（6）操作完后应对照操作票逐项检查操作后的设备状态，无误才能在"备注"栏内盖"已执行"章，并向值长或值班调度员汇报。

（7）严禁先操作后补票，不准使用操作命令记录簿或工作票代替操作票，严禁使用操作票草稿进行操作。

（8）操作票使用时，要保持操作票的清洁、完整，不得在票上乱写乱画，不得毁坏。

4.4.6 操作中的注意事项

（1）正常操作应尽量避免在交接班或高峰负荷时进行，如必须在交接班进行操作时，则由交班人员负责操作完毕或操作至某一阶段后才能交班，接班人员重新填写操作票继续操作。

（2）操作前检查所用的安全用具是否合格。

（3）进行重大试验性操作时，必须有试验措施并事先向运行人员交底。

（4）凡属非正常情况下的操作，应经厂领导同意，并做好操作中的安全措施。

（5）凡并列、环网开关合闸时，有同期装置者应鉴定同期后才能合闸。无同期装置者应和调度联系，确知系统是环网状态时才能合闸。

（6）短路故障后的试送电不许在现地将开关合闸，应待查明原因后才进行远方合闸送电。

（7）机械设备操作完毕后，对一些变化较缓慢的参数，如轴承温度、冷却器风温、发电机温度等应监视一段时间，待变化稳定后才能离开被操作的设备。

（8）使用闸刀及熔丝结线回路的低压动力设备停电前，应用钳形电流表测量无负荷后进行。

（9）操作过程中监护人应专心监护，不得代替操作人进行操作（特殊情况下可做一些辅助工作）。机械设备操作中的一些笨重阀门，监护人可以协助操作。

4.4.7　不合格操作票包括的行为

（1）无编号。

（2）无操作开始或终了时间。

（3）操作任务与操作项目不符。

（4）操作中未按规定打"√"。

（5）操作票漏项。

（6）操作顺序颠倒。

（7）未按规定签名或代签名者。

（8）字迹不清楚或任意涂改者。

（9）未盖"已执行"章。

（10）操作项目有并项或省略号者。

（11）未按规定格式填写者。

（12）使用术语不合规范且含义不清楚者。

（13）没有组织开展危险点分析工作并制定相应的控制措施者。

4.4.8　操作票的存档

对已执行的操作票，在 MIS 生产管理系统中做好存档，同时打印件由电厂文档管理员按月收回，统一保管三个月以上。

4.4.9　操作票的统计

$$合格率(\%) = \frac{合格的工作票}{合格的工作票 + 不合格的工作票} \times 100\%^{①} \qquad (4\text{-}2)$$

4.5　接地线管理规定

4.5.1　总则

本规定包括那比水力发电厂接地线（包括接地刀闸）的管理和使用，以及考核。

接地线的定义：为保证工作人员安全用来将停电设备短路接地的设施，

---

① 注：对于作废的操作票不进行统计，操作票合格率（%）按月计算。

也称短路接地线,包括便携式接地线和接地刀闸。

4.5.2　人员职责

(1)电厂是接地线管理的主管部门,负责指导各级人员按照本规定认真实行接地线的管理,并负责管理过程的考核及奖惩。

(2)其他人员职责:认真执行本规定的各项规定,发现有违反本规定的,有权进行制止并报告部门。

(3)电厂主管负责接地线使用过程中的检查。

(4)中控室值守负责人负责值班期间接地线使用的管理及检查监督。

(5)ON-CALL值长需办理临时接地线借用登记手续,ON-CALL成员要根据制度的规定使用接地线。

4.5.3　接地线的使用

(1)短路接地线是保护工作人员在工作地点防止突然来电的可靠安全措施,同时设备断开部分的剩余电荷,亦可因接地而放尽。

(2)检修设备完成停电措施使有可能来电的各方有明显断开点,验明设备确已无电压后,应立即将检修设备接地并三相短路。

(3)在设备上使用接地线都必须经当班值守负责人许可后方可进行。

(4)对于可能送电至停电设备的各方面或停电设备可能产生感应电压的各侧都要装设接地线,所装接地线与带电部分应符合《电力(业)安全工作规程》中安全距离的规定。

(5)检修母线时,应根据母线的长短和有无感应电压等实际情况确定接地线数量。检修10 m及以下的母线,可以只装设一组接地线。

(6)检修设备若分为几个在电气上不相连接的部分,则各部分应分别验电接地短路。接地线与检修设备之间不得连有断路器、隔离刀闸或熔断器。

(7)在室内配电装置上,接地线应装在该装置导电部分的规定地点,这些地点的油漆应刮去,并做黑色记号。

(8)因为工作的需要,不能在规定地点装设接地线时,必须经过电厂领导同意。

(9)所有配电装置的适当地点,均应设有接地网的接头,装设接地线时,接地线的接地端线夹必须装设在这些接头上,接头的接地电阻必须合格。

(10)装设接地线必须由两人进行。

(11)装设接地线必须先接接地端,后接导体端,且必须接触良好。拆接地线的顺序与此相反。装、拆接地线均应使用合格的绝缘棒和戴绝缘手套。

（12）操作接地线的绝缘棒、绝缘手套应定期进行交流耐压试验，试验的电压和周期必须符合《电力（业）安全工作规程》的要求。

（13）接地线应用多股软铜线，其截面应符合短路电流的要求，但不得小于 25 mm^2。

（14）接地线在每次装设以前应详细检查，确保外部透明绝缘层无破损，多股铜线无断股，接地头完好，各种标志完整，导线、线卡、导线护套符合标准，固定螺丝无松动，接地线标示牌、试验合格证清晰、无脱落。损坏的接地线应及时修理或更换。禁止使用不符合规定的导线作接地或短路之用。

（15）接地线必须使用专用的线夹固定在导体上，严禁用缠绕的方法进行接地或短路。

（16）投入接地刀闸时，必须检查电气断开点隔离开关在分闸位置。有带电显示装置的，装置必须显示无电。

（17）严禁解除接地刀闸闭锁装置进行接地刀闸的操作。如果工作需要，必须按照闭锁装置运行规定执行。

（18）高压回路上的工作，需要拆除全部或一部分接地线后方能进行工作者（如测量母线和电缆的绝缘电阻，检查断路器（开关）触头是否同时接触），如：

①拆除一相接地线；

②拆除接地线，保留短路线；

③将接地线全部拆除或拉开接地刀闸。

必须征得中控室值守负责人的许可（根据调度员命令装设的接地线，必须征得调度员的许可），方可进行。工作完毕后立即恢复。

（19）装设、拆除接地线后，应在生产信息管理系统、值班日志、接地线登记本及接地线登记卡上做好记录。接地线登记本存放在运行台账柜内，接地线登记卡存放在接地线柜内。接地线登记卡只登记正常存放在接地线柜内的接地线去向，由操作监护人填写。填写对应的接地线使用登记卡，将登记卡悬挂在与接地线编号对应的挂钩处，做到接地线去向和登记卡一致，并在接地线登记本、值班日志及生产管理信息上填写具体内容。

（20）装、拆接地线后，必须在交接班时交代清楚。必须做到工作票、操作票、生产信息管理系统、值班日志、接地线登记本及接地线登记卡的记录完全对应。

（21）对于借出的接地线，装设或拆除后工作负责人均应向中控室值守负责人做交代,由当班值守负责人分别填写接地线登记本、生产信息管理系统接地线登记、接地线登记卡。

（22）凡是涉及系统内有接地刀闸或接地线的电气操作,操作前除认真核对现场外还必须检查接地线登记本、生产管理信息接地线登记栏和现场接地线柜内接地线登记卡登记情况,当登记情况不一致时,应进行现场检查、核对,核实现场一次设备状态并弄清接地线去向。

4.5.4 接地线的保管

（1）每组接地线均应编号,并存放在固定地点,存放地点亦应编号。接地线编号与存放地点编号必须一致。

（2）拆除的接地线,应及时整理盘好并放回固定存放地点。

（3）电厂主管（或协管）、安全员应每月对存放的接地线进行检查,发现有破损的接地线应及时更换。

（4）携带型短路接地线在通过短路电流后,应予以报废。

（5）电厂安全员定期检查接地线是否完备。

4.5.5 接地线的检验

（1）接地线应定期进行校验,只有校验合格的接地线才可以使用。

（2）检验不合格的接地线,应及时进行报废处理,并及时补充合格的接地线,以保证接地线的数量充足。

4.6 设备定期轮换与试验管理规定

4.6.1 总则

定期轮换是指运行设备与备用设备之间轮换运行;定期试验是指运行设备或备用设备进行动态或静态启动、保护传动,以检测运行或备用设备的健康水平。定期轮换与定期试验统称为定期工作。

4.6.2 人员职责

（1）电厂主管（或协管）应不定期地到生产现场检查设备定期轮换与试验工作情况,确保本规定的执行。

（2）ON-CALL 值长应认真按照本规定带领本值人员做好设备定期轮换

与试验工作。

（3）ON-CALL 成员应认真按照本规定做好设备定期轮换与试验工作。

4.6.3　设备定期轮换与试验规定

（1）定期工作必须严格执行操作票制度，每项工作必须有标准的操作票。

（2）在进行设备定期试验、轮换前必须对被试验或被轮换的设备进行检查，制定出检查内容和标准，确保试验、轮换安全与可靠。

（3）定期工作开始前，要认真开展危险点分析和采取预控措施，做好事故预想，确保操作安全。

（4）在执行设备定期轮换与试验工作的过程中，应完整、准确地将执行情况记录在设备定期轮换与试验台账中。

（5）对在执行定期工作过程中发现的问题及缺陷要认真分析，并记录在当班 ON-CALL 值班日志上，同时按设备缺陷管理流程执行。

（6）由于某些原因，不能进行或未执行的，应在定期工作记录本内记录其原因，并必须由电厂主管批准。

（7）在执行定期工作任务中，遇所操作设备异常时应停止操作，立即恢复该设备所在系统的原运行方式，并将相应的情况汇报当班 ON-CALL 值长。

（8）定期工作结束后，如无特殊要求，应根据现场实际情况，将被试设备及系统恢复到初始状态。

（9）符合下列情况时，并经主管生产的领导批准后可不进行定期试验和设备轮换，但必须将原因记录清楚：

①设备有明显缺陷，如经试验将引起缺陷发展或导致运行工况恶化，影响机组安全、经济运行。

②设备或系统运行方式处于不稳定状态或不具备试验条件，若经试验或轮换，可能造成设备异常或事故。

③其他由安全生产技术部明确暂不进行的定期工作。

4.7　设备台账管理办法

（1）设备台账管理应本着格式统一规范、用语简练准确、信息全面广泛的原则，避免因数据缺失而影响设备的运行、检修、维护等工作。

（2）设备台账管理工作由 ON-CALL 值长负责，电厂主管（或协管）负责设备台账管理的监督、检查，电厂各值人员根据各项管理制度，分别负责其职责管辖范围内各项设备台账的填写工作。

（3）设备台账是设备信息的集合体，包括主账信息、技术参数、附属设备、评级记录、缺陷记录、检修记录、异动记录等。

（4）设备台账应在设备投运前建立。

（5）设备主账信息主要记录设备名称、规格型号、厂内编号和设备制造、安装、运行等基本信息，应在设备台账建立时完成主账信息填写。

（6）技术参数记录设备的参数和性能指标，应在设备台账建立时完成。

（7）附属设备主要登记设备的附属设备名称、规格型号等信息，应在设备台账建立时完成。

（8）设备评级记录用于记录设备评级的评级时间、评定等级、评级人员等信息。在设备投运后，根据设备评级管理有关办法定期填写评级记录。

（9）设备缺陷记录用于记录设备生命周期中所发生的所有缺陷内容，主要包括缺陷发现信息、处理信息、验收信息等。在设备投运后，根据设备缺陷管理有关规定及时填写缺陷记录。

（10）设备检修记录用于记录设备检修信息，包括定期维护保养、定修、小修、大修等的计划执行和实际发生情况。在检修结束后按有关规定及时填写记录。

（11）设备异动记录用于记录设备改进、改型、淘汰等变化信息。在设备发生异动后按有关规定及时追加记录。

（12）设备台账必须认真填写，保证设备与其信息的严格对应，做到不错、不漏。

（13）设备台账管理工作应采取原始资料记录存档和计算机网络管理两种方式，提高设备信息的共享程度，并在管理流程中完善数据信息。

（14）为了保证设备台账的安全，应进行严格权限控制。有设备台账追加、修改、删除等权限者，须按电厂规定的设备台账修改要求认真记录，避免数据错误。其他任何人不得擅自追加、修改、删除设备台账信息。

（15）设备台账应每半年备份一次，防止操作失误引起数据丢失。

（16）对于已经过各管理流程确认的台账信息进行删除、修改应由相应设备专责提出申请，部门主管（或协管）确认，经厂长（或副厂长）同意后，临时开放权限，严格按照申请内容进行删除、修改。

（17）协管应督促各部门按规定及时完善设备台账信息。部门主管应定期检查设备台账的完整性、准确性，并提出整改意见。

4.8　设备巡回检查管理规定

4.8.1　各级人员职责

（1）厂长（或副厂长）职责：监督、指导、检查电厂设备巡回检查工作情况。

（2）电厂主管（或协管）职责：监督、检查电厂各部门按照本规定完成设备巡回检查工作情况，并负责考核。

（3）值长职责：根据本规定及时安排人员完成设备巡回检查工作，并做好有关的记录。

（4）电厂其他人员职责：根据值长的安排，认真完成设备的巡回检查工作，并做好相应的记录。

4.8.2　巡回检查规定、要求及重点内容

（1）巡回检查必须由能独立值班的人员担任，并做到"六到一不漏"，即：走到、看到、听到、摸到、嗅到、分析到，不漏掉任何疑点。遵守《电力（业）安全工作规程》及运行规程的有关规定，及时、细致地对所管辖的设备进行巡回检查，掌握设备运行状况。

（2）在巡回检查前应查看值班记录和缺陷记录，以便对进行过检修、操作和有缺陷的设备重点检查。

（3）巡回检查时必须戴好安全帽，衣着规范，带上手电筒、电笔等必要工器具并及时记录有关数据。

（4）巡回检查时不得乱动设备和做与巡回检查无关的事情，严禁触摸设备的带电部分、转动部分和其他影响人身安全、设备安全的危险部位。

（5）巡回检查进出设备室必须将门关好、锁好，并检查运行设备的柜门是否关好，安全遮栏及标示牌是否完整等。

（6）巡回检查时除按规定检查设备状况外，还应注意检查影响妨碍设备运行的因素并及时排除。

（7）备用设备应与运行设备同等对待，必须按规定进行巡回检查。

（8）巡回检查中发现工作人员有违章现象，巡回人员有权制止，勒令其退出现场，并立即汇报值守负责人。

（9）巡回检查中如遇高压设备接地，室内不得接近故障点4米以内，室外不得接近故障点8米以内；不论高压设备带电与否，巡回检查时不得移开或越

过遮栏,要随时保持与高压设备的安全距离。

(10) 巡回检查中如发现一般缺陷,可在检查任务完成后汇报值守负责人,并记录设备缺陷。如发现威胁机组安全运行及人身安全的重大缺陷,应采取必要紧急措施并立即汇报 ON-CALL 值长进行处理。

(11) 如遇下列情况应增加机动巡回检查次数:

①设备存在较大缺陷或异常时。

②新投运的设备和设备改造后试运行。

③天气、气温等变化较大时(如大风、暴雨、酷热等)。

④设备检修后或设备存在薄弱环节时。

⑤设备运行的条件(运行工况、负荷等)发生较大变化时。

⑥其他一些需要增加机动巡回检查的工作。

(12) 巡回检查人员应注意掌握检查时间,巡回检查结束后应立即回到值班地点。

(13) 巡回检查中如有事故发生,巡回检查人员应立即返回,听从值守负责人统一指挥,进行事故处理。

4.8.3　巡回检查时间

(1) 全厂的机电设备按其重要程度、自动化程度及缺陷发生频率分为:每班至少巡视 1 次,每天至少巡视 3 次。

(2) 每班至少巡视 1 次,检查时间定于接班后。

4.9　钥匙管理制度

4.9.1　人员职责

(1) 各级生产人员应遵守本制度,部门负责检查、监督各级成员对本制度的执行情况并对违反本制度的班值实行考核。

(2) 中控室值守负责人应遵守本制度,并负责检查、督促本组成员及当班 ON-CALL 成员执行本制度并对违反本制度人员实行考核。

(3) 电厂各级成员应遵守本制度,对违反本制度的其他成员给予提醒或制止。

4.9.2　日常生产钥匙管理

(1) 生产钥匙配备三把:一把用于值守成员日常的设备巡检,一把用于

ON-CALL 成员或其他需要人员外借,一把用于事故紧急备用。

(2)巡检用钥匙和外借钥匙均放置在中控室的指定位置,按规定的类别分别挂放整齐,紧急备用钥匙由 ON-CALL 值长保管。

(3)各类钥匙和其放置地点都应贴好标签,标签描述准确完好,钥匙按位置悬挂。

(4)各类钥匙如有损坏或丢失,应查明原因并及时补齐。

(5)钥匙的借用必须经中控室值守负责人同意并在《钥匙借用记录》上登记,紧急备用钥匙作为事故紧急备用不得外借。

(6)钥匙的借用要制度化且时间不得过长,不允许带出生产现场。

(7)《钥匙借用记录》的内容包括借用人、借用时间、借用用途、经办人、归还时间。

(8)值守交接班各组要有专人对钥匙进行检查,检查钥匙是否齐全,放置是否正确。

4.9.3　紧急解锁钥匙管理

(1)使用紧急解锁钥匙时必须经中控室当班值守负责人同意,部门主管(或协管)审批,厂长(或副厂长)批准。

(2)设备紧急解锁钥匙应单独存放,存放位置应加锁且有明显颜色标示。

(3)设备紧急解锁钥匙由当班值守负责人保管,按组移交,未使用时应封存,使用前打开封条并做记录;使用后,重新贴上封条,并在封条上注明年、月、日。

(4)设备紧急解锁钥匙的标签和编号应与存放位置的标签和编号对应,且标签和编号应规范清晰。

(5)设备紧急解锁钥匙的使用要详细记录,记录内容包括:使用时间、使用地点、使用人、使用用途、批准人、经办人、归还时间。

(6)在检修工作中,检修人员需要进行分、合断路器及隔离开关试验,由工作许可人和工作负责人共同检查措施无误后,经当班值守负责人同意,可由 ON-CALL 值长使用解锁钥匙进行操作。

(7)严禁非当班值班人员和检修人员使用解锁钥匙。

4.10　中控室值班管理规定

4.10.1　人员职责

(1)电厂主管、协管须遵守本规定,负责检查、监督本部门各级人员对本规定的执行情况并对违反本规定的班值或人员实行考核。

（2）值守负责人须遵守本规定，对违反本规定的其他所有成员给予提醒或制止，对拒不整改人员向上级领导汇报。

（3）当班值守成员须遵守本规定，对违反本规定的其他所有成员给予提醒或制止。

4.10.2 值班着装

（1）值班人员着装应符合安规规定，穿着整齐规范，并佩戴岗位标志。

（2）值班人员的着装、打扮应注意个人和企业形象，严禁奇异的装束和打扮。

（3）值班人员应穿工作鞋，严禁赤脚和穿高跟鞋等，操作及巡检必须穿绝缘鞋（靴）。

（4）值班人员提倡剪短发，女同志的长发、辫子应盘在安全帽内。

（5）进入设备危险区应正确佩戴相应的防护用品（如安全帽、防护服、防毒面具、防护眼镜等）。

4.10.3 值班管理

（1）中控室是展现电厂安全文明生产和职工精神风貌的窗口，必须保证中控室的工作秩序和良好的工作环境。

（2）当上级领导进入中控室检查指导工作时，值守负责人应用普通话向领导介绍电站的基本情况，值班人员接待应做到主动、热情、礼貌。

（3）中控室的值班人员原则上不少于两人，其余人员应在值班室值班。值班人员应保持良好的精神状态并保持坐姿端正，精力集中。

（4）值班期间，服从当班值守负责人工作安排，主动做好组内各项工作。

（5）值班人员应按时上下班，不迟到、不早退。上班时间严禁串岗、喧哗，不看与工作无关的报刊书籍，不做与工作无关的事情，不准上网聊天、看电影、浏览网页、刷手机等（除与调度业务联系工作外）。

（6）禁止在操作台、调度桌和其他设施上乱写、乱刻、摆放茶杯及其他与工作无关的东西。

（7）办理工作票、检修作业交代及其他手续均在规定之处进行。

（8）对于部门布置的工作任务和交办的其他工作，值班人员必须努力按时、保质保量完成，并及时将工作进展情况反馈给部门主管。确实因故不能完成者，应说明理由。

（9）严禁酒后 8 小时内上班,酒后上班者当值值守负责人应责令其退出生产现场,协管、值长、副值长应带头执行。

（10）生产用计算机不允许使用个人 U 盘,不允许随意打开机箱,不允许干与工作无关的事,严禁私自下载各种程序和播放与生产无关的文件。

（11）监屏人员应经常巡检监控系统运行监视画面,检查各类实时报警信息,并正确处理。

（12）监屏时应精力集中,不做与监屏无关的事,密切监视机电设备运行情况,随时检查设备运行状态,及时确认设备报警信息,严防漏看、错看、错报报警信息而导致事故发生,当设备运行异常或发生事故时,须及时采取各种有效措施,避免事故扩大。

（13）当发生事故时,监屏人员负责记录各种表计的指示变化、开关位置信号变化顺序、简报信息及潮流分布等情况,准确汇报各种事故和故障信息。各类报警信号在 ON-CALL 组人员进厂了解事故状况及各类报警情况后方可复归。

（14）监屏工作应做到"三勤":勤监视,密切监视各表计指示变化,严格控制设备运行参数,注意简报信息内容。勤联系,对巡屏中出现的问题要及时向值守负责人汇报,保证信息汇报准确。勤调整,根据系统要求和机组运行工况区,及时合理进行调整,保证电能质量和机组运行工况正常。

（15）监屏人员应按当值值守负责人的命令认真调整负荷,合理分配机组有功功率、无功功率。

（16）交接班过程中如发生异常或事故时,应立即停止交接,由交班人员处理完毕后再进行交接班。

（17）值班期间应及时抄录报表,抄表要准确真实。抄表中发现问题应及时汇报值守负责人。

（18）下中班及零点班值班人员应按时巡检设备,巡检完毕后应坐在值班地点等候命令,不得乱串岗位。

（19）值班期间需短时离开值班地点要得到当班值守负责人的同意;值守负责人短时离开中控室时要向当班值班员交代清楚。

4.10.4　值班电话使用管理

（1）电话录音系统由当班值守负责人负责管理使用,除生产或工作需要以外,不得无故长时间占用调度和生产电话。

（2）工作联系和下达操作命令必须用录音电话。

（3）值班人员使用调度电话进行工作联系后，必须在调度电话记事本中记录被联系人姓名、联系时间、联系内容等。

（4）接听电话时使用规范语言，电话接通后应首先自报单位、姓名（例：您好，百色那比水力发电厂中控室、XXX）。与调度联系时，对调度命令有疑问之处必须询问清楚后才能执行，并做出准确而详细的记录，并录音。发令人用电话向受令人发令后，受令人必须复诵命令，双方确认无误后方可开始工作，受令人执行完毕后必须及时向发令人汇报。

（5）用电话发布操作命令时，应记录使用设备的名称和编号并录音。

（6）与调度的工作联系由当班值守负责人负责，当班值守负责人因故短时离开中控室时由当班值班员负责，操作命令必须由当班值守负责人接令。

（7）发生事故和发现影响发电运行的设备缺陷时，当班值守负责人应将事故简况、缺陷情况及时汇报调度和 ON-CALL 值长，并逐级汇报大值长、厂部值班领导。ON-CALL 值长根据事故处理的实际情况可调配有关设备专责协助处理。

（8）汇报事故简况时，当班值班负责人要将事故现象、保护动作及设备运行情况作简要汇报，不得掺和个人不确定的推测和判断。

4.10.5　值班岗位替班管理

（1）电厂同岗位值班人员在不影响休息的情况下可以替班。

（2）人员需要替班时，由同级别或更高级别岗位的人员进行顶班。

（3）特殊情况下，协管和值长可以互相替班。

（4）原则上替班可以白班连中班，但不能零点班连白班、中班连零点班。

（5）协管和值长替班必须征得厂长、副厂长、主管同意，值班员替班必须征得协管同意。

4.10.6　值班日志管理

（1）中控室值班人员应及时在 MIS 生产信息管理系统中填录运行日志，并在交班前打印纸质版。

（2）填录运行日志时发现问题应及时向当班值班负责人汇报。

（3）运行日志应认真仔细填录，反复核对。交班时检查无误后，值班人员在运行日志上分别签名。

（4）运行日志应妥善保管，存放至指定地点。

（5）除公司领导、电厂领导和电厂人员外，其他人员不得查看运行日志。

运行日志不得外借,外借须征得有关领导同意并办理相关手续。

4.10.7　其他规定

(1)中控室禁止吸烟、随地吐痰,垃圾、废弃物应放入垃圾袋或垃圾桶内。

(2)中控室应随时保持干净整洁。

(3)值班地点不得随意堆放检修物品及其他临时物品。

(4)值班人员应根据工作情况按要求填写各类台账。填写台账字体要整齐、清晰,不得乱撕、乱画、乱涂改。

(5)各种台账存放在中控室专用柜内,填写后应按规定位置摆放整齐。

(6)各类台账必须按内容完整填写,不得漏项。

(7)各类台账中凡是要求签字的必须审核签字,签字人对台账的正确性负责。

(8)钥匙、安全工器具、标示牌、仪表等公用物品应按规定位置进行摆放。使用完后立即放回原位。应安排专人检查公用物品的完好、齐全。

(9)工作票、操作票应妥善保管,每月由电厂绩效考核小组安排专人收齐存放。

(10)各种技术台账记录统一用蓝黑墨水钢笔书写,不得随意涂改,做到字迹清晰、工整。

(11)中控室的各种技术资料、记录及台账原则上只能在就地查阅,外借必须经电厂领导同意,并按规定办理借阅手续。

(12)不得在公用资料、图纸上私自改动,乱做记号,擅改批语,应爱护各种技术资料,不得损坏。

(13)公用的图纸、资料、规程应妥善保管,当班值班负责人应定期安排人员进行整理归类。

4.11　中控室值守组交接班管理制度

4.11.1　人员职责

(1)电厂部门主管、协管职责:不定期地到生产现场检查交接班情况,确保本规定的执行。

(2)值守负责人职责:认真按照本规定,带领本组人员做好交接班工作。

(3)值守成员职责:认真按照本规定做好交接班工作。

4.11.2 交接班规定

电厂安全生产过程是不可间断的,值守岗位的交接必须保证生产过程的连续性。

值守岗位的交接班必须做到严谨、周密、严肃认真、上下衔接,交接过程要实行半军事化管理,必须做到"四交接",即:到现场交接、实物交接、站队交接、工作交接。交接形式以书面文字为主,口头交代为辅。口头交接语言必须规范、清晰、明确。

值守岗位交接班过程要做到交接双方相互制约、相互监督。

4.11.2.1 值守岗位交接班时间规定

(1)值守人员均应按规定的统一交接时间进行交接班,白班 07:40—08:10,中班 15:40—16:10,零点班 23:40—00:10。

(2)机组检修、重大设备操作等特殊情况下,可适当延长交接班时间。

4.11.2.2 值守岗位交接班应交接的内容

(1)110 kV 线路、主变压器、10.5 kV 系统、机组、400 V 系统运行情况。

(2)各辅助设备的状况及异常状态。

(3)掌握电站水情情况,特别是全厂带负荷情况及来水情况等。

(4)现场作业及安全措施执行情况,要重点核对接地线、接地刀闸使用情况,做到人人清楚。

(5)掌握机电设备缺陷和消缺情况。

(6)异常、事故及处理情况。

(7)掌握下一步工作安排和具体要求。

(8)定期工作开展情况。

(9)现场安全措施、运行方式与值班记录对应情况。

(10)公用设施、台账及值班室、中控室卫生情况。

(11)每个大值长的第五个和第十个白班期间储物室工器具等摆放情况。

(12)上级指示、命令、指导意见。

4.11.2.3 值守岗位交班应做到

(1)交清运行方式及注意事项;交清设备运行状况和设备缺陷情况;交清运行操作及检修工作进展情况。

(2)对发生的设备缺陷按《设备缺陷管理制度》进行处理。

(3)对设备运行的各种情况进行准确、详实、全面的记录。

(4)对本班发生的异常情况应正确记录并详细交接。

（5）做好值班室、中控室的卫生清洁工作。

（6）交清本班进行的定期工作及设备巡回检查时发现的异常情况。

（7）说明调度、电厂上级的指示、命令及下发文件。

（8）每个大值长第五个和第十个白班期间，交班前交班人员应做到储物室工器具摆放整齐。

（9）对接班人员提出的疑问，交班人应做详实的解答。

4.11.2.4　值守岗位接班应做到

（1）接班前检查项目报表、日志记录、各表盘、（操作员站监控画面、设备运行情况）、公用工器具。

（2）检查接班室、中控室卫生是否达到《文明生产管理制度》要求。

（3）接班后，做到"五清楚"，即：运行方式及注意事项清楚，设备缺陷及异常情况清楚，上一个班操作及检修工作情况清楚，安全情况及预防措施清楚，下一步工作安排和有关命令清楚。

4.11.2.5　遇有以下情况不能交接班

（1）当班发生的异常情况未处理及重大操作、事故处理未告一段落或未稳定到某一阶段时，不交接；

（2）精神状态不好不交接；

（3）设备状态不清楚不交接；

（4）调度及上级命令不明确不交接；

（5）运行日志记录不全、不清不交接；

（6）工作票措施不清不交接；

（7）工作票终结后，安全措施无故不拆除不交接；

（8）设备缺陷记录不清不交接；

（9）中控室清扫不干净不交接；

（10）每个大值长在第五个和第十个白班交班期间，如发现储物室工器具摆放凌乱，中班可拒绝交接。

4.11.2.6　在特殊情况下，交接班的规定

（1）交接班时遇有重要操作或正在处理事故时，交班值守负责人应领导全值人员继续操作或处理事故，接班人员应协助交班人员进行事故处理，并服从上班值班负责人的指挥，直到操作告一段落或事故处理完毕后方可进行交接班。

（2）接班人员未按时到岗，交班人员应向大值长汇报，并继续留下值班，直到有人接班方可进行交接班。接班人员精神状况不好，接班值班负责人必

须提前向大值长汇报,由大值长安排相应人员代替。

(3)交接班应正点进行,交接班以双方在值班日志上签字为准。自接班人员签字时起,交接后运行工作的全部责任由接班人员负责。在未办完交接手续前,交班人员不得擅离职守。

4.11.2.7 接班后班前会内容

(1)了解接班检查情况,说明本值的特殊运行方式。

(2)说明设备、系统缺陷情况。

(3)计划安排的操作注意事项及针对设备缺陷需做的事故预想,布置事故预案的实施。

(4)核对运行日志等。

(5)布置、说明本值的预计工作安排及注意事项。

(6)传达上级有关文件精神。

4.11.3 交接班管理流程

4.11.3.1 交班班组管理流程

(1)交班前2小时对设备按巡回检查路线进行全面巡回检查。

(2)交班前1小时全面检查操作员站监控画面及各表盘参数,完成各岗位卫生清理。

(3)交班前30分钟内应完成的工作:

①值班员向值守负责人汇报检查情况。

②值班员按分工审查表单、各种台账,审查无误后在规定位置签字。

③值班员按分工,将各种公用材料、器具、图纸、仪表、台账等清点齐全。

④值守负责人填写完毕值班日志,再发生的事件及时填写。

⑤向对应岗位的接班人员办理交接手续,交代本岗位、本值工作,尤其是方式变更、缺陷、工作票、操作票及其他异常情况。

⑥得到接班人员准许,在值班日志上签字,正式交班。

4.11.3.2 接班班组管理流程

(1)接班班组提前20分钟进入生产现场开始接班前准备工作,按接班巡回检查分工进行接班检查,检查现场设备,检查操作员站监控画面及表盘运行参数、日志、表单记录、管辖区域及表盘卫生,对应岗位进行交底。

(2)交接班人员应统一服装进入交接班室,佩戴工作牌,整队进行交接,由交班值守负责人按交接内容进行交底,其他人员补充,(接班值)成员没有疑问后由接班值守负责人主持召开班前会,各岗位汇报检查情况,交代接班检查的注意事项及安排部署接班后的工作。

（3）在无异常情况具备接班条件并接到值守负责人接班命令后，方可进行接班，如有不满足接班条件者，接班值班负责人应及时告知交班值班负责人。

（4）交接班值班负责人双方在值班日志上签字，正式接班。

第 3 篇
电气及自动化
系统运行规程

第 5 章 ●
发电机运行规程

5.1　发电机系统规范

发电机为立轴悬垂结构,双路径向密闭自循环空气冷却,三相凸极式同步发电机。

发电机包括:定子、转子、上机架(载重机架)、下机架、上导轴承、推力轴承、下导轴承、空气冷却器、制动系统、水喷雾灭火装置、照明系统,盖板、埋入基础、管路、电缆等辅助设备,以及定子机座、上机架、下机架用的基础板、基础螺栓等预埋件。

推力轴承与上导轴承置于上机架油槽内,下导轴承置于下机架油槽内,并与水轮机水导轴承组成三支点布置形式。主轴上端轴与发电机转子中心体联接,主轴下端轴与水轮机主轴联接。上导轴承有 6 块巴氏合金瓦,下导轴承有 8 块巴士合金瓦,推力轴承有 8 块弹性金属塑料瓦。

电机设备规范见表 5-1。

表 5-1　电机设备规范

型号	SF - J16 - 24/4350	型式	立轴悬垂
型式	立轴悬垂	相数	3
额定容量	19 MVA	额定功率	16.15 MW
额定电压	10.5 kV	额定电流	1 045 A
额定频率	50 Hz	额定功率因数	0.85(滞后)

型号	SF－J16－24/4350	型式	立轴悬垂
旋转方向	俯视顺时针	中心点接地方式	经避雷器接地
额定转速	250 r/min	飞逸转速	485 r/min
额定励磁电压	188 V	额定励磁电流	445 A
空载励磁电压	66 V	空载励磁电流	241.5 A
定子线圈槽数	234	定子绕组接线方式	Y
转动惯量	550 t·m²	励磁方式	自并励
定子绝缘等级	F	转子绝缘等级	F
转子磁极数	24	集电环个数	1
极端电压允许变化范围	10.5×(1±5％)kV	碳刷	18
定子总重量	42 t	转子总重量	68.25 t
上机架本体	13 t	下机架本体	4 t
生产厂家	杭州力源发电设备有限公司		

发电机设备报警、停机温度值见表 5-2。

表 5-2　发电机设备报警、停机温度值表

空气冷却器	进水温度	≤25℃			
	热风温度（报警）	70℃	热风温度（跳机）	80℃	
	冷风温度（报警）	45℃	出风温度（跳机）	50℃	
上机架油槽	进水温度	≤25℃			
	出水温度（报警）	40℃	出水温度（停机）	45℃	
	油槽油温度（报警）	50℃	油槽油温度（停机）	55℃	
推力轴承	瓦体温度（报警）	52℃	瓦体温度（停机）	55℃	
上导轴承	瓦体温度（报警）	65℃	瓦体温度（停机）	70℃	
下机架油槽	进水温度	≤25℃			
	出水温度（报警）	40℃	出水温度（停机）	45℃	
	油槽油温度（报警）	50℃	油槽油温度（停机）	55℃	
下导轴承	瓦体温度（报警）	65℃	瓦体温度（停机）	70℃	
定子	铁芯温度（报警）	115℃	铁芯温度（停机）	125℃	
	绕组温度（报警）	115℃	绕组温度（停机）	125℃	

续表

转子	铁芯及与绝缘接触或相邻机械部件温度（报警）	115℃	铁芯及与绝缘接触或相邻机械部件温度（停机）	125℃
	绕组温度（报警）	120℃	绕组温度（停机）	130℃
集电环	集电环温度（报警）	125℃	集电环温度（停机）	135℃

发电机辅助设备运行规范如表 5-3～表 5-5 所示。

表 5-3　转子机械制动及高压顶起装置

机械制动	风闸个数	4
	额定操作气压	0.43 MPa
	制动时耗气量	5 L/s
转子顶起装置	转子最大顶起高度	15 mm
	额定操作油压	6.6 MPa
	风闸最大行程	33 mm

表 5-4　冷却器

空气冷却器	数量	8 个
	工作水压	0.2～0.5 MPa
	耗水量	136 m³/h
油冷却器	工作水压	0.2～0.5 MPa
	推力/上导轴承冷却器耗水量	34 m³/h
	下导轴承冷却器耗水量	11 m³/h

表 5-5　发电机摆动情况

上机架垂直摆动幅值（报警）		上机架水平摆动幅值（报警）	
下机架垂直摆动幅值（报警）		下机架水平摆动幅值（报警）	
集电环摆动（报警）			
定子铁芯水平摆动幅值（报警）			

5.2 运行方式

5.2.1 机组状态

（1）机组运行状态,指发电机在并网运行。

（2）机组备用状态,指机组处于完好状态,随时可以投入运行。分为热备用状态和冷备用状态。热备用状态,发电机出口断路器断开,相应隔离开关在闭合状态,发电机及其辅助设备均处于完好状态,随时可以开机并网运行。冷备用状态,发电机出口断路器及隔离开关在断开状态,发电机及其辅助设备均处于完好状态。

（3）机组检修状态,指发电机出口断路器及隔离开关在断开状态,接地开关处于闭合状态。

5.2.2 机组控制方式

5.2.2.1 "现地"控制方式

（1）当机组 LCU 与上位机出现通信故障时,使用"现地"控制方式;

（2）在机组 LCU/B 柜上,将机组控制方式切为"现地"。

5.2.2.2 中控室"远方"控制方式

（1）该控制方式为正常运行时的主要控制方式;

（2）在机组 LCU 上,将机组控制方式切为"远方";

（3）在上位机上完成机组启停,或负荷及电压调节操作。

机组启停:机组及其辅助设备在正常运行情况下,按机组控制程序指令启停。

①手动开机操作:登录机组 LCU/A 柜触摸屏并查看开机条件是否满足,如果不满足应查询是何类故障所致,并予以消除直至本界面显示开机条件满足。下发开机令,监视开机流程进行情况。

②手动停机操作:登录机组 LCU/A 柜触摸屏并发停机令,检查停机流程是否已启动,监视流程进行情况。

③发电机空气冷却器有一组退出运行,发电机能在额定负荷下连续运行;有两组冷却器退出运行,发电机能在额定负荷下短时间运行。

5.2.2.3 发电机绝缘规定

（1）机组检修前后应测量发电机定子、转子线圈绝缘电阻,以及定子吸收比,测绝缘电阻前后均需放电。

（2）定子回路绝缘电阻用 2 500 V 摇表测量。

（3）定子绝缘电阻通常要换算成 75℃下的绝缘电阻才能进行比较,其经验公式如下：

$$R_{75} = R_t/2(75-t)/10 \qquad (5-1)$$

式中,R_{75}——温度在 75℃时绝缘电阻。

R_t——温度在 t℃时所测得的绝缘电阻。

t——测量时的绕组温度。

（4）确保机组停机、机组出口断路器在检修或试验位置,在中性点避雷器上方测量（通常把 60 s 和 15 s 时的绝缘电阻值之比称为吸收比,一般发电机定子线圈的绝缘正常时,吸收比应在 1.3 以上）。

（5）转子线圈绝缘电阻用 500 V 摇表测量（测量时应断开灭磁开关,将转子一点接地保护压板退出,在灭磁开关出线处测量）,其测量结果应≥0.5。

（6）发电机停机时,转速为额定转速的 25%,投入机械制动；机组转速为零后,延时 60 s,机械制动自动退出。

（7）发电机组保护包括：发电机差动保护（1LP2）、发电机负序过负荷（1LP3）、转子一点接地（1LP4）、励磁变过流（1LP6）、非电量保护（1LP8）、定子过负荷（1LP9）、发电机横差保护（2LP2）、发电机复压过流保护（2LP3）、发电机定子接地（2LP4）、失磁保护（2LP5）、过电压保护（2LP6）、逆功率保护（2LP8）、频率保护（2LP9）。

5.3　运行操作

（1）机组检修后必须完成下列工作：

①检查现场清理完毕,工作人员全部撤离,收回所有工作票,拆除所有安全措施（如接地线、标示牌、遮栏）。

②检查电气部分已具备开机条件。

③检查机械部分已具备开机条件。

④机组控制方式根据现场实际需要进行选择。

⑤复归所有报警信号,检查机组处于停机稳态。

（2）机组电气部分检查项目：

①测量机组定子绕组、转子线圈绝缘电阻符合规定。

②机组出口断路器在分闸状态，分合闸试验正常、控制方式为"远方"。

③所有接地线已拆除。

④励磁系统正常。

⑤保护装置正常投入。

⑥各辅助设备操作电源正常投入。

（3）机组机械部分检查项目：

①发电机空气冷却器，上导、下导、水导冷却器各进出水阀门位置正确，技术供水系统正常。

②机组各轴承油箱油位正常。

③空气围带退出。

④机械制动装置正常并退出。

⑤高压顶起转子使推力轴承轴瓦建立油膜。

⑥调速器系统正常。

（4）机组零起升压操作步骤：

①机组出口隔离开关（分闸）及接地开关（分闸）位置满足试验要求。

②机组保护投入（除失磁保护以外）正常。

③退出励磁强励功能。

④机组 LCU 开机至"空转"。

⑤合上机组灭磁开关 QE，检查机组起励正常（不正常则停机组）。

⑥检查发电机出口电压为 0。

⑦通过缓慢增加励磁电流 25%、50%、75%、100%来加压。

⑧检查发电机零起升压正常。

⑨励磁电流减至 0。

⑩检查机组定子电压接近 0。

⑪断开机组灭磁开关 QE。

⑫现地 LCU 停机组。

（5）当发电机停运超过 3 天（72 h），或发电机检修后需顶转子，其投退操作步骤：

①检查机组在停机、风洞内无人。

②检查机械制动已复归。

③将机械制动控制方式放在"切除"位置。

④检查顶转子油泵排油阀在"关闭"位置。

⑤检查顶转子进油阀 00YY16V 在关闭位置。

⑥将移动式高压油泵的油管接于00YY16V前,并打开00YY16V。

⑦专人在水车室监视大轴的起升情况。

⑧启动高压油泵,当大轴升至5～7 mm,停泵。

⑨退出时,缓慢打开转子油泵排油阀,至泄压为零。

⑩等待机组制动风闸下腔排油完毕(可以自、手动投退风闸一次)。

⑪关闭顶转子进油阀00YY16V。

⑫移除高压移动式油泵。

(6)手动投退风闸:

①将机组机械制动控制方式放在"切除"位置。

②关闭机械制动投入电磁阀0*QD02EV前、后手动阀0*QD09V和0*QD10V。

③打开机械制动投入进气手动阀0*QD12V(投入已完毕)。

④关闭机械制动投入进气手动阀0*QD12V。

⑤打开机械制动投入手动排气阀0*QD14V。

⑥关闭机械制动复归电磁阀0*QD03EV后手动阀0*QD11V。

⑦打开机械制动复归进气手动阀0*QD15V。

⑧当复归气压达标时,关闭复归进气手动阀0*QD15V。

⑨打开机械制动复归手动排气阀0*QD17V。

⑩当机械制动已复归时,关闭复归手动排气阀0*QD17V。

⑪打开机械制动投入电磁阀0*QD02EV前、后手动阀0*QD09V和0*QD10V。

⑫打开机械制动复归电磁阀0*QD03EV后手动阀0*QD11V,并将机械制动控制方式放在"自动"位置。

(7)发电机采用水喷雾灭火装置。当确认4个温感器和4个烟感器其中有一个及以上同时动作,应立即到现地打开上盖板风洞门检查。若确认发生火灾,则立即向上级领导请示,经领导批准,可使用发电机灭火装置灭火。

(8)手动准同期并列操作:

①在机组LCU/B柜将同期装置SA1、SA2切至"手动",SA3切至"无压",SA7切至"选择"位置。

②机组启动后,执行到"同期"步骤时,利用SA5调节机组电压。

③监视同期表,当符合同期条件时,合上SA6合闸。

④将机组同期装置控制方式恢复至正常方式。

（9）手动准同期并列操作注意事项：

①手动准同期并列操作须由厂部批准。

②同期表指针必须均匀慢速转动一周以上，证明同期表无故障后方可正式进行并列。

③同期表转速过快，有跳动情况或停在中间位置不动或在某点抖动时，不得进行并列操作。

④不允许一手握住开关操作把手，另一手调整电压，以免误合闸。

⑤根据开关合闸时间，适当选择开关合闸时间的提前角度。

⑥并列操作后及时将同期方式恢复为正常方式。

5.4　故障及事故处理

机组正常并网为自动准同期方式，当自动准同期不能并网时，停机，通知ON-CALL人员处理，并汇报领导。

5.4.1　发电机定子线圈或冷热风温度超过额定温度

1. 现象

中控室计算机监控系统有"定子线圈温度过高"或"空冷器温度异常"报警信号。

2. 处理

（1）检查机组温度曲线及其变化趋势，判断是否为测温元件失灵误报。

（2）检查风洞有无异味及其他异状，并判断是否个别部分过热、个别空冷器工作异常。

（3）调整机组技术供水冷却水流量。

（4）在不影响系统正常运行的条件下，适当调整机组的有功、无功负荷。

（5）若仍无法处理，应联系地调降低机组出力直至温度降至额定以内。

（6）若在采取以上措施后温度还是超额定值，应立即向调度申请停机，并联系ON-CALL人员处理。

5.4.2　导轴承冷却水中断

1. 现象

中控室计算机监控系统有"导轴承冷却水中断"报警信号。

2. 处理

（1）检查装置是否误报警。

（2）检查各导轴承温度是否有升高现象，是个别还是多数现象，如有几个导瓦温高，应减小机组出力，并加强监视；如导瓦温度有上升趋势，应立即停机。

（3）检查技术供水投入是否正常，水压是否足够。

（4）现场查看流量变送器。

（5）检查技术供水管路有无漏水，有漏水时，备用水若能实现正常供水则切换为备用水。

（6）如导瓦温度还不下降，应立即向调度申请停机，并联系 ON-CALL 人员处理。

5.4.3　空冷器冷却水中断

1. 现象

中控室计算机监控系统有"空冷器冷却水中断"报警信号。

2. 处理

（1）检查是否误报警。

（2）检查发电机定子温度、热风温度是否升高。

（3）检查技术供水系统是否正常、各阀门开度位置是否正确，结合人为探听管路水流声音是否正常。

（4）检查管路阀门是否漏水，考虑是否切换为备用水。

（5）以上若无异常，热风温度不超过定值，通知 ON-CALL 人员检查信号回路。

5.4.4　系统发生剧烈的振荡或发电机失步

1. 现象

发电机、变压器和线路的电压、电流、有功、无功发生周期性大幅升降，照明灯随着电压波动而一明一暗，发电机发出异常嗡鸣音，机组失步保护可能动作，跳机。

2. 处理

（1）手动增加励磁电流，充分利用发电机的励磁能力，提高系统电压。

（2）如果频率升高，应迅速降低发电机的有功出力；如果频率降低，应立即增加发电机的有功出力至最大值。

（3）采取上述措施后经 3 至 4 分钟，如振荡仍未消除，应将情况报告调度，听取调度命令。

（4）发电机由于进相或某种干扰原因发生失步时，应立即减少发电机有功出力，增加励磁，以使发电机拖入同步，在仍不能恢复同步运行且失步保护未动作时，应向调度申请将发电机解列后重新并入系统。

（5）发电机失磁引起系统振荡而失磁保护又未动作时，则应立即将失磁机组解列。

5.4.5 发电机集电环发生强烈火花

1. 现象

发电机碳刷与集电环之间有强烈的火花，有时伴随着异常声音。

2. 处理

（1）检查判别是否因碳刷卡住或磨损较多引起；

（2）减小励磁电流，减有功；

（3）如火花不能减小，应报告调度申请停机处理；

（4）如果产生强烈的环火，应立即紧急停机。

5.4.6 发电机纵差动保护，定子 100％接地保护动作后的处理

（1）立即对保护范围内的一切电气设备进行全面检查；

（2）测量发电机的绝缘电阻；

（3）对保护装置进行检查；

（4）若上述检查未发现问题，经总工程师同意后，对发电机零起升压。升压过程中发现不正常现象，应立即停机；若升压过程中未发现异常，则可根据调度要求停机或并网运行。

5.4.7 定子过负荷保护动作后的处理

1. 定时限

发报警信号。

2. 处理

加强对机组的监视，尤其是发电机定子铁芯层间和槽底的温度，申请调度降低有功。

5.4.8　转子一点接地保护动作后的处理

（1）发报警信号。

（2）加强对机组的监视并了解系统有无故障。

（3）若引起机组停机，则测量转子正、负极对地电压，检查励磁系统。

（4）联系 ON-CALL 人员清扫集电环。

第 6 章 ●
主变压器运行规程

6.1 总则

（1）本规程适用于主变压器及其辅助设备的运行、操作、维护检查及一般事故处理，运维人员必须严格遵照执行。

（2）主变压器因检修或试验需要的某种特殊的运行方式与操作，可按其检修的需要和技术部门批准的技术安全措施和组织措施进行。

（3）主变压器的投入，均包括相应保护的投入。

6.2 系统概述

（1）♯1 主变压器选用保定天威集团（江苏）五洲变压器有限公司生产的 40 MVA 的 2 圈电力变压器。变压器高压中性点用油/空气套管引出，经隔离开关直接接地。自冷型风冷却，油浸三相双圈升压/降压变压器，♯1 主变压器有 4 组低噪声变压器风扇冷却器。

（2）♯2 主变压器选用保定天威集团（江苏）五洲变压器有限公司生产的 20 MVA 的 2 圈电力变压器。变压器高压中性点用油/空气套管引出，经隔离开关直接接地。自冷型风冷却，油浸三相两线圈升压/降压变压器，♯2 主变压器有 4 组低噪声变压器风扇冷却器。

6.3 主变压器及辅助设备规范

（1）♯1 主变压器参数见表 6-1。

表 6-1 ♯1 主变压器参数

型式		强迫油循环风冷却,油浸三相双圈升压/降压变压器		
型号		SF11-40000/121	冷却方式	自冷型风冷却
额定容量		40 000 VA	额定频率	50 Hz
额定电压	高压侧	121 kV	额定电流	高压侧	95.4 A
	低压侧	10.5 kV		低压侧	1 099.7 A
高压中性点接地方式		直接接地	无载分接电压	121±2×2.5% kV
空载损耗		16 kW	连接组别	YN d11
负载损耗		94 kW		
制造厂家 保定天威集团(江苏)五洲变压器有限公司			变压器油类型	克拉玛依 25♯
			变压器油生产厂家	克拉玛依润滑油厂
绝缘耐热等级		A 级	线圈/顶层油温升	65 k/55 k
最高环境温度		40℃	冷却器最高温度	—

（2）♯2 主变压器参数见表 6-2。

表 6-2 ♯2 主变压器参数

型式		强迫油循环水冷却,油浸三相两线圈升压/降压变压器		
型号		SF11-20000/121	冷却方式	自冷型风冷却
额定容量		20 000 VA	额定频率	50 Hz
额定电压	高压侧	121 kV	额定电流	高压侧	95.4 A
	低压侧	10.5 kV		低压侧	1 099.7 A
高压中性点接地方式		直接接地	无载分接电压	121±2×2.5% kV
空载损耗		16 kW	连接组别	YN d11
负载损耗		94 kW		
制造厂家		保定天威集团(江苏)五洲变压器有限公司	变压器油类型	克拉玛依 25♯
			变压器油生产厂家	克拉玛依润滑油厂
绝缘耐热等级		A 级	线圈/顶层油温升	65 k/55 k
最高环境温度		40℃	冷却器最高温度	—

（3）主变压器冷却器规范见表6-3。

表6-3　主变压器冷却器规范

低噪声变压器风扇			
型号	DBF2－9Q12	生产厂家	西安西诺航天科技有限公司
标准代号	JB/T 9624—1999	额定电流	3.5 A
电源	AC 380 V	额定功率	0.75 kW
风量	15 100 m³/h	风压	92 Pa
转速	480 r/min	额定频率	50 Hz
重量	100 kg	制造编号	101381

6.4　运行定额及运行限额

（1）主变压器在正常运行时应保持电流、电压在额定范围内，不允许长期超负荷运行。

（2）主变压器电压变动范围在额定电压的±5%以内时，其额定容量不变，最高运行电压不得大于额定值的105%。

（3）主变压器上层油温最高不得超过95℃（参考标书）。

（4）主变压器带电运行时，必须将冷却风扇投入运行。

（5）变压器停运或检修过的变压器，送电前应测量其绝缘电阻吸收比或极化指数，并做主变零起升压试验正常后，方可送电，并登记其绝缘值。

（6）主变压器其他参数设定：

温升限值（在环境温度40℃、额定输出功率时）见表6-4。

表6-4　温升限值

名称	设定值	条件及结果
主变线圈	65℃	温升限值（电阻法测量）
	115℃	报警值
	130℃	跳闸值
主变油温	55℃	温升条件（温度计法测量）
	85℃	报警值
主变铁芯	80℃	温升限值（温度计法测量）
压力释放装置	73 kPa	跳闸值

6.5　运行方式

主变压器中性点的运行方式应按地调命令执行。

6.5.1　主变压器冷却器的运行原理

（1）投入运行的冷却器的数量取决于变压器的油温和负荷，即冷却器应根据变压器顶层温度和负荷的变化自动投入或切除。

（2）当任一运行冷却器故障或变压器温度达到设定值，备用冷却器应自动投入运行。

（3）控制系统的控制电源为构成"工作-备用"方式互为备用电源，当工作电源故障时，备用电源应自动投入运行。

（4）每一冷却器具有一只"工作-辅助-备用-切开"位置的选择开关，用以选择冷却器的工作状态。

（5）每个冷却器具有工作电源故障，备用电源故障，备用电源投入运行、风机运行、风机故障、风机全停的报警和信号，并具有两对电气独立接点。

6.5.2　主电路工作原理

（1）控制柜三相380 V主回路采用双回路电源供电，电源分别取自厂用电机组自用电的Ⅰ段和Ⅱ段，单相220 V回路采用辅助电源供电，在三相380 V主回路中，一个回路为工作电源，另一个回路为备用电源。当工作电源发生故障时，线路可自动投入备用电源运行。

（2）变压器冷却装置系统的风扇组380 V主回路均设计安装有各自回路的断路器、接触器进行供电和短路、过载保护，从而有效地保证了风扇运行安全可靠。

（3）控制柜中设计安装使用的电气元件，必须能够保证变压器冷却装置系统长期稳定、安全可靠地正常运行。

6.5.3　主变压器冷却器的运行方式

（1）"手动"方式，直接由各自的控制开关控制冷却器投入（退出）。

（2）"自动"方式，冷却器按"工作""辅助""备用"顺序自动投入（退出），冷却器的投入（退出）是受变压器是否带电及变压器油温来控制，变压器带电时投入工作冷却器，当变压器停电时经延时退出全部冷却器；变压器顶部油温＞75℃时投入辅助冷却器,当变压器顶部油温＜55℃时经延时退出"辅助"冷却器;当工作或辅助冷却器故障无法正常运行时自动投入备用冷却器。

6.5.4 保护回路配置(风机的保护配置)

(1) 短路保护回路:当冷却器中的变压器风扇出现短路故障时,由自动开关 QF 快速切断故障冷却器的工作电路。

(2) 断相运转及过载保护回路:由于每台变压器风扇均配备了热继电器,因此当任何一台风扇出现断相运转及过载时,相对应的热继电器的动断触点都要打开,从而切断相对应的交流接触器线圈的电源,这样就切断了故障冷却器的工作电源。

(3) 冷却器自停保护回路:当变压器退出电网运行时,变压器断路器的辅助动断触点闭合,从而接通继电器 KM0 线圈的电源,使得其动断触点打开,从而切断主交流接触器 1C 和 2C 的电源,使所有冷却器自动停止运行。

6.6 运行操作

6.6.1 变压器投运前必须完成下列工作方可投运

(1) 变压器线圈绝缘电阻值吸收比及极化指数合格。

(2) 主变压器保护均投入。

(3) 主变风机柜:油位温度计指示正常,瓦斯继电器良好,压力释放阀在关闭,不漏油不渗油。

(4) 主变压器冷却器装置全部正常,油流指示正常。

(5) 呼吸器畅通,硅胶颜色正常,变压器位置正确,三相一致。

(6) 主变压器外壳接地良好。

(7) 主变压器的消防装置完备。

(8) 主变压器中性点接地刀投/切正常,信号指示正确。

(9) 主变压器大修后或刚投运前冲击试验应进行三至五次。

6.6.2 主变压器中性点的切换应按先投后切的原则

(1) 主变高压侧无励磁分接开关按 $121\pm2\times2.5\%$ kV 的电压等级设置满容量抽头,分接开关在无电压下由装在油箱顶部的操作机构手动操作,并设置闭锁装置防止带电操作。

（2）主变压器分接头切换操作按调度命令执行。切换前，主变各侧断路器和隔离开关必须全部断开，并做好中性点接地等安全措施；切换后测量分接头接触电阻是否合格，并检查分接头位置的正确性。

6.6.3 主变压器充电原则

（1）主变压器充电操作由高压侧进行，不允许从低压侧进行充电，充电前各保护应投入。

（2）主变压器检修后或事故原因不明时，应先做零起升压试验，试验结果正常后，再进行充电操作。

6.6.4 主变压器由运行转检修操作步骤

（1）倒换厂用电。

（2）检查机组在停机状态。

（3）断开主变压器高压侧断路器。

（4）拉开主变压器高压侧隔离开关。

（5）拉开主变压器低压侧隔离开关。

（6）拉开主变压器高压侧中性点接地开关。

（7）分别测量主变压器高压、低压侧绕组绝缘值。

（8）分别合上主变压器高压侧接地开关。

（9）退出主变压器冷却器系统。

（10）退出主变压器所有保护。

6.6.5 主变压器大修完毕，投运步骤

（1）确认检修工作已完毕，相应的工作票已收回。

（2）拉开主变压器高压、低压侧接地开关。

（3）确认主变压器高压侧中性点接地开关在断开位置后，分别测量主变压器高压、低压侧绝缘值，绝缘值合格。

（4）恢复主变压器冷却器系统。

（5）恢复主变压器所有保护。

（6）主变压器零起升压试验正常后，对主变压器从高压侧进行充电。

（7）合上主变压器低压侧隔离开关及断路器。

（8）倒换厂用电。

6.6.6 主变压器零起升压操作(以♯1主变压器为例)

(1) 检查♯1主变压器高压侧断路器及隔离开关在断开位置。

(2) 检查♯1主变压器中性点接地开关在合闸位置。

(3) 检查♯1主变压器所有保护正常。

(4) 检查♯1机组除失磁保护和强励保护退出外,其余保护投入正常。

(5) ♯1机组励磁控制方式放到"手动",励磁控制放"手动通道"。

(6) 现地 LCU 手动启动♯1机至空转,合上灭磁开关及出口断路器。

(7) 检查励磁输出正常,缓慢增加励磁电流,并按试验要求加压。

(8) 升压过程中监视♯1主变压器电压的变化,发现异常情况应立即跳灭磁开关。

(9) 缓慢减小励磁电流至 0,断开灭磁开关,停机,断开♯1机组出口断路器。

(10) 恢复♯1机组保护及励磁系统。

6.7 异常运行及事故处理

6.7.1 主变压器出现下列情况之一,先将负荷转移,再联系调度停电处理

(1) 内部声音异常,但未有爆裂声。

(2) 压力释放阀有漏油现象。

(3) 油温不正常升高,超过 95℃(参考标书)。

(4) 油枕油面下降至最低极限。

(5) 主变压器漏油。

6.7.2 主变压器在正常负荷及正常冷却方式情况下,温度不正常的升高,应进行下列处理

(1) 检查三相负荷是否平衡。

(2) 核对温度表读数是否正确。

(3) 检查冷却器工作是否正常,或对冷却器进行切换。

(4) 转移负荷。

(5) 如以上检查均未发现问题,应认为系变压器内部故障,联系调度申请

退出主变压器,通知运维人员检查处理。

6.7.3　主变压器油面下降处理

（1）检查主变压器是否有明显的漏油点。

（2）向调度汇报,转移负荷,申请退出主变压器。

（3）通知运维人员处理。

6.7.4　主变压器消防保护动作后处理

（1）应立即到现场查看变压器是否着火,但防火门不得随意打开。可通过防火门门缝或其他缝隙视察有无浓烟冒出及有无异味或其他现象,判断变压器是否着火。

（2）检查防火挡板是否关闭、喷淋灭火装置是否能可靠动作,如无,可采用手动操作。

6.7.5　主变压器着火时,值班员应按以下步骤处理

（1）确认主变压器着火,紧急停机。

（2）通知百色调度中心、部门领导。

（3）将着火变压器各侧断路器断开。

（4）将厂用高压变压器的高压断路器断开。

（5）手动打开水喷雾消防装置进行灭火。

（6）按厂房着火的处理步骤采取必要的应急措施。

6.7.6　主变压器零序过电流保护动作处理

（1）检查接地主变压器及相邻线路是否有明显的单相接地短路故障,若有异常,则隔离主变压器并通知 ON-CALL 人员处理。

（2）检查保护装置是否正常。

（3）如上述检查未发现异常,用发电机对主变压器零起升压,查找故障点。

6.7.7　轻瓦斯保护动作处理

（1）对主变压器温升等进行检查。

（2）检查是否因漏油而导致油面下降。

（3）检查是否二次回路故障或保护误动。

（4）检查瓦斯继电器是否进入空气,若气体是无色、无味、不可燃,确认是

空气时,可排尽空气,主变压器可继续运行。

（5）若气体是可燃气,应迅速向调度汇报并申请停电处理。

（6）通知 ON-CALL 人员处理。

6.7.8　气体与故障性质关系

气体与故障性质关系如表 6-5 所示。

表 6-5　气体与故障性质关系

气体颜色	故障性质
黄色不易燃烧	木质故障
淡灰色带强烈臭味可燃	纸或纸板故障
灰色和黑色易燃烧	油故障

6.7.9　重瓦斯保护动作处理

（1）检查主变压器跳各侧断路器动作正常。

（2）检查主变压器外部有无异常,如有无喷油,压力释放阀是否有喷油、着火现象,若有异常则隔离主变压器,并通知运维人员处理。

（3）检查主变压器保护装置是否误动。

（4）检查是否由于二次回路故障引起的。

（5）检查瓦斯继电器是否有可燃气体,若有可燃气体,则隔离主变压器并通知运维人员处理。

（6）如检查均未见异常,测量主变压器绝缘电阻良好,对主变压器零起升压正常后,方可并网运行。

（7）在未查明原因、未进行处理前主变压器不允许再投入运行。

6.7.10　主变压器差动保护动作处理

（1）主变压器跳闸,检查各侧断路器动作是否正常。

（2）检查主变压器差动保护范围内的一次设备有无异常和明显故障点（通常有瓦斯保护同时动作）,若有异常或者有明显故障点,则隔离主变压器,并通知检修人员处理。

（3）检查是否误动或二次回路故障所引起。

（4）如未发现任何故障,测量变压器绝缘电阻良好,对主变压器零起升压正常后,经厂部领导同意后方可并网运行,恢复送电。

6.8　保护的配置

♯1、♯2 主变保护报警与动作后果见表 6-6。

表 6-6　♯1、♯2 主变保护报警与动作后果一览表

名称	动作后果	处理措施
差动保护	跳各侧断路器	参照 6.7.10 详细处理
零序过流保护	跳高压侧 110 kV 断路器及相应断路器	参照 6.7.6 条处理
中性点间隙零序电流电压保护	跳各侧断路器	检查不接地变压器及相邻线路是否有明显的单相接地故障,并做好隔离措施,检修人员进一步检查处理
高压侧复合电压过电流保护	跳高压侧断路器	检查主变压器及相邻母线和线路之间是否有明显的相间短路故障,并做好隔离措施,检修人员检查处理
变压器过负荷保护	发预告信号	转移负荷,可按过电流保护处理办法进行处理
断路器失灵保护	第一时限解除复压闭锁,第二时限启动失灵	做好隔离措施,检修人员检修处理,尽快恢复相邻机组
主变压器轻瓦斯保护	发报警信号	参照 6.7.7 条
主变压器重瓦斯保护跳闸动作	跳高压侧 110 kV 断路器及相应断路器	参照 6.7.9 条
主变压器绕组温度保护跳闸(高/低压侧)	跳各侧断路器	一级报警时,查找温度上升的原因,检查三相是否过负荷,冷却器是否正常;二级跳机时做好安全措施,检修人员检查处理
主变压器油温保护	一对用于报警,另一对用于跳各侧断路器并发信号	查看冷却器是否运行正常,温度指示器有无误差或指示失灵,应更换温度表
主变压器冷却系统故障	发报警信号,延时跳断路器	检查是否由于冷却器电源中断引起的(可参照 6.7.2 条),检查是否过负荷。加强监视,必要可退出运行
主变压器压力释放装置动作	跳各侧断路器	(1) 检查变压器油压释放阀排油情况及排油量; (2) 迅速将故障变压器隔离,尽快恢复相邻机组及变压器运行; (3) 通知检修人员检修处理
主变压器消防保护动作	启动消防喷淋	参照 6.7.4 条

第 7 章 ●
110 kV 系统设备运行规程

7.1 系统概述

（1）110 kV 系统采用单母线接线方式，共有 2 回出线，其中一回输电线路接至百色瓦村变电站（110 kV 弄那线），一回输电线路 T 接至洞巴水电站（110 kV 弄洞Ⅰ线）。

（2）110 kV 设备采用 SF6 气体绝缘金属封闭开关设备（GIS）。它由断路器、隔离开关、接地开关、电流/电压互感器、避雷器等组成，布置在副厂房中 323.000 m 的 GIS 安装间；110 kV 阻波器、线路侧避雷器等设备布置于 323.000 m 出线平台。

7.2 设备规范

7.2.1 110 kV 断路器规范（表 7-1）

表 7-1 110 kV 断路器规范

编号	151、152、153、154
型式	户内，单压式
电力系统标称电压	110 kV
额定电压	126 kV

续表

额定电流	1 250 A
额定频率	50 Hz
操作机构型式	电动弹簧机构;远方和就地操作; 其间有闭锁
控制回路电压	220VDC
额定/合闸电压	220VDC
二次回路绝缘工频耐压	2 000 V,1 min
额定雷电冲击耐压(1.2/50 μs)	550 kV
相对地(峰值)	550 kV
断口间(峰值)	650 kV
额定 1 min 工频耐压	230 kV
相对地(有效值)	230 kV
断口间(有效值)	300 kV
合分时间	79.1 ms,27.5 ms
全分闸时间	$\leqslant$50 ms
固有分闸时间	$\leqslant$30 ms
合闸时间	$\leqslant$100 ms
重合闸无电流间隔时间	0.3 s 及以上,可调
分闸不同期性(相间)	$\leqslant$3 ms
合闸不同期性(相间)	$\leqslant$4 ms
额定操作顺序	O－0.3 S－CO－180 S－CO
额定短路开断电流	40 A
交流分量有效值	31.5 kA
直流分量(试验参数为首相开断系数 1.5, 振幅系数 1.4,过渡恢复电压上升率 2 kV/μs)	50%
额定短时耐受电流(有效值)/持续时间	31.5 kA/4 s
额定峰值耐受电流及额定短路关合电流(峰值)	80 kA
额定线路充电开断电流	$\geqslant$75 A
额定小电感开断电流	0.5~12 A
开断小电感电流时过电压	$\leqslant$2.5$\times\sqrt{2}\times$126/$\sqrt{3}$ kV

续表

近区故障开断电流（试验参数：电源侧工频恢复电压 $126/\sqrt{3}$ kV，线路侧恢复电压上升率 0.2 kV/kA·μs，振幅系数 1.6，线路波阻抗 450 Ω）	90%和75%额定短路开断电流
额定失步开断电流25%～40%额定短路开断电流（断口工频恢复电压 $2.5 \times 126/\sqrt{3}$ kV）	

7.2.2 110 kV 三工位开关的隔离开关规范（表7-2）

表7-2 110 kV 三工位开关的隔离开关规范

编号	151－1、152－1、153－1、154－1、153－2、154－2
电力系统标称电压	110 kV
额定电压	126 kV
额定电流	1 250 A
额定频率	50 Hz
额定雷电冲击耐压(1.2/50 μs)	550 kV
相对地（峰值）	550 kV
断口间（峰值）	650 kV
额定 1 min 工频耐压	230 kV
相对地（峰值）	230 kV
断口间（峰值）	300 kV
分、合闸时间	4 s
额定控制电压	220 DC
操动机构电源	AC220 V
操作机构型式	电动弹簧机构；远方和就地操作；其间有闭锁
分合电流能力（有效值）	—
电容电流	1 A
电感电流	6 A
额定短时耐受电流（有效值）/持续时间	31.5 kA/4 s
额定峰值耐受电流（峰值）	80 kA

7.2.3　110 kV 快速接地开关规范(表 7-3)

表 7-3　110 kV 快速接地开关规范

编号	153－37、154－37
电力系统标称电压	110 kV
额定电压	126 kV
额定频率	50 Hz
额定峰值耐受电流(峰值)	80 kA
额定短时耐受电流/持续时间	31.5 kA/4 s
额定绝缘水平	32 MΩ
雷电冲击耐受电压(1.2/50 μs)	650 kV(峰值)
1 min 工频耐受电压	300 kV(有效值)
合闸时间	0.2 s
额定关合电流	100 kA
操动机构	电动型,三相联动
操动机构电源电压	AC220 V

7.2.4　110 kV 三工位开关检修接地开关规范(表 7-4)

表 7-4　110 kV 三工位开关检修接地开关规范

安装地点及编号	151－17、152－17、153－17、153－27、 154－17、154－27、15－917、15－927
电力系统标称电压	110 kV
额定电压	126 kV
额定频率	50 Hz
额定峰值耐受电流(峰值)	80 kA
额定短时耐受电流/持续时间	31.5 kA/4 s
额定绝缘水平	24 MΩ
雷电冲击耐受电压(1.2/50 μs)	650 kV(峰值)
1 min 工频耐受电压	300 kV(有效值)
操动机构类型和方式	电动/手动型,三相联动
操动机构电源操动	AC220 V

7.2.5 110 kV 电压互感器规范(表 7-5)

表 7-5 110 kV 电压互感器规范

型式	户内,干式,四绕组,单相电磁式		
额定一次电压	$110/\sqrt{3}$ kV		
二次线圈号	二次绕组	二次绕组	剩余电压绕组
额定二次电压	$100/\sqrt{3}$ V	$100/\sqrt{3}$ V	100 V
额定容量	200 VA	200 VA	100 VA
准确等级	0.2	0.5	3P
额定绝缘水平	126/230/550 kV		
一次绕组 1 min 工频耐压(有效值)	230 kV		
二次绕组 1 min 工频耐压(有效值)	3 kV		

7.2.6 电容式电压互感器规范(表 7-6)

表 7-6 电容式电压互感器规范

型号	TYD-$110/\sqrt{3}$-0.01 H	
电力系统标称电压	$110/\sqrt{3}$ kV	
额定最高一次电压	$126/\sqrt{3}$ kV	
二次电压	主二次绕组	剩余电压绕组
额定二次电压	$100/\sqrt{3}$ V	100 V
额定容量	150 VA	300 VA
准确等级	0.5	3P
额定分压电容量	0.01 μF	
电容分压器的绝缘水平	126/230/550 kV	
雷电冲击耐受电压(峰值)	550 kV	
1 min 工频耐受电压(有效值)	230 kV	
电容式电压互感器过电压能力	—	
在 $1.2\times110/\sqrt{3}$ kV 下	连续运行	
在 $1.5\times110/\sqrt{3}$ kV 下	30 s	

7.2.7　110 kV 电流互感器规范(表 7-7、表 7-8)

表 7-7　110 kV 电流互感器参数

型式	户内、干式、四绕组、穿心型、单相
电力系统标称电压	110 kV
额定电压	126 kV
额定频率	50 Hz
额定峰值耐受电流(峰值)	80 kA
额定短时耐受电流/持续时间	31.5 kA/4 s
额定绝缘水平	—
一次绕组 1 min 工频耐压(有效值)	230 kV
二次绕组对地及二次绕组之间 1 min 工频耐压(有效值)	3 kV
二次绕组匝间耐受电压(峰值)	4.5 kV

表 7-8　电流互感器的变比、额定容量、准确等级和数量

电流互感器编号	变比	额定容量	准确等级	间隔
CT1	300(400)/5 A	20 VA	0.2/10P30/10P30/10P30	♯1 主变出线
CT2	125(450)/5 A	20 VA	0.2/10P30/10P30/10P30	♯2 主变出线
CT3	500/5 A 20 VA 20 VA	20 VA	10P20/10P20/10P20	弄那线
CT4	500/5 A 20 VA 20 VA	20 VA	10P20/10P20/10P20	弄洞一线
CT5	400/5 A 20 VA	20 VA	0.2S/0.2S/0.5	弄那线
CT6	400/5 A 20 VA	20 VA	0.2S/0.2S/0.5	弄洞一线

注:电流互感器编号为招标图纸"电气主接线图(GXS028303-4J-Y-1-01)"中的设备编号。

7.2.8　110 kV 气隔定额(20C)(表 7-9)

表 7-9　110 kV 气隔定额(20C)

断路器气隔 SF6 压力			
额定值	0.6 MPa	报警值	0.53 MPa
闭锁(最小工作压力)	0.5 MPa	—	—

续表

三工位隔离开关气室 SF6 压力			
额定值	0.4 MPa	报警值	0.3 MPa
接地开关			
额定值	0.4 MPa	报警值	0.3 MPa
GIS 用无间隙金属氧化物避雷器			
额定值	0.5 MPa	补气压力	0.45 MPa
快速接地开关			
额定值	0.4 MPa	报警值	0.3 MPa

7.2.9 避雷器规范(表 7-10)

表 7-10 避雷器规范

型式	SF6 气体绝缘,无间隙金属氧化锌,电站型
额定电压	108 kV
持续运行电压	84 kV
标称放电电流	10 kA
1/10 μs 10 kA 陡波冲击电流残压不大于(峰值)	315 kV
8/20 μs 10 kA 雷电冲击电流残压不大于(峰值)	281 kV
30/60 μs 500 A 操作冲击电流残压不大于(峰值)	239 kV
2 ms 方波通流容量 18 次(峰值)	400 A
4/10 μs 冲击大电流 2 次(峰值)	100 kA
直流 1 mA 参考电压不小于	157 kV
0.75 倍直流参考电压下漏电流不大于	50 μA

7.2.10 阻波器规范(表 7-11)

表 7-11 阻波器规范

型号	XZK630 - 0.5/20
电压等级	110 kV
电感	0.5 mH
额定持续电流	630 A
额定动稳定电流(峰值)	51 kA

7.2.11　SF6气体绝缘母线(GIB)及套管终端(表7-12)

表7-12　SF6气体绝缘母线(GIB)及套管终端

额定电压	126 kV
额定电流	1 250 kA
额定频率	50 Hz
管道母线GIB及套管终端电流	80 kA
额定短时耐受电流	31.5 kA
额定短路持续时间	4 s
雷电冲击耐受电压	550 kV(峰值)
1 min工频耐受电压	230 kV(有效值)
雷电冲击耐受电压	650 kV(峰值)
1 min工频耐受电压	300 kV(有效值)

7.3　运行方式

1. 正常运行方式

(1) 单母线运行：#1、#2主变压器给母线供电,110 kV所有断路器、隔离开关均有"现地"和"远方"两种控制方式,正常运行所有断路器、隔离开关控制方式均投"远方"。

(2) 110 kV所有接地开关只能"现地"操作。

(3) 电气操作闭锁系统正常投入,各接地开关均在断开位置并上机械锁,110 kV系统电气闭锁条件列表如表7-13所示。

表7-13　110 kV系统电气闭锁条件列表

间隔	设备	操作	联锁条件(以下所列设备的状态均为"分闸"状态)
110 kV母线	15-917	分合闸	(15-9)&(151-1)&(152-1)&(153-1)&(154-1)
	15-9	分合闸	(15-917)&(15-927)
	15-927	分合闸	(15-9)
#1主变	151-1	合闸分闸	(151)&(151-17)&(15-917)
	151-17	分合闸	(151-1)&(04G91-12QS)

间隔	设备	操作	联锁条件(以下所列设备的状态均为"分闸"状态)
♯2主变	152-1	合闸分闸	(152)&(152-17)&(15-917)
	152-17	分合闸	(152-1)&(13G92-03QS)
弄那线	153-1	合闸分闸	(153)&(153-17)&(153-27)&(15-917)
	153-17	分合闸	(153-1)&(153-2)
	153-2	分合闸	(153)&(153-17)&(153-27)&(153-37)
	153-27	分合闸	(153-1)&(153-2)
	153-37	分合闸	(153-2)&(线路无压)
弄洞Ⅰ线	154-1	合闸分闸	(154)&(154-27)&(15-917)
	154-17	分合闸	(154-1)&(154-2)
	154-2	分合闸	(154)&(154-17)&(154-37)
	154-27	分合闸	(154-1)&(154-2)
	154-37	分合闸	(154-2)&(线路无压)

2. 非正常运行方式

（1）初期运行时，由于六塘线架空线建设未完工，全厂发电的功率全部由那乐线送出，需考虑那乐线路极限输送容量能否承受洞巴水电站的发电功率和本厂发电功率之和。（那乐线：导线 LGJ—240，35℃时，极限输送容量为 90 MVA）。

（2）当两回输电线路都不能运行时，无输出回路，机组需全部停机。此时，施工变备用电源提供厂用电，待输出回路故障处理好后方可投入运行。

7.4 运行操作

7.4.1 GIS 日常检查进入 GIS 室规定：需排风 15 分钟后，才能进入室内进行相关的工作

（1）设备外壳接地线是否完好。

（2）运行设备是否有异音、异热，PT 工作是否正常。

（3）断路器、隔离开关、接地开关位置是否与显示一致，断路器 SF6 气体压力正常与否。

（4）开关的各种按钮、二次回路的电源是否正常。

（5）操作机构有无异常、螺栓是否紧固。

（6）开关动作次数记录。

（7）弹簧位置是否正确，有无裂纹。

（8）开关站 220VDC 直流工作电源是否正常。

（9）若执行远方倒闸操作，必须有专人现地检查，确认无误后，才能执行下一步操作。

（10）若在现地操作时，必须由取得监护权的人员作为监护人，严格执行操作票制度。

（11）无论是在远方或现地操作中，若发生操作令发出后，设备不执行的情况，严禁强行使用总解锁钥匙进行操作，使用总解锁钥匙时要经过厂领导同意，在找出原因并得到检修专业人员确认后方可继续操作。

7.4.2　接地开关操作

（1）110 kV GIS 设备中所有接地开关的合上和拉开，必须按照百色电网调度值班员的命令执行。

（2）拉、合接地开关后，必须在《临时接地线登记本》上记录拉、合时间，接地开关编号，操作人姓名及监护人姓名。

7.4.3　隔离开关操作

（1）严禁用隔离开关拉开或合上带负荷的线路或设备。

（2）允许用隔离开关拉、合电压互感器和避雷器。

7.4.4　弄那线由运行转检修（弄那线线路检修）

（1）应调度令断开弄那线出线断路器及隔离开关。

（2）向调度确认弄那线对侧断路器已断开。

（3）合上弄那线快速接地开关及检修接地开关。

（4）退出弄那线所有保护。

（5）断开弄那线出线断路器操作电源。

7.4.5　弄那线由检修转运行（弄那线线路检修完毕）

（1）确认弄那线检修工作已完毕。

（2）检查弄那线快速接地开关及检修接地开关在断开位置。

（3）恢复弄那线保护，对弄那线充电。

（4）应调度令合上弄那线隔离开关及断路器。

7.4.6 110 kV 母线由运行转检修（110 kV 母线检修）

（1）倒换厂用电。

（2）确认♯1、♯2、♯3 机组在停机状态。

（3）应调度令退出♯1、♯2 主变压器运行。

（4）应调度令将弄那线、弄洞Ⅰ线两回出线退出运行。

（5）退出 110 kV 母线保护。

（6）拉开 110 kV 母线 PT 隔离开关并合上 110 kV 母线接地开关。

7.4.7 110 kV 母线由检修转运行（110 kV 母线检修完毕）

（1）确认 110 kV 母线检修工作已完成。

（2）断开 110 kV 母线接地开关并投入 110 kV 母线 PT。

（3）投入 110 kV 母线保护。

（4）应调度令对弄那线和弄洞Ⅰ线两回出线充电。

（5）应调度令对 110 kV 母线充电。

（6）应调度令对♯1、♯2 主变压器充电。

（7）倒换厂用电。

7.5 异常运行及事故处理

7.5.1 110 kV SF6 充气步骤

（1）将安全阀接在 SF6 充气瓶的接口上。

（2）打开安全阀充气管充 SF6 气体半分钟，将管内空气排出。

（3）将安全阀开度关小，在充气管充气口接上 GIS 气室充气接口，再将安全阀开大。

（4）充气过程中监视 SF6 气室压力表，到额定压力时将充气瓶的安全阀关小，再看压力表是否指在额定压力位置，如果在额定压力位置不动，则可以退出充气管，关闭安全阀。

7.5.2 110 kV SF6 气室出现压力降低报警

绝缘气体 SF6 气室出现压力降低报警，在压力值未降到闭锁值时，应与百色电网调度中心联系,将压力降低气隔退出运行,通知 ON-CALL 检查处理。如压力值已降到闭锁值时,就应与百色电网调度中心联系,在征得同意后,把压力降低气室的相邻气室退出运行,并通知 ON-CALL 检查处理。

7.5.3　110 kV 线路失压处理

110 kV 线路输出全部施压,设备保护动作,机组全部停机;施工变备用电源不再能供出厂用电;此时,全厂失电,蓄电池提供照明,待输出线路电压恢复后方可投入运行。

7.5.4　110 kV 断路器拒动处理

（1）检查操作电源是否正常。

（2）检查控制回路及有关继电器是否断线。

（3）检查失灵保护是否动作,与之相连的断路器是否断开。

（4）检查 SF6 气体压力是否过低。

（5）检查操作机构有无异常。

（6）故障无法排除时,通知 ON-CALL 人员处理。

7.5.5　110 kV 断路器失灵保护动作处理

（1）检查拒动开关是由何种保护跳闸出口,确认何段母线或线路属越级跳闸,并报告调度。

（2）将拒动开关两侧的刀闸拉开并锁上。

（3）尽快恢复因越级跳闸停电的线路或母线。

（4）故障段或线路按规定处理。

（5）故障信号不能马上复归,以便查询故障点等故障信息,要等到故障处理好后才能复归。

7.5.6　GIS 气体外逸的措施

（1）所有人员应迅速撤离现场,并迅速投入全部通风装置。

（2）在事故发生 15 分钟以内,所有人员不准进入室内（抢救人员除外）;15 分钟以后、4 小时以内任何人员进入室内都必须穿防护衣,戴手套及防毒面具;4 小时以后进入室内虽然可不用上述措施,但在清扫时仍须采取上述安全措施。

（3）若故障时有人被外逸气体侵袭,应立即清洗后送医院诊治。

7.5.7 110 kV 母线保护动作处理

（1）现地检查母线保护盘柜，确认母线以什么保护动作，哪个开关跳闸，并向调度汇报。

（2）若保护动作，母线相应的开关均跳开，根据保护范围，检查母线及相关一次设备的外观，通知 ON-CALL 人员处理，并对故障的母线隔离。

（3）尽快恢复其他母线或线路供电。

（4）查明原因并经处理后，经调度同意，可恢复设备运行。

7.5.8 110 kV 线路保护动作处理

（1）现地检查线路保护盘柜，确认线路以什么保护动作，线路两侧开关是否已经跳开，并向调度汇报。

（2）若保护动作，线路两侧开关均跳开，则通知 ON-CALL 人员处理，并对故障的线路隔离。

（3）尽快恢复其他母线或线路供电。

（4）检查重合闸是否正常。

（5）经调度同意后，可试送电一次。

7.6 保护的配置

110 kV 母线、线路保护动作后果如表 7-14 所示。

表 7-14 110 kV 母线、线路保护动作后果一览表

名称	保护配置	动作后果	处理措施
母线	带比率制动特性的电流差动型母线保护	跳线路两侧断路器	1. 现地检查保护是否动作，线路两侧断路器是否跳开； 2. 若保护正确动作，则隔离故障线路，通知 ON-CALL 检查处理； 3. 尽快恢复其他母线或线路供电

续表

名称	保护配置		动作后果	处理措施
弄那线、弄洞Ⅰ线	保护	三段式相间距离保护	跳线路两侧断路器	1. 现地检查保护是否动作,线路两侧断路器是否跳开; 2. 若保护正确动作,则隔离故障线路,通知 ON-CALL 检查处理; 3. 尽快恢复其他母线或线路供电
		三段式接地距离保护		
	备保护	两段式零序电流保护(采用远方后备方式)		
	三相一次重合闸		若是永久性故障,继电保护再次动作跳开三相,不再重合	
			若是瞬时,故障重合闸成功	线路继续运行

第 8 章 ●
厂用电系统运行规程

8.1 系统概述

（1）10 kV 厂用电系统采用两段母线供电方式,其中Ⅰ段取自♯1、♯2 机发电机 10 kV 系统,作为厂用电Ⅰ段电源;Ⅱ段取自♯3 机发电机 10 kV 系统作为厂用电Ⅱ段电源。Ⅰ段母线和Ⅱ段母线独立运行。

（2）400 V 厂用电系统采用双层辐射式供电,即由主屏呈辐射状供给分屏,再由分屏供给负荷;各个动力配电柜均采用双电源进线方式,设置备自投装置。

（3）400 V 电源分为Ⅰ、Ⅱ段,分别由 91CG01TM、91CG02TM 厂用变压器经真空断路器 41CY01QF、41CY09QF,从 10 kVⅠ段、Ⅱ段引接,并设有备投装置。同时,为了保证厂内的事故照明,还设有交、直流自动切换供电的事故照明电源装置。

（4）400 V 厂用电系统由母线、厂用变压器、断路器（真空开关）、各种自动装置组成。电源分别取自厂用 10 kVⅠ、Ⅱ两段母线,设有备自投装置。厂用电包括蜗壳层动力配电箱、水轮机层动力配电箱、油库层动力配电箱、安装间动力配电箱、主变室动力配电箱、发电机层动力配电箱、中控室动力配电箱、GIS 室动力配电箱、电梯机房动力配电箱、溢流坝动力配电箱、三个机旁盘动力配电箱、十三个独立系统,其中厂区生活用电由 400 VⅡ段母线供电,安装间检修配电箱和水轮机层检修配电箱取自 400 VⅠ段,GIS 室检修配电箱取自 400 VⅡ段。

（5）各个主屏的进线开关采用的是双电源开关,设置有双电源高频切换装置,400 V 厂用电系统中都是由主屏直接供给负荷。

（6）照明系统 400 V 电源为Ⅱ段母线供给,照明配电柜经过供电开关

42CY10QS 供电,再分别经过空气断路器到各个照明配电箱,蜗壳层照明配电供电开关 42CY1001QF,水轮机层照明供电开关 42CY1002QF,发电机层照明供电开关 42CY1003QF,开关柜照明供电开关 42CY1004QF,中控室照明供电开关 42CY1005QF,GIS 室照明供电开关 42CY1006QF,交直流切换装置进线开关 42CY1008QF。还设有交、直流自动切换供电的事故照明电源装置,其交直流进线隔离开关为 42CY100QS,而水轮机层事故照明配电柜直流供电开关为 42CY1010QF,发电机层事故照明配电柜直流供电开关为 42CY1011QF,中控室事故照明配电柜直流供电开关为 42CY1012QF,GIS 室事故照明配电柜直流供电开关为 42CY1013QF。

8.2　设备规范

8.2.1　10 kV 母线设备规范

（1）发电机出口断路器规范见表 8-1。

表 8-1　发电机出口断路器规范

发电机出口开关型号	150 Vcp - WG50	生产厂家	镇江大全伊顿电器有限公司
额定电压	12 kV	额定频率	50 Hz
		额定电流	2 kA
额定短路开断电流	直流分量(百分数)75%	雷电冲击耐压	对地和相间 75 kV(峰值)
			断口间 85 kV(峰值)

（2）发电机出口断路器操作机构规范见表 8-2。

表 8-2　发电机出口断路器操作机构规范

型号	HA1914 - 11	类型	HMB4.5
操作电源	AC380 V/220 V,50 Hz	控制电源	220VDC
跳闸线圈	2 个	辅助触点	12 个常开、12 个常闭

（3）发电机出口接地开关规范见表 8-3。

表 8-3　发电机出口接地开关规范

型号	NJ4 - 10/50	额定电压	12 kV
传感器电压等级	12 kV	关合电流	125 kA
额定短时耐受电流	50 kV/4 s	额定峰值耐受电流	125 kA

（4）避雷器柜规范见表 8-4。

表 8-4　避雷器柜规范

型号	—	额定频率	50 Hz
额定电压（有效值）	13.8 kV	环境温度	−10~45℃
防护等级	IP31	海拔高度	≥1 000 m
相对温度	≥90%	—	—

8.2.2　变压器规范

♯1、♯2 厂用变压器规范见表 8-5。

表 8-5　♯1、♯2 厂用变压器规范

设备编号	91CG01TM、92CG02TM		
型式及型号	三相干式无载调压电力变压器，SC11−400/10.5		
一次侧	额定电压（V）	额定电流（A）	短路阻抗（%）
	（1）11 025	21.01	4.3
	（2）10 762	21.62	
	（3）10 500	21.99	
	（4）10 237	22.61	
	（5）9 975	23.36	
二次侧	400	577.3	—
冷却方式	AN/AF	额定容量	400 kVA
数量	2 台	出厂序号	1006−1203.1
连接方式	Dyn11	产品代号	1sft.710
绝缘水平	LI75 AC35/AC3	绝缘等级	F
防护等级	IP00	主体重	1 720 kg
额定电压	高压侧：10.5 kV	温升限值	1 00 K
	低压侧：400 V	额定频率	50 Hz
低压侧中线点接地方式	直接接地		

8.2.3 厂用配电开关设备规范

10 kV 开关规范见表 8-6。

表 8-6　10 kV 开关规范

设备型号	VD4-12/630 A-25 A	型式	户内、真空、可抽式
额定电压	12 kV	额定电流	2 000 A
额定频率	50 Hz	额定 1 min 共频耐受电压	42 kV
额定雷电冲击耐受电压	—	额定短路开断电流	31.5 kA
额定短时耐受电流(4 s)	25 kA	瞬态恢复电压(TRV)峰值	20.6 kV
额定操作顺序	CO-3 min-CO	额定频率	50/60 Hz
储能时间	15 s	储能电机电压(AC/DC)	250VDC/AC
瞬态恢复电压上升率	1.6 kV/μs	额定自动重合闸操作顺序	O-0.3 s-CO -3 min-CO
非对称短路开断电流	27.3 kA	额定短路关合电流	63 kA
极间距	150/120 mm	合闸时间	55～67 ms
分闸时间	33～45 ms	燃弧时间(50 Hz)	小于等于 15 ms
重量	525 lb	开断时间	小于等于 80 ms
最小的合闸指令持续时间	20 ms(二次回路额定电压下);120 ms(如果继电器接点不能开断脱扣线圈动作电流)		
最小的分闸指令持续时间	20 ms(二次回路额定电压下);80 ms(如果继电器接点不能开断脱扣线圈动作电流)		

8.2.4 电压互感器(参看保护图纸)

表 8-7　电压互感器规范

设备编号	型式	原边电压	副边电压	二次线圈用途
91CG05TV 92CG12TV	户内、环氧树脂浇注绝缘、单相、三绕组	$10/\sqrt{3}$ kV	$0.1/\sqrt{3}$ kV 0.1/3 kV 两个副边绕组	发电机电压母线保护测量用
02G01TV 09G02TV 15G03TV	户内、环氧树脂浇注绝缘、单相、三绕组	$10/\sqrt{3}$ kV	$0.1/\sqrt{3}$ kV 0.1/3 kV 两个副边绕组	发电机出口保护及测量用

续表

设备编号	型式	原边电压	副边电压	二次线圈用途
01G01ETV 10G02ETV 16G03ETV	户内、环氧树脂浇注绝缘、单相、双绕组	$10/\sqrt{3}$ kV	$0.1/\sqrt{3}$ kV	励磁及调速器用

8.2.5 电流互感器(参看保护图纸)

表 8-8 电流互感器规范

设备编号	类型	用途	变比
1BA	0.2	发电机纵差1及故障录波	1 500/5
2BA	0.5	发电机纵差2及故障录波	1 500/5
3BA	10P20	测量	2 000/5
4BA	10P20	计量	2 000/5
5BA	0.5	测量	1 500/5
6BA	0.5	励磁	1 500/5
7BA	0.5	电流记忆低电压过电流、失磁、过负荷、逆功率、故障录波	2 000/5
8BA	0.2	发电机纵差2、故障录波、计量	2 000/5
9BA	5P20	备用	3 150/5
10BA	5P20	测量、计量	4 000/5

8.3 运行方式

8.3.1 厂用电系统正常运行方式

(1) 10 kV 厂用电系统有两段运行,Ⅰ段是由♯1机、♯2机和♯1主变压器供电,在机组停机时由主变压器通过系统供电,另从施工变引进作为厂用电的备用电源。

(2) 400 V 厂用电系统是从 10 kV Ⅰ、Ⅱ段母线分别通过断路器、厂用变压器引进,400 V 厂用电系统Ⅰ、Ⅱ段母线间装设有备用电源自动投入装置。备用电源自动投入装置根据进线开关的状态及电压监测进行启动,动作时首先动作进线开关进行分闸,然后动作母联开关进行合闸。为了保证电源可靠,采用的是高频切换开关。

8.3.2　400 V 厂用电系统异常运行方式

（1）400 V Ⅰ段母线失压，母线备用电源自动投入装置动作，41CY01QF 开关跳开，母联开关 41CY05QF 合上，由 400 V Ⅱ段母线给 400 V Ⅰ段供电。

（2）400 V Ⅱ段母线失压，母线备用电源自动投入装置动作，42CY09QF 开关跳开，母联开关 41CY05QF 合上，由 400 V Ⅰ段母线给 400 V Ⅱ段供电。

（3）在厂用电异常运行时，应时刻注意检查事故照明电源的运行情况，保证事故照明系统的正常运行。

8.3.3　厂用电系统开关控制方式

（1）10 kV 厂用电系统开关控制方式有"远方"和"就地"两种，通过 10 kV 盘柜上"SAH"旋钮来实现。

（2）400 V 厂用电系统馈线开关全是塑壳抽屉式开关，其控制全为现地操作。

（3）400 V 厂用电系统双电源开关控制方式有"自动"位置和"手动"位置，正常运行方式下切至"自动"位置，由计算机进行远方操作及控制。

（4）当 10 kV 厂用电系统或 400 V 厂用电系统远方控制有故障或缺陷时，应到现场把母联开关的控制方式切至"手动"，退出备自投装置。

8.4　运行操作

8.4.1　＃1 厂用变压器检修操作步骤（接地开关）

（1）自动倒换厂用电。

（2）退出 400 V Ⅰ、Ⅱ段母线联络断路器的备自投装置。

（3）断开 400 V Ⅰ段进线开关。

（4）手动投入 400 V 中的母线联络开关。

（5）检查厂用电是否正常。

（6）断开厂用变压器高压侧的断路器。

（7）对＃1 高压厂用变压器高、低压侧验无压，测绝缘电阻及放电。

（8）对厂用变压器的高压侧与低压侧挂接地线。

（9）退出＃1 高压厂用变压器相关保护。

8.4.2　400 V 厂用电倒换操作步骤

（1）退出 400 V 厂用电Ⅰ、Ⅱ段母线联络断路器的备自投装置。

（2）断开 400 V 厂用电 Ⅰ 段母线进线断路器。

（3）手动合上 400 V 厂用电 Ⅰ、Ⅱ 段母线联络断路器。

（4）检查 400 V 所带负荷是否正常。

8.4.3　400 V 联络开关备自投装置投运操作

（1）400 V 联络开关备自投装置投运操作：将 400 V Ⅰ、Ⅱ 段联络断路器备自投装置开关控制方式切至"远方"位置。

（2）400 V 联络开关备自投装置退出操作：将 400 V Ⅰ、Ⅱ 段联络断路器备自投装置开关控制方式切至"手动"位置。

8.4.4　遇到下列情况时，应停用备用自投装置

（1）某一段母线停电检查。

（2）某一段母线上电压互感器停电检查。

（3）备自投装置自身故障。

（4）按现场要求，无须投入时。

8.4.5　400 V 厂用变压器检修后投入运行的一般注意事项

（1）相关检修工作结束，所有安全措施（临时接地线、警告牌、临时遮栏等）全部拆除。

（2）对变压器进行一次全面检查，干式变压器内部清洁无杂物。

（3）测定变压器的绝缘电阻合格。

8.4.6　厂用电系统运行时一般注意事项

（1）各开关盘柜无故障信号，各负载开关处于正常状态。

（2）当厂用电因正常操作或故障引起倒换时，应全面检查厂用电自动倒换是否正确。

（3）厂用电正常运行时，备自投装置按现场要求投入，当任一母线失压时，装置应正常动作，如自投装置未投或故障时，手动倒换恢复厂用电正常供电。

8.4.7　厂用电系统操作注意事项

（1）开关分合闸操作以现地手动操作为主，以远方计算机操作为辅。

（2）除紧急操作及事故处理外，一切正常操作均按照规程填写操作票，并

严格执行操作监护及复诵制度。

（3）厂用电系统送电操作时，应先合电源侧隔离开关，后合负荷侧隔离开关；先合电源侧断路器，后合负荷侧断路器。停电操作顺序与此相反（检查盘柜的切换开关）。

（4）厂用电中断时，应密切监视机组调速器运行状况、励磁情况、保护动作情况、压油槽油压、集水井水位、气系统压力的变化以及主变压器温度和冷却器的运行情况，及时恢复其正常供电，保证各值在规定的范围内。

（5）注意停电时对有关负荷的影响，送电后应检查负荷的运行情况。

8.5　故障及事故处理

8.5.1　厂用电中断

1. ♯1(♯2)厂用变压器失电

（1）两台高压厂用变压器中一台失电后，应立即检查厂用电 400 V 系统自动倒换是否正常，对其失电变压器进行隔离。

（2）如果有机组运行时，应对机组的运行情况进行全面检查。

（3）如果是保护引起的厂用电系统开关跳闸，检查保护动作情况，对其二次回路进行检查，查找跳闸原因，检查一次设备有无异常。

（4）联系有关人员处理，恢复厂用电正常运行方式。

2. ♯1、♯2 高压厂用变压器同时失电

（1）密切监视调速器油罐油压及高压气罐气压和顶盖水位，保证调速器压力油罐的压力，关闭解压的阀门，尽量不改变机组负荷。

（2）检查判明失电及故障原因，尽快恢复 400 V Ⅰ 段或 Ⅱ 母线电压。

（3）联系有关人员处理，恢复厂用电正常运行方式。

（4）若 400 V Ⅰ 段或 Ⅱ 段母线短时间内无法恢复时，则停止所有机组运行，设法恢复厂用电。

3. 厂用电全部消失

（1）密切监视调速器油罐油压及高压气罐气压和顶盖水位，尽量不改变机组负荷。

（2）检查厂用电失电的原因，如果是线路失压，则进行下面的步骤。

（3）若因出线开关引起的线路失压则联系调度。

（4）检查出线开关。

（5）断开主变压器高压侧断路器。

（6）如果查出原因，检修完毕以后恢复送电，对母线、主变压器充电，恢复厂用电，检查机组用电是否正常，是否可以正常开机。

（7）联系调度恢复线路送电，开机并网运行。

8.5.2　厂用变压器电流速断，过流保护动作

（1）检查保护动作情况。

（2）现场检查一次设备有无明显故障。

（3）如母线无明显故障，测绝缘合格后，恢复停电母线供电。

（4）做好安全措施，汇报领导，通知检修人员处理。

8.5.3　厂用变压器温度不正常升高，应进行下列检查

（1）变压器三相电流是否不平衡。

（2）变压器是否过负荷运行。

（3）检查冷却系统是否正常。

（4）检查温度计指示是否正常。

（5）环境温度及通风是否异常。

（6）如以上检查均未发现问题，而温度继续上升，则将变压器退出运行。

（7）联系有关人员检查处理。

8.5.4　厂用变压器零序过流保护动作处理

（1）全面检查厂用变压器高压侧一次部分。

（2）测量高压厂用变压器高压侧绝缘电阻。

（3）如绝缘正常，经厂部同意后可试送电一次，如保护仍动作，通知有关人员处理。

8.5.5　厂用变压器过电流保护

（1）检查保护动作情况。

（2）检查变压器低压侧一次部分。

（3）测量变压器低压侧（带 10 kV Ⅱ 段母线）绝缘。

（4）如绝缘正常，复归保护后，经厂部同意可试送电一次。

（5）试送电不成功，通知有关人员处理。

第 9 章 ●
励磁系统运行规程

9.1　系统概述

（1）我厂励磁系统为双通道自并励系统,利用可控硅整流器通过控制励磁电流来调节同步发电机的端电压与无功功率,整个系统分成四个主要的功能块：

①励磁变压器。

②两套相互独立的励磁调节器。

③可控硅整流单元。

④起励单元和灭磁单元。

（2）励磁电源取自发电机机端(断路器内侧),同步发电机的磁场电流由励磁变压器、可控硅整流、磁场断路器提供。励磁变压器将发电机端电压降低到可控硅整流器所要求的输入电压(188 V),经可控硅整流器将交流电流转换成受控的直流电流输出给转子建立磁场,从而实现控制机组的端电压及无功输出。

（3）励磁系统采用了两套相互独立的励磁调节器的全冗余结构,每套励磁调节器采用双通道结构,即自动电压调节通道和手动电流调节通道。一个自动电压调节通道主要由一个控制面板(COB)和测量单元板(MUB)构成,形成一个独立的处理系统。每个通道含有发电机端电压调节、磁场电流调节、励磁监测/保护功能和可编程逻辑控制的软件。在每个通道中,利用一个扩展门极控制器(EGC)的分离单元作为备用通道,也就是手动电流调节通道。

（4）机组起励建压正常情况下采用发电机端残压起励,若残压起励不成功则自动投入直流起励。并网后,励磁系统可以在 AVR 模式下工作,调节发电机的端电压和无功功率,可以接受电厂的成组调节指令。

(5)自动电压调节器(AVR)的主要目的是精确地控制和调节同步发电机的机端电压和无功功率。调节计算完全由软件实现,给定值及其上下限也是由软件实现。当过励限制器起作用时,它将把励磁减少到最大允许值;而当欠励限制器起作用时,它将把励磁增加到所需要的最小值。

(6)电力系统稳定器(PSS)作用是通过引入一个附加的反馈信号,抑制同步发电机的低频振荡,有助于整个电网的稳定性。

(7)灭磁设备的作用是将磁场回路断开,并尽可能快地将磁场能量释放掉。灭磁回路主要由磁场断路器 QE、灭磁电阻 R 和晶闸管跨接器 KPT(以及相关的触发元件)组成。

9.2 设备规范

励磁系统设备参数见表 9-1。

表 9-1 励磁系统设备规范

励磁变压器			
型式	树脂绝缘干式变压器,带金属封闭外壳		
产品型号	ZSC11 - 315/10	额定电压	220 V
额定容量	315 kVA	额定频率	50 Hz
绕组最高温升	100 K	冷却方式	AN/AF
报警值	110℃	跳闸值	130℃
磁场断路器(灭磁开关)			
制造商	ABB	型号	SACE Emax E1
类型	能量转移型	断口数量	四断口
额定电压	1 000 V	额定电流	800 A
电动储能最大电流	20 kA	操作电压	220 DC
可控硅功率整流桥			
整流桥支路数	2 个	整流柜数量	2 个
可控硅	2×6 组	可控硅保险	2×6 个
整流柜冷却方式	强迫风冷	单柜冷却风机数量	1 台
整流桥接线形式	三相全控	脉冲变压器耐压水平	—

灭磁电阻			
型式	ZnO 非线性	整组非线性系数	—
机组正常运行时泄漏电流	$<30\ \mu A$	灭磁时间	$<400\ ms$
励磁系统的主要技术参数			
励磁方式	自并励静止可控硅整流励磁		
额定励磁电压	188 V	额定励磁电流	445 A
空载励磁电压	66 V	空载励磁电流	241.5 A
强励电压	339 V	强励电流	801 A
强励允许时间	16 s	PSS 有效频率范围	—
机端 PT 变比	10.5 kV/100 V	机端 CT 变比	1 000/5
励磁变 CT 变比	800/5	控制电源	DC220 V

9.3　运行方式

（1）励磁系统的控制方式分为"远方""现地"两种控制方式。正常控制为"远方"控制方式。励磁系统的通信接口与计算机监控系统可进行数据交换，计算机监控系统与励磁系统优先采用硬布线连接。

（2）励磁系统采用了两套相互独立的励磁调节器，每套励磁调节器采用双通道结构，即自动电压调节通道和手动电流调节通道。一个自动电压调节通道主要由一个控制面板和测量单元构成，形成一个独立的处理系统。每个通道含有发电机端电压调节、磁场电流调节、励磁监测/保护功能和可编逻辑控制的软件。在每个通道中，利用一个扩展门极控制器的分离单元作为备用通道，也就是手动电流调节通道。

（3）两套励磁调节器 CH1、CH2 均互为备用关系，在一套故障或者 PT 断线情况下自动切换到另一套运行，也可进行手动切换。

9.4　运行操作

9.4.1　励磁系统待投状态操作

（1）合上励磁 PT、仪表 PT 刀闸、系统 PT 刀闸，合上一次、二次保险。

（2）合上调节器屏交直流工作电源开关。

（3）断开功率屏交直流工作电源。

（4）断开灭磁开关。

9.4.2　励磁系统投入操作

（1）确认机组具备建压条件，各组 PT 保险都在投入位置。

（2）合上调节器交直流供电电源开关（待投状态此步省）。

（3）合上功率柜上的交流输入开关、直流输出开关（待投状态此步省）。

（4）合上功率柜上的脉冲放大交直流电源开关，合上风机电源开关，启动风机。

（5）合上灭磁开关。

（6）合上启励电源开关，按"启励"按钮，发电机升压至预设值。

（7）按"增磁"和"减磁"按钮，调整发电机电压至空载额定。

（8）机组并网后，经确认相关电量的大小、相位、相序和极性正确后，根据有功负荷和功率因数，用"增磁"和"减磁"按钮来调整发电机的无功负荷。

9.4.3　励磁系统退出操作

1. 正常退出励磁系统

（1）检查机组在解列状态。

（2）按"逆变灭磁"按钮，发电机逆变灭磁。

（3）跳开机组灭磁开关。

（4）断开功率柜上的脉冲放大交直流电源开关，断开风机电源开关。

（5）断开功率柜上的交流刀闸（开关）、直流刀闸（开关）。

（6）断开调节器交直流供电电源开关。

（7）励磁装置已完全退出运行。

2. 故障退出励磁系统

（1）发电机故障时联跳灭磁开关，机组事故灭磁。

（2）断开功率柜上的脉冲放大交直流电源开关，断开风机电源开关。

（3）断开功率柜上的交流刀闸（开关）、直流刀闸（开关）。

（4）断开调节器交直流供电电源开关。

9.4.4　机组励磁变压器由运行转检修

（1）机组电气隔离完毕。

（2）断开机组励磁变压器高压侧开关,对机组励磁变高压侧放电,并验电。

（3）测量机组励磁变压器高压侧绝缘电阻。

（4）对机组励磁变压器高压侧放电,并验电。

（5）在机组励磁变压器高压侧悬挂一组三相短路接地线。

（6）解开机组励磁变压器低压侧绕组出线。

（7）测量机组励磁变压器低压侧绝缘电阻。

（8）对机组励磁变压器低压侧放电。

（9）在机组励磁变压器低压侧悬挂一组三相短路接地线。

（10）并记录所挂接地线。

9.5　故障及事故处理

9.5.1　信号报警及处理(表 9-2)

表 9-2　信号报警及处理

指示	含义	处理
PT 断线	励磁 PT 断线	按下"电流"方式键,"电流"方式运行,检查励磁 PT 及相关回路
	仪表 PT 断线	按下"电流"方式键,"电流"方式运行,检查仪表 PT 及相关回路
	在接入系统 PT 的情况下,励磁 PT、仪表 PT 同时断线,转"电流"方式运行	按下"电流"方式键,"电流"方式运行,检查励磁 PT、仪表 PT 及相关回路
顶值限制	强励动作,一般整定为 1～1.8ILe,允许强励时间≤20 秒	励磁电流小于设定值信号复归,可不处理,否则检修
过励限制	励磁电流在 1.1～1.8ILe 之间,反时限动作	励磁电流小于设定值后,信号延时3 分钟复归,可不处理,否则检修
低励磁限制	发电机进相运行时,当无功低于低励限制曲线	自动增励磁以增加无功,使其退出限制区,否则检修
系统无压	系统 PT 低于 85 V(二次)	检查系统 PT 及相关回路,或者系统 PT 没接入
V/F 限制	空载时发电机频率低于 45 Hz	检查励磁 PT、同步 PT 及相关回路
欠励保护	并网后,励磁电流小于设定值	检查励磁电流、测量回路及设置参数

续表

指示	含义	处理
排强投入(风机停转或快熔熔断)	当功率柜的该信号接入时具有排强功能,不接入此信号	检查风机及熔断器

9.5.2 故障排除(表9-3)

表9-3 故障排除

问题	原因	解决方法
风机停转	风机损坏和电源故障	更换风机,检查电源或者风机继电器
交直流电源不正常	负载短路,输入开路,滤波电容短路,输出开路	检查相应部件,更换坏元件
脉冲灯指示	有无脉冲输出,脉冲灯坏,接线开路	用示波器观察波形,更换坏元件
初次并网,低励限制误动	发电机定子电流和励磁 PT 的相序不对	发电机励磁 PT 与 CT 严格按 A、B、C 相序接入
整流输出不受控	同步电压相序不对或脉冲顺序不对	用相序表(计)测量同步电压相序,并改正。此问题易在新机组和大修后的机组上出现,应特别注意。或校正脉冲接入顺序,并改正

第 10 章 ●
直流系统运行规程

10.1　系统概述

直流系统主要由交流配电单元、充电模块、直流馈电、集中监控单元、绝缘监测单元、电池巡检单元、开关量检测单元、降压单元和蓄电池组等部分组成,作为全厂断路器直流操作机构的分/合闸、继电保护、自动装置、信号装置等使用的操作电源及事故照明和控制电源。

（1）直流系统为单母线分段连接,每段母线各连接一组蓄电池。

（2）直流系统由一套微机型集中监控器进行数据收集和管理。

（3）在直流屏室、各机组分电屏、降压单元两段母线上各设一套在线绝缘监测仪。

（4）有输入/输出过压保护、输入/输出欠压报警、防雷保护、雷击浪涌吸收保护。

UPS 意为"不间断供电电源",是一种含有储能装置、以逆变为主要组成部分的恒压恒频的不间断电源,可以解决现有电力的断电、低电压、高电压、突波、杂讯等问题,使计算机系统运行更加安全可靠。

10.2 设备规范

10.2.1 充电模块规范(表 10-1)

表 10-1 充电模块规范

制造厂		深圳奥特迅电力设备股份有限公司	
产品型号		ATC230M220Ⅲ	
项目名称		数值	备注
交流输入范围		380 V±10%	50 Hz
直流输出	额定电流	80 A	软件整定
	额定电压	220 V	
	输出电压可调范围	180~320 V	连续可调
输出限流		0~105%额定输出电流	—
稳压精度		≤±0.5%	—
稳流精度		≤±0.5%	—
并机均流不平衡度		≤±3%	—
纹波系数		±0.1%(有效值) ±0.5%(峰峰值)	—
噪音		≤45 dB	—
冷却方式		风冷	—
功率因数		≥0.95	满载
可靠性指数		≥100 000 h	—
绝缘强度		≥AC 2 000 V/50 Hz	—
整机效率		≥95%	—

10.2.2 蓄电池设备规范(表 10-2)

表 10-2 蓄电池设备规范

项目名称	数值	备注
制造厂	深圳奥特迅电力设备股份有限公司	—
产品系列	HOPPECKE OPZV	—
产品型号	100pzV1 000	—

续表

项目名称	数值	备注
蓄电池型式	胶体阀控式密封铅酸蓄电池	—
容量	250 Ah	—
单体电池额定电压	2 V	—
单体电池浮充电压	2.25 V	25℃
单体电池均充电压	2.35 V	25℃
蓄电池数量	103 只	每组
单体电池放电止电压	1.87 V	10 h
气密性	极柱采用双层橡胶圈滑动密封	—

10.2.3　微机集中监控器(表 10-3)

表 10-3　微机集中监控器规范

项目名称	数值	备注
制造厂	深圳奥特迅电力设备股份有限公司	—
产品型号	JKQ-3000B DC110 V/220 V	—
报警方式	声光报警	—
通信接口	RS-485	—
特殊功能	具有交流监测、直流监测、绝缘监测、电池管理、历史记录等功能	—

10.2.4　微机直流绝缘监测装置(表 10-4)

表 10-4　微机直流绝缘监测装置规范

项目名称	数值	备注
制造厂	深圳奥特迅电力设备股份有限公司	—
产品型号	WJY-3 000A DC220	—
屏幕显示方式	128×64 点阵大屏幕液晶中文显示	具有操作提示
传感器与主机通信方式	数字通信	—
主机与分机通信方式	RS-485	—
工作电压	DC220 V	—

项目名称	数值	备注
母线电压测量精度	≤1%	—
母线电压测量范围	0~300 V	—
母线对地电阻测量精度	误差小于2%	—
母线对地电阻测量范围	0~1 000 kΩ	—
支路接地电阻测量精度	误差小于10%	—
监测支路数	不少于100	—
至少记录次数	250 次	装置掉电后信息不丢失

10.2.5　蓄电池巡检仪

我厂蓄电池巡检仪共 10 台,规格为 BATM308.2V DC110 V/220 V,蓄电池巡检仪能在线检测每一只蓄电池的电压和内阻,可准确定位故障蓄电池的编号且给出明确的告警指示。同时还与微机集中监控器进行通信,从而获得完整的充放电曲线。

10.2.6　硅链自动调压装置(图 10-1)

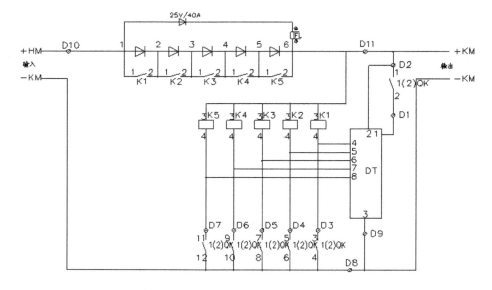

图 10-1　硅链自动调压装置

设置硅链自动调压装置是防止调压装置开路造成控制母线失压的有效措施。该装置通过 DT 对输出电压监测的信号来控制继电器 3K1、3K2、3K3、3K4、3K5，从而控制可控硅的接入数量，来保持输出稳定的直流 220 V 电压。它的型号是 DT·2 A DC220 V，规格是 40 A·5 * 5 V（共负分正）。

10.2.7　逆变电源(表 10-5)

表 10-5　逆变电源规范

项目名称	数值	备注
逆变电源数量	2 台	并联运行(互为备用)
逆变电源的容量	≥6 kVA	单台
交流输入电压	220 V±15%	单台
交流输入频率	50 Hz±1%	—
交流输入电压	220 V±2%	单台
输出电压波形	THD≤3%	纯正正弦波
输出电压频率	50 Hz±0.1%	—
输出谐波畸变	<0.5%	—

10.3　运行方式

10.3.1　直流系统正常运行方式为：单母线分段运行

（1）第一组直流电源充电模块装置通过 13ZK 到 11ZK 向第一组蓄电池浮充电，同时通过 13ZK 到 14ZK 向 Ⅰ 段母线供电；第一组直流电源充电模块装置电源取自全厂公用电系统 400 V Ⅰ 段 41CY100QS 供电开关。

（2）第二组直流电源充电模块装置通过 23ZK 到 21ZK 向第二组蓄电池浮充电，同时通过 23ZK 到 24ZK 向 Ⅱ 段母线供电；第二组直流电源充电模块装置电源取自全厂公用电系统 400 V Ⅱ 段 42GY502QF 供电开关。

10.3.2　直流系统主屏异常运行方式

当第一组蓄电池需退出运行进行检修时，先切换 13ZK 使第一组直流电源充电模块装置直接向 Ⅰ 段母线供电，然后切换 ZK 使第二组直流电源充电模块装置通过 Ⅱ 段母线向 Ⅰ 段母线供电，同时也在对第二组蓄电池进行浮充电,再切换 13ZK 使第一组直流电源充电模块装置向第一组蓄电池进行均充等维护,整个切换过程不会造成停电。Ⅱ段母线操作方式与Ⅰ段母线相同。

10.4 运行操作

10.4.1 蓄电池管理

(1)自动均充电,当下述的条件之一成立时,系统自动启动均充:

①系统连续浮充运行超过设定的时间(3 个月)。

②交流电源故障,蓄电池放电超过十分钟。

(2)自动均充电程序:以整定的充电电流进行稳流充电,当电压逐渐上升到均充电压整定值时,自动转为稳压充电,当充电电流小于 10 A 后延时 1 小时,转为浮充运行。

①浮充自动转均充的连续浮充时间可通过键盘任意设定。

②均充电流小于 10 A 后延时时间可通过键盘在 4 小时内任意设定。

(3)绝缘监测仪通过 RS-485 数字通信接口将测量到的数据传送至监控器,故障时发出接地故障告警信号。

(4)充电模块通过串行总线接受监控器的监控,实时向监控器传送工作状态和工作数据,并接受监控器的控制。监控的功能有:

①遥控充电模块的开/关机及均/浮充;

②遥测充电模块的输出电压和电流;

③遥信充电模块的运行状态;

④遥调充电模块的输出电压。

10.4.2 UPSⅠ段逆变部件故障隔离操作

(1)确认维修旁路开关 K4 在"断开"位置。

(2)确认母联开关 K13 在"断开"位置。

(3)确认输入开关 K1 在"合闸"位置。

(4)确认电池开关 K2 在"合闸"位置。

(5)确认旁路开关 K3 在"合闸"位置。

(6)确认输出开关 K5 在"合闸"位置。

(7)确认旁路输出状态指示灯亮。

(8)断开输入开关 K1。

（9）确认输入开关 K1 在"分闸"位置。

（10）断开电池开关 K2。

（11）确认电池开关 K2 在"分闸"位置。

（12）合上维修旁路开关 K4。

（13）确认维修旁路开关 K4 在"合闸"位置。

（14）断开旁路开关 K3。

（15）确认旁路开关 K3 在"分闸"位置。

（16）断开输出开关 K5。

（17）确认输出开关 K5 在"分闸"位置。

10.5　故障及事故处理

10.5.1　直流系统接地故障处理

（1）微机绝缘监测仪的主屏中按"故障"功能键查看系统的故障信息。根据所显示的故障信息确定故障母线或支路。

（2）检查可疑处和有人工作的地方。

（3）瞬时拉合直流各馈线分路开关。

（4）若接地处在重要负荷馈线上,仍允许投入运行,但应立即通知检修人员处理。故障信息显示故障支路号,可立即通知检修人员查处接地点,若需短时直接断开接地支路处理且将使运行设备失去继电保护的,应经总工同意方可进行,但宜尽可能在设备处于停用状态时进行。对断开直流电源会引起保护误动的应先做好安全措施。拉路查找法应按照先次要用户后重要用户,先室外后室内,先潮湿地点后干燥地点的次序查找。在试拉由 PLC 控制的设备的直流负荷开关后,应注意复归 PLC。

（5）如接地不在负荷侧,检查直流母线是否接地。如正、负母线对地电阻低于 25 kΩ,则母线接地。应隔离该母线,将该母线负荷倒至另一段。

（6）接地点找到后,应予以隔离,由检修人员抓紧处理,防止直流两点接地引起保护拒动或误动、控制系统误动。

（7）检查结束后复归绝缘检测仪报警信号。

10.5.2　蓄电池柜着火的处理

（1）切除故障蓄电池组输出开关 11ZK（22ZK）。

（2）尽量维持二段母线供电。

（3）关闭通风。

（4）用二氧化碳灭火器灭火，灭火时必须戴防毒面具。

10.5.3 检查直流系统接地故障应注意的事项

（1）当直流系统发生接地时，应禁止在二次回路上工作。

（2）选切调度管辖设备的操作、保护电源时，应经调度值班员同意。

（3）为防止保护误动作，在选切保护、操作电源前，应先解除可能误动的保护，电源恢复后再投入保护。

（4）检查直流系统一点接地时，应小心谨慎，防止引起直流另一点接地而造成直流短路或开关误跳闸。

（5）在寻找及处理接地故障时，必须保证至少有两人才能进行工作。

第 11 章 ●
继电保护运行规程

11.1　系统概述

电厂继电保护为微机型保护装置,保护设备包括三台水轮发电机保护、两台双圈变压器保护、110 kV 母线保护、两路 110 kV、两台厂用变压器保护、厂用电系统。保护由南京南瑞继保电气有限公司提供。

11.2　运行规范

(1)新投运、检修、技改后的保护装置,投运前保护专业人员必须做出详细的书面交代,预先将有关图纸、资料交运行人员熟悉掌握,并注明可以投入,经由当值人员验收方可投入运行。

(2)定值通知单:

①继电保护定值通知单是运行现场调整定值的书面依据,中调管辖的保护装置的定值按中调下达的定值通知单执行。定值整定试验完毕后,经生产部门同意,方可投入运行。

②运行方案临时变动,保护专业编制相应的临时定值单,中调管辖的设备按中调值班调度员的指令执行。运行方式恢复时,临时定值单即行作废。

③定值单应注明所使用电压、电流互感器变比,应注意与现场相一致。

(3)一次设备不允许无保护运行。110 kV 线路无主保护运行时,原则上应停运该线路。如电网运行方式不能安排停运,对稳定有要求的线路,应按调度令更改有关保护后备段及重合闸的动作时间。

（4）运行中的变压器，尤其重瓦斯、差动保护，不得同时停用。

（5）地调管辖的保护装置作业须退出时，必须得到调度员的许可，由运行值班长接令后执行，且应做好详细记录，记清楚时间及发令人，具体如下：

①110 kV 系统及主变压器保护装置的投入或退出，应按中调命令执行；

②发电机组的保护和 400 V 厂用电保护装置的投入或退出，应按生产部门命令执行。

（6）继电保护及自动化装置检修作业完毕，工作负责人应详细、正确填写好继电保护作业交代本，并向当值人员交代，值班人员与检修人员一起进行如下检查：

①检查在试验中连接的临时接线是否全部拆除。

②检查作业中所断开和短接的线头是否全部恢复。

③工作场所是否清理完毕，有无遗留工具。

④交代清楚后由当值值长在交代本上签名后方能办理工作票结束手续。

（7）重合闸装置出现以下情况应向中调值班调度员申请停用。

①装置不能正常工作时。

②装置所接电流互感器、电压互感器停用时。

③会造成不允许的非同期合闸时。

④长期对线路充电时。

⑤线路上带电作业有要求时。

（8）WGL－30/F 发变组故障录波分析装置、WGL－30/X 电力系统故障录波分析装置停用，必须经地调值班员同意。

11.3　运行操作

（1）保护投、退操作：

①先投入保护启动压板，再检查保护装置状态是否正确，然后投入保护的出口压板。

②退出保护装置运行先退出出口压板，再退出启动压板。

（2）重合闸投、退操作：我厂线路"重合闸"保护投何位置，由地调确定。

11.4　故障处理

（1）保护动作后，值班人员应详细检查，正确记录有关的保护信号、事件记录及故障录波分析装置的动作情况,及时向值班调度员(地调管辖的设备)及生产部门汇报,并通知检修人员处理。动作情况、天气情况应详细记录在运行日志上。

（2）发生不正确动作,值班人员应对该保护动作信号、动作后果等详细记录,及时向地调值班员(地调管辖的设备)及生产部门汇报。

（3）当发生事故时,如果自动装置动作,值班人员应记录动作时间、动作后果和当时负荷,并报告地调值班员(地调管辖的设备)及生产部门。

11.5 保护定值

11.5.1 发电机保护定值表(表11-1)

表 11-1 发电机保护定值表

设备名称	保护名称	整定值	出口硬压板	保护范围	动作后果
发电机保护	纵联差动保护	$I_d = 0.2I_e$ $K_{dl1} = 0.05$ $K_{dl2} = 0.5$ $I_g = 6.0I_e$ $Ic_{dqd} = 0.15I_e$ $Ic_{dsd} = 6.0I_e$	B柜1LP2	作为发电机定子绕组及其引出线的相间短路故障的主保护	①停机;②发事故信号,跳灭磁开关、出口断路器
	100%定子绕组一点接地保护	$U_{0zd} = 10.00$ V $T_0 = 1.00$ s	B柜2LP4	作为发电机定子绕组单相接地故障保护	第一时限:①发故障信号; 第二时限:①停机;②发事故信号
	复压过流保护	$U = -73.5$ V $I_g = 3.77$ A $T_g = 3.3$ s	B柜2LP3	作为发电机外部相间短路故障和发电机主保护的后备保护	第一时限:①解列;②发事故信号; 第二时限:①停机;②发事故信号
发电机保护	定子绕组电压保护	$U = 140$ V $T = 0.3$ s $U_1 = 80$ V $T_1 = 10$ s	B柜2LP6	作为发电机定子绕组电压异常保护	跳出口断路器、灭磁开关
	定子绕组过负荷保护	$I = 3.23$ A $T = 5.00$ s	B柜1LP9	作为发电机过负荷引起的发电机定子绕组过电流的保护	定时限:发预告信号; 反时限:解列灭磁
	励磁变过流保护	$I = 6.0$ A $T = 5.00$ s	B柜1LP6	作为对发电机励磁系统故障或强励时间过长引起的励磁绕组过负荷的保护	发预告信号

设备名称	保护名称	整定值	出口硬压板	保护范围	动作后果
发电机保护	失磁保护	$Z_1 = 3.29\ \Omega$ $Z_2 = 28.74\ \Omega$ $U_d = 84.00\ V$	B柜 2LP5	作为发电机励磁电流异常下降或完全消失的失磁故障保护	Ⅰ段动作结果为报警,转换为备用励磁;Ⅱ段动作结果为跳闸
	转子低电压保护	$U = 33.0\ V$	B柜 LP12	作为励磁变保护	①解列灭磁;②发事故信号
	逆功率保护	$P_\% = 2.00\%$ $T = 5.00\ s$	B柜 2LP8	作为发电机从系统吸收有功功率的保护	第一时限:①发故障信号;第二时限:①停机;②发事故信号
发电机保护	非电量保护	$t = 110\ ℃$	B柜 1LP8	—	跳发电机出口断路器,停机并发事故信号
	转子一点接地保护	$R = 20.00\ k\Omega$ $T = 5.00\ s$	B柜 1LP4	反映的是发电机转子对大轴绝缘电阻的下降	跳发电机出口断路器,停机并发事故信号
	发电机过负荷保护	$I = 3.23\ A$ $T = 5.00\ s$	B柜 1LP3	由于外部短路或单相负荷、非全相运行都会引起发电机对称过负荷或者非对称过负荷	定时限过负荷报警;定时限跳断路器,停机并发事故信号
	频率保护	未投	B柜 2LP9	允许其频率在一定的变化范围,低于时在运行到定值时起保护作用	①跳发电机出口断路器;②发报警信号

11.5.2 主变压器保护定值表(表11-2)

表11-2 主变压器保护定值表

设备名称	保护名称	整定值	出口硬压板	保护范围	动作后果
♯1主变压器保护	变压器纵联差动保护	$I_d = 0.3\ Ie$ $K_{dl1} = 0.1$ $K_{dl2} = 0.5$ $Ic_{dqd} = 0.15Ie$ $Ic_{dsd} = 6.0Ie$ $K_{dr} = 0.15$	1LP1	作为变压器内部和引出线相间短路故障的主保护	跳高压侧断路器、低压侧♯1机出口断路器、♯2机出口断路器、♯1厂变高压侧及生活区出线断路器

续表

设备名称	保护名称	整定值	出口硬压板	保护范围	动作后果
♯1主变压器保护	高压侧相间后备保护	$U_0=4.00$ V $U_d=70.00$ V $I_1=3.35$ A $T_1=2.8$ s $I_2=2.93$ A $T_2=3.8$ s	1LP2	作为变压器外部相间短路引起的过电流的保护	跳高压侧断路器、低压侧♯1机出口断路器、♯2机出口断路器、♯1厂用变压器高压侧及生活区出线断路器,跳♯1机灭磁开关、♯2机灭磁开关
	变压器110 kV侧零序电流保护	$I_1=2.5$ A $T=4.5$ s $I_2=100$ A $T_2=10$ s	1LP3	作为变压器外部单相接地短路引起的过电流的保护	跳高压侧断路器、低压侧♯1机出口断路器、♯2机出口断路器、♯1厂用变压器高压侧及生活区出线断路器,跳♯1机灭磁开关、♯2机灭磁开关
	变压器110 kV侧中性点间隙零序电流电压保护	—	1LP4	作为变压器外部单相接地短路引起的过电流的保护	①跳变压器 220 kV侧断路器;②发事故信号
	过负荷保护	$I=1.3$ A $T=3.8$ s	—	作为变压器过负荷引起的过电流	发预告信号
	本体重瓦斯保护	—	4LP1	主变压器内有分解出的气体的测量的一种保护	跳高压侧断路器、低压侧♯1机出口断路器、♯2机出口断路器、♯1厂用变压器高压侧及生活区出线断路器,跳♯1机灭磁开关、♯2机灭磁开关
	油面油温过高	$t=90℃$	4LP2	—	跳高压侧断路器、低压侧♯1机出口断路器、♯2机出口断路器、♯1厂用变压器高压侧及生活区出线断路器,跳♯1机灭磁开关、♯2机灭磁开关
	绕组温度过高	—	4LP4	—	跳变压器各侧断路器并发事故信号
	压力释放	—	4LP3	—	1 对用于发预告信号,另 1 对用于跳高压侧断路器及相应断路器并发事故信号
	冷空失电	—	4LP5	—	发预告信号

续表

设备名称	保护名称	整定值	出口硬压板	保护范围	动作后果
♯2主变压器保护	变压器纵联差动保护	$I_d=0.3Ie$ $K_{d11}=0.1$ $K_{d12}=0.7$ $Ic_{dqd}=0.15Ie$ $Ic_{dsd}=7.0Ie$ $K_{d\tau}=0.15$	1LP1	作为变压器内部和引出线相间短路故障的主保护	跳高压侧断路器、低压侧♯3机出口断路器、♯2厂用变压器高压侧进线断路器、♯3机灭磁开关
	高压侧相间后备保护	$U_0=4.00$ V $U_d=70.00$ V $I_1=1.49$ A $T=2.8$ s	1LP2	作为变压器外部相间短路引起的过电流的保护	跳高压侧断路器、低压侧♯3机出口断路器、♯2厂用变压器高压侧进线断路器、♯3机灭磁开关
	变压器110 kV侧零序电流保护	$I=5$ A $T=4.5$ s	1LP3	作为变压器外部单相接地短路引起的过电流的保护	跳高压侧断路器、低压侧♯3机出口断路器、♯2厂用变压器高压侧进线断路器、♯3机灭磁开关
	变压器110 kV侧中性点间隙零序电流电压保护	—	1LP4	作为变压器外部单相接地短路引起的过电流的保护	①跳变压器110 kV侧断路器；②发事故信号
	过负荷保护	$I=1.3$ A $T=3.8$ s	—	作为变压器过负荷引起的过电流	发预告信号
	本体重瓦斯保护	—	4LP1	主变压器内有分解出的气体的测量的一种保护	跳高压侧断路器、低压侧♯3机出口断路器、♯2厂用变压器高压侧进线断路器、♯3机灭磁开关
	油面油温过高	$t=90℃$	4LP2	—	跳高压侧断路器、低压侧♯3机出口断路器、♯2厂用变压器高压侧进线断路器、♯3机灭磁开关
	绕组温度过高	—	4LP4	—	跳高压侧断路器、低压侧♯3机出口断路器、♯2厂用变压器进线断路器、♯3机灭磁开关
	压力释放	—	4LP3	—	1对用于发预告信号，另1对用于跳高压侧断路器、低压侧♯3机出口断路器、♯2厂用变压器进线断路器、♯3机灭磁开关
	冷却风机失电	—	4LP5	—	发预告信号

11.5.3　厂用变压器保护定值表(表 11-3)

表 11-3　厂用变压器保护定值表

设备名称	保护名称	整定值	出口硬压板	保护范围	动作后果
厂用变保护	过电流保护	$I_1=23.26$ A $T_1=0.0$ s $I_2=4.8$ A $T_2=1.0$ s	17LP	作为高压厂用变压器的后备保护	跳厂用变压器高压侧进线断路器、400 V进线断路器
	过负荷保护	$I=0.86$ A $T=9$ s	18LP	高压侧后备保护	跳厂用变压器高压侧进线断路器、400 V进线断路器

11.5.4　线路保护定值表(表 11-4)

表 11-4　线路保护定值表

设备名称	保护名称	整定值	出口硬压板	保护范围	动作后果
线路保护	母线差动保护	$I_g=3.91$ A $I_d=3.52$ A $K_g=0.7$ $K_d=0.6$ $I_{ta}=0.59$ A $U_b=40.0$ V $U_0=6.0$ V $U_f=4.0$ V	1LP1	母线的主保护	跳弄那线断路器、弄洞Ⅰ线断路器、♯1主变压器高压侧断路器、♯2主变压器高压侧断路器
	距离保护	$R_1=0.6$ Ω $R_2=1.7$ Ω $R_3=6.7$ Ω	—	作为长线路末端变压器故障后的远后备保护	跳开线路两侧的高压断路器
	零序过电流保护	$T=1$ A	—	作为线路的不对称(单相接地)时产生的零序电流保护	跳开线路两侧的高压断路器

第 12 章 ●
计算机监控系统运行规程

12.1 系统概述

（1）电厂计算机监控系统对整个电厂所有主设备和辅助设备进行监视和控制，以满足电厂运行、检修的要求。电厂计算机监控系统设置有与百色电网调度中心、视频监视系统、继电保护系统、枢纽生产管理系统通信的接口。

（2）计算机监控系统采用全开放全分布式结构，系统按优先级分成现地控制级、电厂控制级和调度中心级。现地控制单元按对象分散，分成机组 LCU（3 台）、公用设备 LCU 等控制单元；电厂控制级按功能分布，分成主机站、操作员工作站、工程师站、通信处理机站。现地控制级可直接实现对相应机组、闸门、断路器等设备的控制。电厂控制级能将控制、调节命令发到各LCU，实现对机组、断路器等设备的控制。

（3）系统主要任务：

①数据采集与处理，包括电气模拟量、非电气量、一般开关量、中断开关量（SOE）等。

②系统实时数据库。

③安全监视，包括：事件顺序记录、故障报警记录、参数越限报警及记录、操作记录、重要参量的变化趋势记录。

④电站经济运行，包括全厂运行方式设定，按给定负荷或负荷曲线运行，自动进行机组的启、停控制，有功功率自动调整。

⑤自动电压控制（AVC）。

⑥调度自动化。

⑦升压站设备投切顺序控制及闭锁。

⑧电站辅助设备的自动控制、自动转换。

⑨人机联系,即通过监视器、键盘、鼠标、打印机等输入/输出设备,实现对计算机监控设备本身的监视、控制操作,以及对生产过程的监视与操作。

⑩手动紧急操作功能:当计算机系统故障不能完成正常控制时,可手动紧急操作相关设备,以确保电站安全。

⑪生产报表、运行日记的定时打印、归档、贮存。

⑫计算机监控系统本身的功能,包括:系统内外的通信管理、自检与自诊断、冗余设备的切换、实时时钟管理等。

(4)电厂控制级的结构:

①操作员工作站:操作员工作站作为运行人员与计算机系统的人机接口,完成实时的监视和控制及智能报警,作为主机站部分功能的备用。

②工程师站:工程师站作为整个计算机监控维护的人机接口,实现语音报警、管理上下位机 PLC 程序的修改与下发、事故分析及事故处理、运行报表打印等功能。

③通信处理机站:通信处理机站是电厂监控系统与其他系统的输入/输出接口,负责与区域电网调度中心通信。

(5)现地控制单元 LCU 的构成

①机组 LCU 现地单元布置在主厂房发电机层相应机组旁,它们接收和处理相应水轮发电机组及其附属设备的有关信息,实现对水轮发电机组的监控,并与电厂控制级计算机系统进行数据交换。每台机组配置一套微机自动准同期装置,设置在机组 LCU B 柜内。

②机组 LCU B 柜上"事故停机""紧急停机"按钮的作用。

事故停机:当按下"事故停机"按钮时,联动机组调速器紧急关闭阀,跳机组出口断路器,跳灭磁开关,转速下降后投机械制动。

紧急停机:当按下"紧急停机"按钮时,联动机组调速器紧急关闭阀,跳机组出口断路器,跳灭磁开关,转速下降后投机械制动。

③升压站 LCU 布置,它采集和处理 GIS 设备的有关信息,实现对 GIS 设备电气设备的监控及闭锁,并与电厂控制级计算机系统进行数据交换。

④公用设备 LCU 布置在计算机室内,它采集和处理电厂公用辅助设备、厂用电设备和直流系统设备的有关信息,实现对电厂公用辅助设备、厂用电设备和直流系统设备的监控,并与电厂控制级计算机系统进行数据交换。

（6）计算机监控系统电源：计算机监控系统设备中电厂控制级设备采用集中交、直流方式供电，电源分别取自厂用 400 V 系统和直流系统。机组 LCU、公用 LCU 及升压站 LCU 其他专用监控装置采用专用一路直流电源及一路交流电源分散供电。

12.2 运行方式

（1）运行人员只允许完成对电厂设备运行监视、控制、调节的操作，不得修改或测试各种应用软件。

（2）电厂的控制方式，以操作员工作站控制为主，以现地 LCU 控制为辅。

（3）LCU 设备正常运行时禁止人为切断交、直流电源，不得随意按 LCU 的"复位"按钮，只有在确认报警信息并记录后方可复归。

（4）机组事故停机后重新开机前，应先对 LCU 事故信号进行复归。

（5）厂用电倒换后，应注意检查交、直流电源开关是否正常，若断开应及时合上，避免 PLC 装置蓄电池能量耗尽。

（6）运行值班人员在操作员工作站进行操作时应遵循下列规定：

①操作前，首先调用有关控制对象的画面，进行对象选择，在画面上，所选择的被控对象应有显示反应，在确认选择的目标无误后，方可执行有关操作。

②同一操作项不允许在中控室的两个操作员工作站上同时操作。

③控制、操作应严格履行操作票制度。

（7）机组运行时，运行值班人员应通过计算机监控系统监视机组的运行情况，机组不得超过额定参数运行。出现报警及信号时，运行值班人员应及时进行调整及处理。

（8）计算机监控系统所采集的数据正常应在报警使能状态。禁止屏蔽任何测点。

（9）值班人员当发现机组 LCU 与上位机连接状态为离线时，应立即报告当值值班长。

（10）特殊情况下，如系统失电等，运行人员应及时启动电脑主机，并通知 ON-CALL 值长。

（11）启动顺控时，在顺控未做完之前，不得按顺控窗口上的"退出"键。

（12）运行值班人员应及时确认报警信息，严禁无故将报警画面及语音报警装置关掉或将报警音量调得过小。

12.3　运行操作

12.3.1　机组在"停机"状态下时,发电机自动开机流程

（1）核实启动前条件。

（2）自动开机令发出。

（3）开启冷却水阀门。

（4）联动投入调速器,打开导叶到空载开度位置。

（5）当转速达到约 90％额定转速时,联动投入励磁调节器。

（6）当转速达到约 95％额定转速时,投入自动准同期装置。

（7）机组并网,切除同期装置。

（8）按需要,机组带上负荷。

12.3.2　发电机组正常自动停机流程

（1）自动停机令发出。

（2）核实停机前条件。

（3）停机联动调速器,导叶关至空载开度。

（4）机组出口断路器跳闸。

（5）励磁切除,使可控硅整流器在逆变方式下开始灭磁。

（6）当转速≤25％额定转速时,机械制动投入。

（7）当转速≤0.5％额定转速时,投入导叶锁定并延时 60 s 退出机械制动。

（8）停机 60 s 后,切除冷却水。

12.3.3　发电机组事故停机流程

（1）当机组转速升至115％以上额定转速,遇调速器拒动,经延时过速保护电磁阀动作,动作情况:机组过速限制器动作,导叶关闭。同时事故停机继电器动作,停机继电器动作,以下同正常停机操作程序。

（2）当机组油压装置事故低压,机组轴承温度过高,导轴承油箱油位过低;轴承冷却水中断,延时超过 5 分钟。当顶盖水位偏高,事故停机继电器动作,停机继电器动作,以下同正常停机操作程序。

（3）当系统电器事故时,发电机断路器跳闸,励磁跳闸,事故停机继电器动作,停机继电器动作,以下同正常停机操作程序。

12.3.4 发电机紧急事故停机流程

（1）事故停机过程中，导叶摩擦装置错位；当机组转速升到148％额定转速时，按动紧急停机按钮；运行时空气围带充气。动作情况：紧急事故停机继电器动作，调速系统过速限制器动作，进水口阀门关闭继电器动作。事故停机继电器动作，停机继电器动作，以下同正常停机操作程序。

（2）当机组转速升至153％额定转速时，机械过速保护开关动作，直接关阀门，紧急事故停机继电器动作，调速系统过速限制器动作，进水口阀门关闭继电器动作。事故停机继电器动作，停机继电器动作，以下同正常停机操作程序。

12.3.5 机组运行所需检查的画面

（1）简报信息一览表。

（2）水力机械测量参数。

（3）机组测点温度画面。

（4）开机过程或停机过程监视图。

（5）报警一览表。

（6）设备故障信息画面。

12.3.6 机组备用所需检查的画面

（1）机组状态信号。

（2）调速器压力油罐压力值。

（3）报警一览表。

12.4 异常运行及故障处理

12.4.1 两个操作员工作站死机

1. 现象

控制室两个控制台光标均不可移动，有时控制台画面消失无任何显示。

2. 处理

（1）重启操作员工作站。

（2）到现地控制盘柜检查机组工作是否正常，若不正常则把控制权切回"现地"控制。

（3）通知 ON-CALL 人员检查。

12.4.2　中控室一个操作员工作站死机

1. 现象

一个工作站光标不可移动，另一个运行正常。

2. 处理

重启发生故障的操作员工作站并及时通知自动化人员处理。

12.4.3　LCU 的 PLC 故障

当 LCU 柜内 PLC 发生故障时，应第一时间通知 ON-CALL 人员处理，并现地实时监视故障机组运行情况。

12.4.4　监控系统失电

若上位机失电，应立即到现地 LCU 监视、控制机组；若 LCU 失电，应在机旁仪表盘监视机组状态，在励磁和调速器盘柜上控制机组，确认失电原因后尽快恢复 LCU 的供电。

12.4.5　暂停上位机操作

操作过程中，如发生与软件设计不对应的错误操作时，应及时暂停上位机操作，检查各测点是否运行正常，监视机组运行状态，通知 ON-CALL 人员进行处理。

12.4.6　退出自动准同期

自动准同期装置出问题，应退出自动准同期，投入手动准同期，手动调节机端电压、频率，使之与系统相等，当同步表指针转到±20°时，手动合闸并列。

第 4 篇
水力机械系统运行规程

第 13 章 ●
水轮机运行规程

13.1　系统概述

（1）我厂水轮机采用的是立轴混流式，生产厂家是杭州力源发电设备有限公司。水轮机由蜗壳、座环、固定导叶、活动导叶、底环、顶盖、控制环、水轮机轴、主轴密封、水导轴承、转轮、尾水管、顶盖自然补气系统组成。

（2）水轮机转轮：转轮型号为 HL271 - LJY - 225，转轮重量为 6 522 kg。转轮由上冠、叶片、下环组成。转轮最大进口边直径 2 250 mm，转轮有 13 片X 型叶片。为减少轴向水推力，在转轮上腔通过顶盖装设有六根顶盖泄压管，并引至尾水管扩散段。

（3）水轮机大轴：直径 480 mm，长 3 900 mm。大轴为中空结构，内径 $\phi150$ mm，外法兰型式。水轮机采用与发电机分轴结构，其法兰用螺栓连接（靠摩擦力传递扭矩），水轮机轴与转轮采用螺栓连接（靠摩擦力传递扭矩）。

（4）水轮机导轴承：水导轴承由 4 块巴氏合金分块瓦、毕托管、转动油盆、外置冷却器、冷却器支撑座板、轴承盖等组成。轴瓦表面铸有 3 mm 厚的巴氏合金轴承材料。水导轴承为非强迫外循环水冷稀油润滑式，其自润滑功能是油在转动油盆内产生离心力进入毕托管，经冷却器冷却后进入上油盆，并靠自身重力流入上油盆水导瓦内。润滑油为 L - TSA46♯汽轮机油，冷却器进口水水导温不高于 28℃。

（5）导水机构：

①导水叶：每台水轮机共有 24 个活动导叶和 24 个固定导水叶，每个活动

导叶有 3 个自润滑导轴承支承,1 个在底环中,2 个在顶盖中。导水叶轴承采用自润滑方式。导水叶高度为 684 mm,导水叶分布圆直径为 2 642 mm。导叶最大开度 35.07°,导叶空载开度。

②导水叶操作机构:导水叶操作机构由接力器、推拉杆、控制环、拐臂、导叶摩擦装置及连杆组成。每台水轮机设置有双套接力器。操作接力器的压力油由调速器压力油系统供给,工作油压为 4.0 MPa。接力器设置有机械锁定和液压锁定,机械锁定在检修时且导叶在全开位置时手动投入,液压锁定在机组停机过程中导叶到全关位置时自动投入。

(6)主轴密封:水轮机密封采用无接触工作密封,主轴密封位于水导转动油盆下方,在水轮机轴与转轮的连接法兰面上方。

(7)检修密封为充气膨胀式,位于主轴工作密封之下。在停机状态下,当工作密封损坏时,由人工手动投入检修密封。检修密封供气压力为 0.5 MPa 到 0.7 MPa,气源取自厂房内低压气系统。

(8)补气系统:本厂的尾水补气系统采用顶盖自然补气的方式,在尾水管内压力下降至定值时,补气系统自动向尾水管补气,保持尾水管内压力在一定范围内,改善机组运行情况。

13.2 水轮机及其附属设备主要技术参数

13.2.1 水轮机参数(表 13-1)

表 13-1 水轮机参数表

名称	参数	单位
型号	HL271 - YLJ - 225	
最大水头	54.9	m
额定水头	45	m
最小水头	43	m
额定流量	39.81	m^3/s
额定出力	16.5	MW
最大出力	18.975	MW
额定转速	250	r/min

名称	参数	单位
飞逸转速	485	r/min
比转速	271	m·kW
轴向水推力	963.3	kN
旋转方向	俯视顺时针	
主轴直径	480	mm
主轴长度	3 900	mm
转轮叶片数	13	个
固定导叶数	24	个
活动导叶数	24	个
转轮中心安装高程	▽302.5	m
吸出高度	2.2	m
水轮机总重	13	t
蜗壳型式	金属蜗壳,包角 max＝345°	
尾水管	弯肘形	

13.2.2　水轮机转轮参数(表13-2)

表13-2　水轮机转轮参数表

材料	—	重量	6 522 kg
进口直径	2 250 mm	大轴直径	480 mm
出口直径	—	叶片数	13 片
上迷宫环间隙	1.73 mm	下迷宫环间隙	1.93 mm

13.2.3　导叶接力器参数(表13-3)

表13-3　导叶接力器参数表

导叶接力器内径	250 mm
导叶接力器活塞杆直径	90 mm

续表

导叶接力器操作行程	360 mm
导叶接力器压紧行程	3～5 mm
导叶接力器工作油压	4.0 MPa
导叶接力器开启时间	10 s(可调)
导叶接力器关闭时间	9 s(可调)
导叶接力器油管内径	ϕ48 mm

13.2.4 导叶技术参数(表 13-4)

表 13-4 导叶技术参数表

导叶高度	684 mm	导叶数量	24 个
导叶立面间隙	0.05 mm	导叶分布圆直径	2 642 mm
导叶上端面间隙	0.2±0.1 mm	轴套数	3 个
导叶下端面间隙	0.1±0.1 mm	轴套润滑方式	自润滑
导叶最大开度	35.07°		

13.2.5 顶盖排水泵参数(表 13-5)

表 13-5 顶盖排水泵参数表

排水泵型号	2TC31	电动机型号	Y112M-2
扬程	32 m	电动机功率	4 kW
流量	10 m³/s	电源电压	380 V
转速	2 890 r/min	水泵台数	3 台

13.2.6 轴承的间隙及允许摆度参数(表 13-6)

表 13-6 轴承的间隙及允许摆度参数表

名称	双边间隙(mm)	允许摆度(mm)
水导轴瓦	0.30	0.25

13.2.7　水轮机水导轴承瓦温度整定(表 13-7)

表 13-7　水轮机水导轴承瓦温度整定参数表

名称	正常温度(℃)	报警温度(℃)	停机温度(℃)
水导轴承瓦	<65	65	70

13.3　基本技术要求及注意事项

13.3.1　水轮机检修后投入备用或第一次启动运行前,必须做好下列工作

(1) 水轮机各项检修工作结束,按验收等级验收合格,检修工作人员全部撤离现场,办理工作票终结手续,作业交代清楚,现场清理干净,并经主管生产领导同意方可进行恢复工作。

(2) 在封闭蜗壳、尾水管进人门前,应先检查里面确无人员和物件遗留。

(3) 水车保护装置和自动控制装置已完全投入且可靠。

(4) 油系统工作正常,调速器在"自动"位置,开度限制及导水叶全关且导水叶液压锁定装置投入。

(5) 压油装置工作正常,压力油泵工作及控制方式正常,压力油罐油压、油位在正常范围内,回油箱油位正常。

(6) 转子已经被顶起过,气系统恢复正常,风闸退出。

(7) 上导/推力轴承、下导轴承、水导轴承油槽油位正常。

(8) 机组冷却水系统无异常,技术供水电动阀阀门全关,电源投入,控制回路正常。

(9) 机组 LCU 显示机组正常可用。

13.3.2　备用机组及运行机组,各设备应处于如下状态

(1) 机组各种保护及自动装置投入正常,无故障和事故信号。

(2) 各轴承油槽油位、油色正常。

(3) 压油装置处于正常运行方式,常规控制启动打压正常,压油槽压力、油位在正常范围内,自动补气系统投运正常,回油箱油位正常。

(4) 调速器在"自动"状态,各部无异常,事故配压阀复归。

（5）进水口检修闸门和尾水闸门全开。

（6）进水蝶阀在全开位置,蝶阀操作系统及自动装置正常,阀门控制方式放"远方联动"。

（7）机组冷却水系统投入,水压力在正常值,各部无渗漏。

（8）主轴密封排水正常,水压力在正常值,顶盖漏水量正常,顶盖自流排水通畅,顶盖排水泵放"自动"位置。

（9）机组风闸全部下落到位,空气围带退出,制动柜阀门在正常状态,压力表指示正常。

13.3.3　备用机组及其辅助设备应与运行机组一样进行巡回检查

备用机组上的任何检修作业,必须经过当班值长批准,履行工作许可手续后,方可进行检修工作。

13.3.4　水轮机不能无保护运行

机组保护及自动装置的整定值,不得任意改变或切除,整定值的改变必须有厂部领导批准的修改通知单,由运维人员进行修改。

13.3.5　开、停机的注意事项

（1）水轮机检修后投入运行或第一次启动运行前,先把导叶开度开到5%～7%进行冲转,冲转完后再以 LCU 顺控自动开机。

（2）开机前应确认机组风闸全部下落到位,空气围带退出。

（3）确认开机条件满足,调速系统正常,机组各部无检修工作。

（4）在开机过程中如发现轴承温度显著上升,应立即停机,查明原因,并汇报有关领导。

（5）开、停机后应对机组进行一次全面检查。

（6）停机过程中,制动系统发生故障不能自动加闸时,应进行手动加闸。

（7）自动停机时,待机组全停后,风闸自动解除。若水轮机导水叶漏水过大,机组有可能会缓慢转动起来,此时应该将风闸重新投入。

13.3.6　机组运行中的注意事项

（1）当运行机组发生异常振动、摆动时,值班人员应立即检查机组是否在振动区运行,如在振动区,立即调整负荷,躲过振动区,若调整的负荷值与给定值相差过大,调整后应立即汇报地调说明情况。

（2）运行机组各部温度不能超过正常值。

（3）电调电源重启前，如机组在运行则必须将调速器切换至"手动"状态运行；如机组在停机状态则必须确保风闸在解除状态，调速器机械开限在全关位置。

13.4　尾水管、蜗壳、压力钢管充、排水操作

13.4.1　单台机组尾水管充水

（1）相关检修工作已全部结束，工作票全部收回并办理好结束手续，检查工作现场，确认无人工作，现场无遗留物，现地清洁。

（2）蝶阀全关，（液压和机械）锁定投入，旁通阀全关。

（3）蜗壳排水阀、尾水管排水阀全关。

（4）尾水管进人孔、蜗壳进人孔全关且封闭良好，顶盖排水正常。

（5）制动风闸投入，防止机组转动。

（6）调速系统正常，导水叶全关且液压锁定投入，防止导水叶转动。

（7）开启尾闸充水阀，待平压后，即可提起尾水闸门。

13.4.2　压力钢管充水

（1）相关检修工作已全部结束，工作票全部收回并办理好结束手续，检查工作现场，确认无人工作，现场无遗留物，现地清洁。

（2）三台机组蜗壳排水阀、尾水排水阀全关。

（3）对三台机组尾水管进行充水，直到两边平压后提起尾水闸门并确认尾水闸门在全开位置。

（4）制动风闸投入，防止机组转动。

（5）导水叶全关且液压锁定投入，防止导水叶转动。

（6）开启进水口检修闸门充水阀进行充水。

（7）监视机组流道内水压上升情况并检查各部分有无漏水。

（8）确认进水口检修闸门前后平压，具备开启检修闸门条件后，提起检修闸门。

13.4.3　压力钢管排水操作，方法一

（1）进水口检修闸门全关，并做好防止闸门提升的安全措施。

（2）三台机组蝶阀全关，旁通阀（电动和手动）全开。

（3）三台机组技术供水已隔离。

（4）打开蜗壳排水阀，检查检修排水泵启动是否正常，打开尾水管排水阀，待尾闸两边平压后，落下尾水闸门。

（5）检查水位下降情况，确认蜗壳水位低于蜗壳进人孔后，方可开启蜗壳进人孔。

13.4.4 压力钢管排水操作，方法二

（1）进水口检修闸门全关，并做好防止闸门提升的安全措施。

（2）三台机组蝶阀均全关，旁通阀（电动和手动）全开。

（3）三台机组技术供水已隔离。

（4）活动导叶全关，并投入液压锁定，让压力钢管内的积水通过活动导叶缝隙慢慢排掉。

（5）关闭蜗壳排水阀，检查检修排水泵启动是否正常，打开尾水管排水阀，待尾闸两边平压后，落下尾水闸门。

（6）检查水位下降情况，确认蜗壳水位低于蜗壳进人孔后，方可开启蜗壳进人孔。

13.4.5 单台机组尾水管排水操作

（1）蝶阀在全关位置且液压和机械锁定投入，旁通阀（电动和手动）关闭。

（2）机组技术供水已隔离。

（3）开启蜗壳排水阀，检查检修排水泵是否正常，待尾闸两边平压后，落下尾水闸门。

（4）打开尾水管排水阀。

（5）检查水位下降情况直到排完为止，确认水位低于尾水管进人孔后，方可开启进人孔。

13.5 故障及事故处理

13.5.1 水导轴承故障

水导轴承油位异常，水导轴承油温、瓦温异常，水导轴承油混水报警。

（1）水导轴承油位高时，应检查水导轴承实际油位，有无严重甩油现象，外循环冷却装置及管路有无漏油，尽快停机处理加油。

（2）水导轴承油位高时，如果水导轴承温度也异常升高，应尽快联系地调停机处理。

（3）水导轴承油温或瓦温高时，应密切监视温度变化趋势，必要时联系调度转移负荷，应检查水导冷却系统是否正常，油位油质是否正常，同时还应注意机组的振动和摆度情况。

（4）上述故障跳机后，应及时通知 ON-CALL 人员，未查明故障原因，禁止将机组投入运行。

（5）若系误动或传感器故障，经处理后，应尽快将机组恢复备用。

（6）若水导油位异常上升，应检查油面、油位，必要时抽样化验，若确系进水则停机并查明进水原因，换油。

13.5.2　剪断销剪断

中控室计算机监控系统有"剪断销剪断"故障讯号及语音报警，机组 LCU B 柜"剪断销剪断"号灯亮。

（1）现场检查导叶摩擦装置是否错位，是否信号误动。

（2）若确认导叶摩擦装置已错位，严密监视机组转动情况，摆动及振动值控制在正常范围内。

（3）若导叶摩擦装置错位个数过多，引起机组强烈摆动及振动时，联系地调，停机，紧急关闭蝶阀并注意机组转速。

13.5.3　导水叶上、下轴套松动

在水车室内有明显刺耳的金属敲动声；导叶有振动声；顶盖水位上升过快。

（1）如机组在运行过程中轴套发生松动，并有明显刺耳敲动声，则停机进行处理。

（2）如果水位上升过快，则停机处理。

（3）定期检查导叶的上、下轴套，如发现轴套松动，则调整轴套位置并拧紧紧固螺栓。

13.5.4　事故低油压

（1）检查压油泵是否启动、是否打不上油。

（2）检查压油系统阀门管道是否有破裂甩油现象。

（3）若油压正常，油泵启动正常，则等油压正常后，在机组 LCU B 柜按下"复归-保持"按钮。

第 14 章 ●
调速器运行规程

14.1　系统概述

我厂三台机组，每台机组配有一套独立的数字式调速器，调速器型号为 BWT-PLC，由武汉四创自动控制技术有限责任公司生产。调速器为数字式微处理机控制的 PID 电液型，具有频率调节、开度调节和功率调节三种控制模式，根据需要可选择不同的控制模式。这种切换，一是通过操作终端上的触摸键或二次回路接点来完成，二是通过数字通信接口来完成。跟踪网频方式运行时可实现机组频率跟踪电网频率，可以保证机组频率与电网频率相一致，便于并网。当采用功率调节模式时，PI 环节按功率偏差进行调节，实现机组有功功率恒定。对于功率给定，它一方面作用于 PI 环节，另一方面通过开环控制直接作用于输出，提高了功率增减速度。功率给定为数字量，适用于上位计算机给定。

调速系统主要由调速器电气柜和油压装置两部分组成。调速器电气柜包括步进电机微机调速器、转速测量装置及相关控制装置等。油压装置包括压油泵组、压力油罐、回油箱、主接力器及相关控制装置等。

14.1.1　调速器电气柜

数字式水轮机调速器硬件包括嵌入式的 PC 机和可编程控制器（PCC 系统）、操作终端（液晶触摸屏）、输出放大器和其他用于测量、信号隔离或转换等的元件。调速器有三种控制方式，即频率调节、开度调节、功率调节，在调速器操作终端(液晶触摸屏)上,可以输入频率、开度、开度限制、功率的设定值对机组进行控制。

14.1.2　PID 控制器

调速器由一个基本型逻辑控制器控制,俗称九点控制器,根据偏差与偏差变化率实际运行状况抽象成九个工况点(强加、稍加、弱加、微加、保持、微减、弱减、稍减、强减 9 种工况),从而给出相应的控制策略进行有效地控制。

14.1.3　转速测量装置

转速信号装置采用双通道测速,一路为取自机组 PT 的电气信号,另一路来自与齿盘结合使用的光电探头。在两种测频均正常的情况下,机组频率低于 20 Hz 时采用残压测频,当机组频率大于 20 Hz 时自动采用齿轮测频。当一路信号故障或消失断线时,系统自动采用另一组信号,并且发出报警信号,两路信号互为备用。

14.1.4　调速器油压装置

油压装置为水轮机调速系统提供控制及操作压力油源,并具有自动稳定油压、自动补气,油压异常、油位异常、油泵故障、事故低油压报警等基本功能,该装置主要由回油箱、供油泵组、压力油罐、自动补气装置、漏油装置、电气控制柜及自动化元件组成。

接力器的油路由两个油过滤器、引导阀、紧急停机电磁阀、主配压阀、事故配压阀、主接力器、分段关闭阀、导叶锁定装置及连接管路组成。控制油路中引导阀为防止卡塞,对油质要求较高,设置有双联过滤器。当接收到来自电气控制柜的控制信号在引导阀中转换成液压流量输出,直接作用于主配压阀的阀芯上,使主配阀芯随着电气信号的变化而上下移动。

14.1.5　导叶关闭规律

导叶分段关闭目的是优化停机时的转速和水压脉动曲线(或满足调保计算要求)。本厂活动导叶的关闭规律为:分段关闭,先快后慢。停机时,导水机构按可调速率关至空载开度,然后导叶关闭分为两个阶段,在第一阶段导叶以最大液压关闭速率关闭直到拐点;第二阶段从拐点(时间函数)开始以较低的速率关闭,直到导叶全关。

14.2 设备规范及运行定额

14.2.1 调速器(表14-1)

表14-1 调速器规范

名称	参数
导叶接力器活塞内径	250 mm
导叶接力器活塞杆直径	90 mm
导叶接力器操作行程	360 mm
导叶接力器压紧行程	5 m
导叶接力器工作油压	4.0 MPa
导叶接力器开启时间	22 s
导叶接力器关闭时间	28 s
导叶接力器油管内径	$\phi 76$ mm
操作电源(AC/DC)	220 V
频率给定调整范围	45~55 Hz
加速时间常数 Tn	0~3 s
永态转差系数调整范围 bp	0~10%
暂态转差系数调整范围 bt	0~200%
缓冲设计常数调整范围 Td	1~20 s
转速死区 ix	<(0.02~0.04)%

14.2.2 油压装置(表14-2)

表14-2 油压装置规范

名称		参数
压力油罐	额定工作压力	4.0 MPa
	最大工作压力	4.0 MPa
	压力油罐容积	1 600 L
	储油量(正常油位)	560 L

续表

名称		参数
压力油泵	电机型号	Y160-2B5
	额定功率	18.5 kW
	转速	2 900 r/min
	工作压力	4.0 MPa
	输油量	3 L/s
	台数	2
	电源	AC380 V
回油箱	回油箱容积	2 160 L
	正常油量	1 600 L
操作油牌号		L-TSA-46

14.2.3　油压装置压力整定值(表 14-3)

表 14-3　油压装置压力整定值表

名称	压力整定(MPa)
停止补气	4.0
停备用泵	3.7
主泵供油	3.7
启动备用泵	3.5
油压低报警	3.5
油压低事故停机	3.0

14.3　运行方式

（1）调速系统正常运行方式:本厂调速器有"手动""自动"两种控制方式。其中,"手动"控制又分为"机手动"和"电手动"两种方式。正常情况下调速器控制方式置于"自动"位置,根据调度给定跟踪系统频率自动调整机组所带负荷。

（2）调速系统油压装置运行方式:油泵的主备用预设和自动切换可通过一个三位置选择开关来实现,该开关有"自动"、"切除"和"手动"三个位置。

①主泵启动:机组运行期间,若油压系统耗油量较大,当油压降至3.7 MPa 时,主泵启动,给压力油罐打油,以维持油罐压力在 4.0 MPa。

②备泵启动：机组运行期间，若油压系统耗油量较大，当油压降至 3.5 MPa 时，备泵启动，与主泵一起给压力油罐打油，以维持油罐压力在 4.0 MPa。

③手动启动：手动操作模式脱离开机组开、停机程序，现场对泵组进行控制。此时，主控选择开关置于"手动"位置，按住"手动启动"按钮并保持，则油泵即可启动，松开后油泵停止运行。手动操作模式一般用于油泵的现场调试、试验。

④泵组空载启动控制：泵组空载启动控制是通过电磁换向阀进行的，当油泵接到信号后启动，油泵处于空载运行，经延时后电磁换向阀自动切换油路，控制泄荷阀接通主油路，从而使油泵向系统供油。其目的是防止油泵启动电流过大和避免油泵高压启动，改善泵组的作业工况，从而提高油泵的使用寿命。

⑤自动补气装置：调速系统为维持比较稳定的压力油源，在压力油罐上配置有自动补气装置，当由于压缩空气损失使压力油罐的液位升高，到达补气油位时，补气装置中的两个电磁阀在液位开关的控制下得电，高压供气系统向压力油罐补气。当油压升高到 4.0 MPa 时，两电磁阀失电，补气停止。该补气装置还可以根据需要进行手动补气。

14.4 常见故障及处理

14.4.1 压力油罐油压高

1. 现象

油压设备控制柜面板上"系统油压异常"光字牌亮，上位机报警。

2. 处理

（1）检查压力油罐油压是否确实高，同时检查油位是否正常。

（2）检查油泵是否已停，否则手动停止油泵。

（3）检查自动补气阀是否确已关闭，否则手动关闭。

（4）若油位正常，而油压高，则手动排气，恢复油压。

（5）若油位也高，则手动排油至正常油位，视情况补气或排气，恢复油压。

（6）若仍不能恢复至正常油压，及时通知检修处理。

14.4.2 压力油罐油压低

1. 现象

油压设备自控柜面上"系统油压异常"光字牌亮，上位机报警；压力油罐油压降低至备用泵启动压力,而备用泵没有启动。

2. 处理

(1)检查压力油罐油压是否确实低,同时检查油位是否正常。

(2)若油位高,而油压低,则手动补气,恢复油压。

(3)若油位、油压都低,则检查工作泵及备用泵是否启动,查明原因,手动启动油泵维持油压。

(4)若油泵不能手动启动,应检查油泵是否故障,否则拉合其电源一次,再启动油泵。

(5)若油泵在启动,观察卸荷阀和安全阀是否动作,或者油泵打不上油,或者油系统中有跑油、漏油处,查明原因,及时通知 ON-CALL 处理。

(6)检查处理过程中,注意维持油压,以避免造成油压过低保护动作关机,必要时,向调度申请换机运行或转移负荷。

14.4.3　压力油罐油位高

1. 现象

油压设备控制柜面板上"系统油位异常"光字牌亮,上位机报警;油位高于补气阀动作油位。

2. 处理

(1)检查油泵是否在运行打油,若是,应立即手动停止油泵打油。

(2)开启压油罐手动排油阀,恢复压油罐正常油位。

(3)在压油罐排油过程中,应注意油压的降低,及时手动补气升压。

(4)通知 ON-CALL 处理,及时恢复油泵的自动运行。

14.4.4　压力油罐油位低

1. 现象

油压设备控制柜面板上"系统油位异常"光字牌亮,上位机报警;压力油罐油位低。

2. 处理

(1)检查油压是否过高,若是,则检查自动补气装置是否停止补气,否则关闭自动补气同时打开手动排气阀排气,恢复油位。

(2)若油压正常,应打开手动排气阀排气,启动油泵,恢复油位。

(3)处理过程中,防止油压过低引起低油压停机事故。

14.4.5 事故低油压保护动作

1. 现象

中控室计算机监控系统有事故讯号及语音报警,机组 LCU B 柜"事故低油压"信号灯亮。

2. 处理

(1) 检查机组事故停机动作情况,若未动,则紧急手动停机。

(2) 检查进水蝶阀是否动作。

(3) 检查压油泵是否启动、是否打不上油。

(4) 检查调速系统油路阀门管道是否有破裂、漏油现象。

(5) 若压力油无法恢复,联系 ON-CALL 处理,并检查机组压力钢管水压情况。

14.4.6 主配压阀拒动处理

(1) 将调速器控制方式切至"机手动"。

(2) 试调整负荷,若仍未动,可转移负荷。

(3) 机组转速达到115%额定转速和调速器主配压阀拒动时,检查紧急停机阀是否动作。

(4) 检查机组停机动作情况,若未动,则紧急停机。

(5) 检查进水是否关闭,若未关闭,则紧急停机。

14.4.7 事故配压阀拒动处理

(1) 当机组转速大于145%额定转速时,检查事故配压阀是否动作。

(2) 检查机组停机动作情况,若未动,立即紧急停机。

(3) 检查进水蝶阀是否全关,若未全关,立即紧急停机。

14.4.8 机组测频 PT 断线

1. 现象

机组 LCU A 柜上"PT 断线"报警。

2. 处理

(1) 将调速器手动运行,监视其运行情况。

(2) 检查机组测频 PT 保险是否熔断,若熔断,用同型号、同容量保险更换。

（3）若更换保险后继续熔断或不是上述原因引起，应及时通知 ON-CALL 人员进行处理。

14.4.9　接力器抽动

1. 现象

有功功率有摆动；接力器小范围来回动作；水轮机响声不均匀。

2. 处理

（1）将调速器切至"手动"运行，观察接力器抽动情况。

（2）检查调速器电气柜有无异常，电网负荷是否变化较大，伺服阀动作是否异常。

（3）通知 ON-CALL 人员处理。

14.4.10　调速器电源 DC/AC 丢失

1. 现象

调速器电气柜 KCA 报警及上位机报警装置有"调速器电源 DC/AC 丢失"报警。

2. 处理

（1）调速器切至"手动"运行。

（2）检查电源回路有没有短路现象。

（3）检查输入电源是否消失。

（4）检查电源匹配及电压是否正常。

（5）以上检查正常后，监视电源是否正常。

第 15 章 •
蝶阀系统运行规程

15.1　系统概述

（1）我厂三台机组，每台机组配有一套独立的蝶阀系统，机组蝶阀型号为 DT-HD7s44Rs-10CDN3200，由能发伟业铁岭阀门股份有限公司生产。我厂蝶阀外形结构由旁通阀、旁通检修阀、旁通伸缩节、摆动油缸油管、锁定油缸、锁定油缸油管、电控箱、液压站、电动旁通阀、排气检修阀、下游短管、伸缩节、液动装置、进水阀、上游短管组成。

（2）我厂蝶阀调整阀门启闭时间为：

①阀门开启时间约为 90～120 s，关闭时间约为 60～120 s 可调。

②电动旁通阀开启或关闭时间不超过 30 s。

（3）蝶阀电气控制柜内部主要电气元件有：PLC、扩展模块、断路器、单极断路器、双极断路器、交流接触器、热继电器、继电器、压力继电器、压差控制器、直流电源、指示灯、转换开关、控制按钮、行程开关、整流桥、温度控制器、除湿加热器。

（4）2019 年 8 月对♯2 机组更换下的旧蝶阀进行了改造，采用三偏心锥面密封，并配套相应的液压系统。新蝶阀操作系统由机械液压部分和电气控制部分构成，电气控制部分由可编程 PLC、中间继电器、信号灯、操作开关和按钮组成。蝶阀逻辑控制由 PLC 程序控制。机械液压部分配备 3 套囊式蓄能器高压油压装置，油压装置由油泵组、油箱、管路及其 PLC 控制柜和操作阀体组成。

15.2　设备规范及运行定额

15.2.1　旧蝶阀主体参数(表 15-1)

表 15-1　旧蝶阀主体参数表

公称通径(mm)		3 200
公称压力(MPa)		1.0
最大水头(m)		100
试验压力	壳体(MPa)	1.5
	密封(MPa)	1.1
工作压力	P8(MPa)	1.0
适用介质		水
介质温度		≤80℃

15.2.2　液压站参数(表 15-2)

表 15-2　液压站参数表

名称	参数
额定工作压力	16 MPa
额定流量	48 L/min
油箱容积	535.5 L
液压系统使用介质	YB－N46 抗磨液压油
油液正常工作温度范围	20℃≤t≤55℃
油液正常工作清洁度	NAS10 级(NAS1639 标准)

15.2.3　液压泵参数(表 15-3)

表 15-3　液压泵参数表

名称		参数
电动机	型号	Y2－160L－4B35
	功率	15 kW
	转速	1 460 r/min

名称		参数
齿轮泵	型号	CBT－F432LP
	额定工作压力	20 MPa
	排量	32 mL/r

15.3 运行方式

（1）液控蝶阀系统运行方式有两种：就地控制和远方控制。

（2）就地控制还分为：就地两阀单独控制和就地两阀联运控制。就地两阀单独控制是指主阀门和旁通阀门独立操作和控制。就地两阀联运控制是指主阀门和旁通阀门联动控制。

（3）远方控制时只有主阀门与旁通阀门联动控制。

（4）厂用电消失后禁止手动开启蝶阀。

15.4 运行操作

15.4.1 液控蝶阀系统就地两阀单独控制时

1. 开主阀操作

（1）机组在"停机"状态。

（2）机组活动导叶在"全关"位置。

（3）机组蝶阀在"全关"位置。

（4）机组蝶阀液压锁定在"投入"位置。

（5）机组蝶阀锁定油路压力表压力指示正常。

（6）确认机组蝶阀开启油路压力表压力指示正常。

（7）确认机组蝶阀总供油压力表压力指示正常。

（8）拆除机组蝶阀控制方式旋钮上"禁止操作"标示牌。

（9）将机组蝶阀控制方式切至"就地单控"位置。

（10）确认机组蝶阀电源空开 QF1 在"合闸"位置。

（11）拆除机组蝶阀电动旁通阀操作把手上"禁止操作"标示牌。

（12）打开机组进水口蝶阀电动旁通阀。

（13）确认机组进水口蝶阀电动旁通阀"全开"指示灯亮。

（14）拆除机组蝶阀手动旁通阀操作把手上"禁止操作"标示牌。

（15）缓慢打开机组进水口蝶阀手动旁通阀。

（16）监视机组蜗壳充水过程。

（17）检查机组蜗壳无渗漏。

（18）检查机组尾水管进人门无渗漏。

（19）检查机组进水口蝶阀平压指示灯亮。

（20）按下机组"主阀开启"按钮。

（21）监视机组进水口蝶阀开启。

（22）确认机组进水口蝶阀在"全开"位置，蝶阀"全开"指示灯亮。

（23）确认机组进水口蝶阀锁定在"投入"位置。

（24）关闭机组进水口蝶阀电动旁通阀。

（25）确认机组进水口蝶阀电动旁通阀"全关"指示灯亮。

（26）关闭机组进水口蝶阀手动旁通阀。

（27）确认机组进水口蝶阀手动旁通阀在"全关"位置。

（28）将机组蝶阀控制方式切至"远控联动"位置。

2. 关主阀操作

（1）确认机组在"停机"状态。

（2）确认机组进水蝶阀在"全开"位置。

（3）确认机组进水蝶阀液压锁定在"投入"位置。

（4）确认机组进水蝶阀锁定油路压力表压力指示正常。

（5）确认机组进水蝶阀开启油路压力表压力指示正常。

（6）确认机组进水蝶阀总供油压力表压力指示正常。

（7）确认机组进水蝶阀电动旁通阀在"全关"位置。

（8）确认机组进水蝶阀控制方式在"远方联动"位置。

（9）将机组进水蝶阀控制方式切至"就地单控"位置。

（10）确认机组进水蝶阀控制方式在"就地单控"位置。

（11）按下机组进水蝶阀"关主阀"按钮。

（12）确认机组进水蝶阀在"全关"位置。

（13）确认机组进水蝶阀液压锁定在"投入"位置。

（14）将机组进水蝶阀控制方式切至"远方联动"位置。

（15）确认机组进水蝶阀控制方式至"远方联动"位置。

15.4.2 液控蝶阀系统就地两阀联运控制时

1. 开主阀操作

（1）机组在停机状态，尾水钢管已充满水。

（2）蝶阀相关设备运行正常，液压锁定投入。

（3）主阀控制方式置于"就地联动"位置。

（4）旁通阀正常开启，阀体两侧平压。

（5）主阀正常开启，锁定投入。

2. 关主阀操作

（1）蝶阀相关设备运行正常，各组件在正确位置。

（2）主阀正常关闭，液压锁定投入。

（3）缓慢打开蜗壳盘形阀，直至蜗壳内余水排清。

15.5 故障及处理

厂用电消失后手动关闭蝶阀操作：

（1）确认厂用电消失，机组正常停机。

（2）蝶阀蓄能罐油压正常。

（3）手动打开 YV3 电磁阀并保持，液压锁定正常退出。

（4）蝶阀蓄能罐油压正常。

（5）手动打开 YV2 电磁阀并保持，重锤正常下落。

（6）蝶阀正常关闭。

（7）蝶阀蓄能罐油压正常。

（8）释放 YV2、YV3，液压锁定正确投入。

15.6 蝶阀开启失败处理操作(表 15-4)

表 15-4 蝶阀开启失败处理操作

故障名称	故障报警信号	处理方法
旁通阀过载	"旁通阀过载"指示灯亮	·检查旁通阀电动机是否卡住，若卡住，则应测量电机绝缘，必要时更换新电机

故障名称	故障报警信号	处理方法
旁通阀过力矩	"旁通阀过力矩"指示灯亮	·检查旁通阀电动机是否卡住,若卡住,则应测量电机绝缘,必要时更换新电机 ·检查旁通阀是否完全开启,阀芯指示是否在正确位置,若指示不正确则更换新阀
油泵故障	"油泵故障"指示灯亮	·检查油泵内油量是否正常 ·检查油泵与电机连接处是否松动 ·检查滤油机是否堵塞 ·检查油泵控制回路是否正常工作 ·检查油泵电动机是否正常工作

第 16 章 ●
技术供水系统运行规程

16.1 系统概述

技术供水系统的组成:

(1)技术供水取水方式有机组蜗壳取水和坝前取水。

(2)技术供水向发电机上、下油冷却器,空气冷却器和水导冷却器供给冷却水。

(3)技术供水系统,由机组各轴承冷却器、空气冷却器、过滤器、减压阀、压力表和连接系统所需的阀门,管路以及监控系统的压差变送控制器、压力变送器、流量变送控制器、测温电阻等组成。

(4)此外,技术供水还提供厂房消防用水及厂内生活用水。

16.2 设备规范及运行参数

16.2.1 技术供水设备规范(表 16-1)

表 16-1 技术供水设备规范

全自动滤水器				
型号	ZLSG - 200G			
公称流量	339 m^3/h	过滤精度	3 mm	

续表

设计压力	1 MPa	工作压力	0.4~0.6 MPa
进出口径	200 mm(DN)	排污口径	80 mm(DN)
进出口压差	0.02~0.16 MPa	工作噪声	≤80 dB
整机质量	750 kg	电源	380 V,50 Hz

16.2.2　机组技术供水用水量及压力定额(表 16-2)

表 16-2　机组技术供水用水量及压力定额

冷却器		个数	设计流量(m^3/h)	工作压力(MPa)
发电机	上导轴承油冷却器	1	34	0.2~0.5
	空气冷却器	8	136	0.2~0.5
	下导轴承油冷却器	1	11	0.2~0.5
水轮机	水导冷却器	1	—	0.2~0.5

16.3　运行方式

(1) 机组技术供水以蜗壳取水为主用,坝前取水为备用。

①正常运行方式:通过机组蜗壳取水总阀 0*SG01V 取水,经全自动滤水器、机组技术消防供水阀 0*SG09V、机组技术供水总阀 0*SG10V、减压阀 0*SG11V、电动蝶阀 0*SG15V 或技术供水手动旁通阀 0*SG17V 及相关阀门向机组各冷却器提供冷却水。

②异常运行方式:当技术供水需要从大坝取水时,关闭蜗壳取水总阀 0*SG01V,打开坝前取水总阀 00SG01V。视机组具体情况,也可通过技术供水消防干管备用取水阀(01SG67V、02SG67V、03SG67V)取水。此时,应检查备用取水进水水压,当机组启动后,密切监视各轴承冷却器和空气冷却器冷却水流量及温度。

(2) 机组正常开机时,技术供水电动蝶阀 0*SG15V 自动打开,正常停机时,延时 5 分钟技术供水电动蝶阀自动关闭。

(3) 机组技术供水最后排至相应的机组尾水管。

(4) 当技术供水系统中全自动滤水器 0*SG01FI 前后压差大于若干兆帕时或运行 5 小时后,全自动滤水器自动排污。

16.4 运行操作

16.4.1 第一次开机前或机组技术供水系统检修后应做以下检查

（1）检查机组技术供水进水水压是否正常。

（2）检查各手动阀位置是否正确。

（3）检查各电动阀控制电源投入是否正常。

（4）检查全自动滤水器是否正常投入，前后压差是否小于 0.04 MPa。

（5）检查各排污手动阀、泄压阀 0 ∗ SG01SV、表计前测量阀等是否在打开位置。

（6）检查各阀门及管路是否无漏水现象。

（7）检查计算机监控系统是否无机组技术供水系统异常报警信号，所有变量是否在正常监控状态。

16.4.2 机组第一次开机前或技术供水系统检修后要进行充水的步骤

（1）检查蜗壳取水总阀 0 ∗ SG01V、技术供水总阀 0 ∗ SG10V，是否在打开位置。

（2）检查机组各冷却器进、出水阀门是否在打开位置。

（3）检查技术供水系统其他相关阀门是否在打开位置。

（4）关闭技术供水电动蝶阀前、后手动阀 0 ∗ SG14 和 0 ∗ SG15V。

（5）缓慢打开技术供水手动旁通蝶阀 0 ∗ SG17V 进行充水。

（6）充水完成后，关闭手动旁通蝶阀。

（7）打开技术供水电动蝶阀前、后手动阀 0 ∗ SG14 和 0 ∗ SG15V。

16.4.3 机组技术供水系统隔离操作步骤

（1）关闭并锁上蜗壳取水总阀 0 ∗ SG01V、技术供水总阀 0 ∗ SG10V。

（2）关闭并锁上机组相应的排水手动阀。

16.5 常见故障及处理

16.5.1 机组技术供水压力不足

1. 现象

在报警站出现技术供水压力不足报警信息；定子绕组温度，机组各轴承油温、瓦温上升。

2. 原因

误信号，压力变送器故障或中间继电器辅助接点故障；滤水器堵塞；管路漏水或堵塞；减压阀故障；机组技术供水进水总阀 0＊SG10V 开度过小。

3. 处理

严密监视各轴承温度；检查机组技术供水水源压力及技术供水进水总阀开度；检查减压阀前后压力是否正常；检查全自动滤水器是否堵塞，机组技术供水滤水器排污电动阀是否不能关闭，管路是否漏水、堵塞；检查传感器或继电器是否正常；换为备用技术供水。

16.5.2　机组技术供水中断

1. 现象

在报警站出现技术供水中断报警信息；定子绕组温度，机组各轴承油温、瓦温上升；跳机。

2. 原因

电动阀误动；传感器故障或中间继电器辅助接点故障。

3. 处理

监视各轴承温度；转移负荷；检查水源是否正常；检查电动蝶阀是否误动；尽快恢复水源正常；换为备用技术供水；检查传感器或继电器是否正常；如果温度上升很快，则立即申请停机。

16.5.3　全自动滤水器故障

1. 现象

报警站出现技术供水不足报警信息；定子绕组温度，机组各轴承油温、瓦温上升；电动排污阀漏水。

2. 原因

滤水器堵塞或传感器故障，滤水器电动排污阀机械卡阻。

3. 处理

检查电动排污阀是否正常；检查传感器是否误动；清洗滤水器；换为备用技术供水；如果温度上升很快，则立即申请停机。

第 17 章 ●
压缩空气系统运行规程

17.1 系统概述

压缩空气系统由 6 MPa 高压空气系统和 0.8 MPa 低压空气系统组成。

（1）6 MPa 高压空气系统：由两台高压气机、一个 2 m³ 高压储气罐、空气过滤器、自动化控制装置、阀门及相关管路等组成，用于调速器压油罐的充气、补气。

（2）0.8 MPa 低压空气系统：由两台低压气机、组成两个 3 m³ 低压储气罐、空气过滤器、气水分离器、自动化控制装置、阀门及相关管路等组成，其主要用于机组的机械制动、围带供气和检修用气。

17.2 设备规范及运行参数

17.2.1 空气压缩机（表 17-1）

表 17-1 空气压缩机规范

名称		参数	
		高压空气压缩机	低压空气压缩机
空气压缩机	生产厂家	南京英格索兰压缩机有限公司	上海英格索兰压缩机有限公司
	台数	2	2
	型号	HP15 - 55	R7IU - A8 - X
	型式	往复式空气压缩机	螺杆式低压空压机

续表

名称		参数	
		高压空气压缩机	低压空气压缩机
空气压缩机	排气量	0.92 m³/min	1.03 m³/min
	冷却方式	风冷	风冷
	排气压力	5.5 MPa	0.8 MPa
	传动方式	直联	联轴器联接
	压缩级数	3级	—
	第一级压力	—	—
	第二级压力	—	—
	第三级压力	—	—
	环境最高温度	≤40℃	≤40℃
	环境最低温度		
	排气温度	≤55℃	≤55℃
电动机	生产厂家	苏州东元电机有限公司	上海亚琦电机有限公司
	型号	AEEVNFYB8	00P-132M-2
	额定功率	11 kW	7.5 kW
	额定电压	380～415 V	380 V
	额定电流	27.0～24.7 A	14.9 A
	额定转速	1 460 r/min	≤1 480 r/min
	绝缘等级	F	F

17.2.2 压力气罐(表17-2)

表17-2 压力气罐规范

项目	高压气罐	低压气罐
数量	1个	2个
额定压力	4.8 MPa	0.7 MPa
设计压力	6.4 MPa	0.8 MPa
最高工作压力	4.8 MPa	0.7 MPa
耐压试验压力	8 MPa	1.2 MPa
容积	1 m³	3 m³

项目	高压气罐	低压气罐
容器类别	Ⅰ	Ⅱ
压力气罐安全阀动作	5.2 MPa	0.9 MPa

17.2.3 空气压缩系统设备运行参数(表 17-3)

表 17-3 空气压缩系统设备运行参数表

项目	高压气(MPa)	低压气(MPa)
压力气罐压力保持范围	4.2~4.8	0.6~0.7
压力气罐压力过高停机并报警	5.2	0.73
压力气罐压力过低报警	3.8	0.52
主用空压机启动	4.2	0.60
备用空压机启动	4.0	0.55
空压机停机	4.8	0.68

17.3 运行方式

17.3.1 高压空气系统

(1)高压空气系统用于调速器压油罐的充气、补气。

(2)高压空气系统空压机、贮气罐额定工作压力为 6 MPa,减压到 4.8 MPa 后给压力油罐充气或补气。

(3)正常运行时,若压力油罐油位过高,通过自动补气阀 0 * QG01EV、0 * QG02EV 向压力油罐自动补气,需要时可以通过打开手动补气阀 0 * QG04V 向油罐补气,打开手动补气阀 0 * QG04V 前,必须先关闭压力油罐补气电磁阀后隔离阀 0 * QG03V。

(4)正常时,两台高压空压机放在"自动"控制方式,一台主用,一台备用,通过 PLC 控制定期自动轮换空压机优先级。

(5)高压空压机空载启动,停机时自动卸载 2 min,并且每隔 20 min 自动卸载 20 s。

17.3.2　低压空气系统

（1）低压空气系统用于机组机械制动、空气围带（检修密封）及检修用气。

（2）检修用气包括检修工具用气、吹扫设备用气。

（3）低压空气系统额定工作压力为 0.8 MPa。

（4）若检修或其他人员需要用气时，必须经过当班运行人员同意并说明用气所需时间。

（5）机械制动自动投入时，电磁阀 0 * QD02EV 励磁，风闸充气，投入机械制动；机械制动自动退出时，电磁阀 0 * QD02EV 失磁，风闸受弹簧压力落下；机械制动不能自动投入或检修隔离需要时，可手动投、退入机械制动。

（6）空气围带自动投入时，电磁阀 0 * QD01EV 励磁，空气围带投入；空气围带自动退出时，电磁阀 0 * QD01EV 失磁，空气围带退出；空气围带不能自动投入或检修隔离需要时，可手动投、退入空气围带。

（7）正常情况下，两台低压空压机放在"自动"控制方式，一台主用，一台备用，通过 PLC 控制定期自动轮换空压机优先级。

（8）低压空压机空载启动，停机时自动卸载 2 min，并且每隔 20 min 自动卸载 20 s。

（9）正常情况下，两台低压空压机接到供气干管上，通过干管向两个低压气罐供气。

（10）正常情况下，两个气罐分开运行，联络阀 00QD21V 阀关闭，必要时检修气罐可通过联络阀 00QD21V 阀向制动及围带气罐供气。

17.4　运行操作

17.4.1　空压机检修完毕后、启动前检查注意事项

（1）新装或检修后的设备试运行，必须有检修人员在现场，由运行人员操作。

（2）空压机出口手动阀一定要在开启的位置，否则空压机启动后安全阀会动作。

（3）空压机控制电源投入正常。

（4）空压机排污电磁阀插头已插好。

（5）各空压机无漏油，油位正常，油质合格。

（6）检查各压力气罐排污阀是否关闭,表计前阀门是否开启,表计指示是否正确。

（7）各阀门位置正确。

（8）电机接地线良好,空压机检修后或长时间停运情况下,启动前应测电机绝缘合格。

（9）各空压机皮带松紧适度,风叶无断裂。

（10）控制盘柜无故障信号。

（11）运行现场清理完毕,无妨碍设备运行的杂物及工具。

（12）复归空压机控制盘柜上的信号。

（13）手动启动空压机试验正常后,恢复系统的正常运行状态。

17.4.2　空压机手动启停操作

（1）检查空压机启动条件是否满足。

（2）把要手动启动的空压机操作切换开关切至"手动"位置。

（3）检查空压机启动是否正常,是否无异常声音,管路是否无泄露。

（4）检查空压机各级气缸压力是否正常。

（5）检查电机运行电流是否不超过额定值。

（6）监视空压机运行过程中压力气罐压力是否不超过额定值。

（7）把空压机操作切换开关切至"切除"位置。

17.4.3　空压机检修措施

（1）把要检修的空压机切至"切除"位置,另一台空压机切至"自动"位置。

（2）断开要检修的空压机动力电源。

（3）关闭要检修的空压机出口手动阀。

17.4.4　压力气罐检修后充气建压

（1）压力气罐建压必须要有运行人员在现场。

（2）检查空压机出口阀是否打开,压力气罐排污阀是否关闭。

（3）把空压机控制方式放在"手动",手动启动一台空压机,若空压机温度达××℃时,停止空压机运行,再启动另一台空压机。

（4）当压力气罐到达额定工作压力时,停止空压机运行。

（5）把空压机运行方式放回"自动"。

17.4.5 压力油罐手动补气

（1）先关闭压力油罐补气电磁阀后隔离阀 0 * QG03V。

（2）再打开压力油罐手动补气阀 0 * QG04V。

（3）补气完成后，先关闭压力油罐手动补气阀 0 * QG04V。

（4）再打开压力油罐补气电磁阀后隔离阀 0 * QG03V。

17.4.6 机械制动手动投、退操作

1. 机械制动手动投入

（1）当机械制动不能自动投入或检修隔离需要时，手动投入机械制动。

（2）手动投入机械制动前，先检查制动压力是否正常，机械制动电磁阀前、后手动阀 0 * QD11V，0 * QD12V 是否在打开位置，机械制动手动投入阀 0 * QD013V、排气阀 0 * QD14V 是否在关闭位置。

（3）关闭机械制动电磁阀前、后手动阀 0 * QD11V 和 0 * QD12V。

（4）打开机械制动手动投入阀 0 * QD13V。

（5）确认机械制动已投入。

2. 机械制动手动投入后退出

（1）手动退出机械制动前，检查机械制动电磁阀前、后手动阀 0 * QD11V 和 0 * QD12V 是否在关闭位置，机械制动手动投入阀 0 * QD013V 是否在打开位置，排气阀 0 * QD14V 是否在关闭位置。

（2）关闭机械制动手动投入阀 0 * QD013V。

（3）打开机械制动手动排气阀 0 * QD014V。

（4）确认机械制动已退出。

（5）关闭机械制动排气阀 0 * QD014V。

（6）打开机械制动电磁阀前、后手动阀 0 * QD11V 和 0 * QD12V。

17.4.7 空气围带手动投、退操作

1. 空气围带手动投入

（1）在停机状态下主轴密封损坏或者检修、检查需要时投入空气围带。

（2）手动投入空气围带前，先检查机组停机状态，围带进气压力是否正常，空气围带投入电磁阀前、后手动阀 0 * QD02V 和 0 * QD03V 是否在打开位置，空气围带手动投入阀 0 * QD004V、排气阀 0 * QD09V 是否在关闭位置。

（3）关闭空气围带投入电磁阀前、后手动阀 0＊QD02V 和 0＊QD03V。

（4）打开空气围带手动投入阀 0＊QD004V。

（5）确认空气围带投入。

2. 空气围带手动投入后退出

（1）手动退出空气围带前，检查空气围带投入电磁阀前、后手动阀 0＊QD02V 和 0＊QD03V 是否在关闭位置，空气围带手动投入阀 0＊QD004V 是否在打开位置，排气阀 0＊QD09V 是否在关闭位置。

（2）关闭空气围带手动投入阀 0＊QD004V。

（3）打开空气围带排气阀 0＊QD009V。

（4）确认空气围带已退出。

17.5　常见故障及处理

17.5.1　空压机发生下列情况，应立即手动停止运行

（1）运行中的空压机从观油镜中看不到油位。

（2）空压机本体润滑油油温或电动机温度、电流超过允许值。

（3）空压机或电动机冒烟，有一股强烈的焦臭味。

（4）空压机内部有碰撞声、摩擦声或其他异常声音。

（5）空压机或管路有漏气。

（6）电源电压降低至不能维持正常运转。

（7）空压机各级出口压力不能稳定上升或超过整定值。

（8）电动机缺相运行。

17.5.2　压力气罐压力降低处理

（1）检查压力气罐压力是否确实下降。

（2）检查主用、备用空压机是否都启动，如果未启动，则手动启动，若已经启动，而气压继续下降，应立即检查空压机是否正常打气，全面检查空气系统，发现漏气、跑气现象则立即隔离系统。

（3）若属检修用气量过大，则通知用气人员，减小或停止用气。

17.5.3　压力气罐压力过高处理

（1）检查压力气罐压力是否确实升高。

（2）若空压机继续运行，则手动停止运行，分析检查空压机不停的原因。

（3）复归信号，使空压机恢复正常。

（4）在故障空压机故障未查清前，不能参加系统运行。

17.5.4　空压机温度过高处理

（1）检查自动启动空压机是否停止，若未停止则手动停止运行。

（2）检查油质、油位是否正常。

（3）空压机运转声音是否正常。

（4）运行时间是否过长。

（5）排除故障后，把空压机恢复至正常状态。

第 18 章 ●
排风空调系统运行规程

18.1　系统概述

电厂通风空调系统由中控室空调系统、副厂房通风系统、电缆夹层通风系统、电站油库及油处理室通风系统和火灾排烟系统组成。通风空调系统保证了厂房的环境温度、湿度及空气的指数满足要求，为设备运行、检修人员提供适宜的工作环境，并排出厂房所产生的废臭气和灭火后的烟气。

18.2　设备规范及运行定额

（1）中控室空调机参数见表 18-1。

表 18-1　中控室空调机参数表

型号	KFR-120LW/E(12568L)A1-N1	空调机形式	冷暖型分体立柜式空调机
品牌	格力	数量	1 台
制冷量	12 000 W	制热量	12 500 W
额定输入功率(制冷/制热)	3 850 W/3 800 W	电源	380 V/50 Hz

（2）保护室空调机参数见表 18-2。

表 18-2　保护室空调机参数表

型号	KFR-23GW/EY	空调机形式	冷暖型壁挂式空调机
品牌	格力	数量	2 台

制冷量	2 350 W	制热量	2 600 W
额定输入功率(制冷/制热)	617 W/695 W	电源	220 V/50 Hz

（3）通风机及排风机规范见表 18-3。

表 18-3　通风机及排风机规范

▽305 m 透平油库防爆轴流风机

型号	BT35-11 型 No. 4	风量	2 846 m³/h
品牌	肇丰 BT35-3.55 A	余压	73 Pa
电源	AC380V 50Hz 3PH	转速	1 450 r/min
功率	0.12 kW	数量	1 台

▽305 m 透平油库轴流风机

型号	T35-11 型 No. 5.6	风量	7 101 m³/h
品牌	肇丰 T35-5 A/0.37 kW	余压	77 Pa
电源	AC380V 50Hz 3PH	转速	960 r/min
功率	0.37 kW	数量	1 台

▽305 m 水轮机层轴流风机

型号	T35-11 型 No. 8	风量	22 556 m³/h
品牌	肇丰 T35-8 A/2.2 kW	余压	170 Pa
电源	AC380V 50Hz 3PH	转速	960 r/min
功率	2.2 kW	数量	4 台

▽317 m 电缆夹层靠近主变侧轴流风机

型号	T35-11 型 No. 3.55	风量	2 737 m³/h
品牌	肇丰 BT35-3.55 A/0.18 kW	余压	71 Pa
电源	AC380V 50Hz 3PH	转速	1 450 r/min
功率	0.18 kW	数量	2 台

▽311.8 m 400 V 开关柜室轴流风机

型号	T35-11 型 No. 5	风量	7 655 m³/h
品牌	肇丰 BT35-5 A/0.55 kW	余压	141 Pa
电源	AC380V 50Hz 3PH	转速	1 450 r/min
功率	0.55 kW	数量	1 台

▽327.55 m 电缆夹层轴流风机

型号	T35-11 型 No.5	风量	6 104 m³/h
品牌	肇丰 BT35-4.5 A/0.37 kW	余压	83 Pa
电源	AC380V 50Hz 3pH	转速	960 r/min
功率	0.37 kW	数量	1 台

▽311.8 m 10 kV 开关柜室轴流风机

型号	T35-11 型 No.6.3	风量	10 128 m³/h
品牌	肇丰 BT35-5.6 A/0.75 kW	余压	98 Pa
电源	AC380V 50Hz 3pH	转速	960 r/min
功率	0.75 kW	数量	2 台

▽323.0 m GIS 室轴流风机

型号	T35-11 型 No.7.1	风量	14 498 m³/h
品牌	肇丰 BT35-7.1 A/1.1 kW	余压	125 Pa
电源	AC380V 50Hz 3pH	转速	960 r/min
功率	1.1 kW	数量	2 台

▽311.8 m 主厂房下游侧轴流风机

型号	T35-11 型 No.8	风量	24 739 m³/h
品牌	肇丰 BT35-8 A/2.2 kW	余压	212 Pa
电源	AC380V 50Hz 3pH	转速	960 r/min
功率	2.2 kW	数量	4 台
配用电机	YT122M-6	—	—

▽311.8 m 电梯竖井防火风口

型号	A×B×L=500 mm×400 mm×270 mm	自动关闭温度	70℃
品牌	星丰	数量	2 个

▽320 m 电梯竖井防火风口

型号	A×B×L=500 mm×400 mm×270 mm	自动关闭温度	70℃
品牌	星丰	数量	2 个

▽317 m 电缆夹层靠近主变侧防火风口

型号	A×B×L=600 mm×600 mm×270 mm	自动关闭温度	70℃
品牌	星丰	数量	2 个

续表

▽305.5 m 透平油罐室防火风口

型号	A×B×L＝800 mm×800 mm×270 mm	自动关闭温度	70℃
品牌	星丰	数量	2个

▽305.5 m 透平油罐室防火风口

型号	A×B×L＝1000 mm×800 mm×270 mm	自动关闭温度	70℃
品牌	星丰	数量	1个

▽311.8 m 主变室防火风口

型号	A×B×L＝1 000 mm×2 000 mm×270 mm	自动关闭温度	70℃
品牌	星丰	数量	2个

▽311.8 m　10 kV 开关柜室防火风口

型号	A×B×L＝1 250 mm×800 mm×270 mm	自动关闭温度	70℃
品牌	星丰	数量	3个

▽311.8 m　400 V 开关柜室防火风口

型号	A×B×L＝1 250 mm×800 mm×270 mm	自动关闭温度	70℃
品牌	星丰	数量	2个

▽323.0 m　GIS 层防火风口

型号	A×B×L＝1 700 mm×1 100 mm×2 mm	自动关闭温度	70℃
品牌	星丰	数量	2个

▽305.5 m 透平油罐室单层百叶风口

型号	A×B×L＝320 mm×320 mm×50 mm	厚度	50 mm
品牌	星丰	数量	4个

▽305.5 m 主厂房靠下游侧上方单层百叶风口

型号	A×B×L＝800 mm×1 600 mm×50 mm	厚度	50 mm
品牌	星丰	数量	6个

▽305.5 m 空压机单层百叶风口

型号	A×B×L＝1 000 mm×1 000 mm×50 mm	厚度	50 mm
品牌	星丰	数量	1个

▽327.55 m 电梯机房单层防雨百叶风口

型号	A×B×L＝900 mm×900 mm×50 mm	厚度	50 mm
品牌	星丰	数量	1个

▽317.0 m 电缆夹层靠近主变侧防雨百叶风口			
型号	a×b＝500 mm×500 mm	厚度	90 mm
品牌	星丰	数量	1个

▽320 m 电缆夹层靠近主变侧防雨百叶风口			
型号	a×b＝500 mm×500 mm	厚度	90 mm
品牌	星丰	数量	1个

▽305.5 m 透平油罐室防雨百叶风口			
型号	a×b＝530 mm×530 mm	厚度	90 mm
品牌	星丰	数量	1个

▽311.8 m 400 V开关柜室防雨百叶风口			
型号	a×b＝650 mm×650 mm	厚度	90 mm
品牌	星丰	数量	1个

▽327.55 m 电梯机房防雨百叶风口			
型号	a×b＝650 mm×650 mm	厚度	90 mm
品牌	星丰	数量	1个

▽311.8 m 主厂房下游侧防雨百叶风口			
型号	a×b＝1 100 mm×1 100 mm	厚度	90 mm
品牌	星丰	数量	8个

▽305.5 m 透平油罐室防雨百叶风口			
型号	a×b＝700 mm×700 mm	厚度	90 mm
品牌	星丰	数量	8个

▽305.5 m 主厂房靠下游侧上方防雨百叶风口			
型号	a×b＝1 100 mm×1 100 mm	厚度	90 mm
品牌	星丰	数量	3个

18.3 运行方式

主厂房通风系统：

（1）主厂房▽311.8 m 高程有 4 个轴流风机。

（2）主厂房▽311.8 m 高程 10 kV 高压室有 2 个轴流风机。

（3）当厂房发生火灾时，厂房内的排风机都停止运行，只有等雨淋阀动作后排风机才重新启动。

18.4　运行操作

18.4.1　各轴流风机开启顺序

（1）先合上各层动力配电柜内电源空开。

（2）在动力配电柜面上按下"合闸"按钮。

（3）风机运行指示灯指示正常。

18.4.2　各轴流风机停机顺序

（1）在动力配电柜面上按下"分闸"按钮。

（2）断开各层动力配电柜内电源空开。

（3）风机停机指示灯指示正常。

18.5　常见事故及处理

18.5.1　轴流风机故障

当轴流风机发生故障时，应到现地控制显示屏查看故障类型，根据故障信息和故障诊断列表进行相应的检查处理，如故障消除或未发现问题，可复归信号。同样的异常报警多次发生，应通知检修人员处理。

18.5.2　其他设备故障处理

（1）空调机组、风机在运行中发生异常情况（如异常声音、异味、冒烟、皮带断裂或脱落等），应立即手动按"急停"按钮强迫停运，将其隔离后做进一步处理，故障排除后才可以投入运行，如需恢复，应将"急停"按钮复位。

（2）当设备故障停运时，应检查过载保护是否动作，动力电源是否正常，操作电源保险是否熔断。

第 5 篇
金属结构及其他
系统运行规程

第 19 章 ●
大坝液压启闭机运行规程

19.1　一般要求

本规程适用于液压启闭机设备的运行、操作、维护检查。

启闭机是完成闸门启闭的动力设备，所以启闭机应经常保持良好状态，而且每个操作人员、维护人员均应熟悉其启闭机的结构、性能、技术参数。

那比水电站液压启闭机系统由中船重工中南装备有限责任公司生产。主要技术参数见表 19-1。

表 19-1　大坝液压启闭机主要技术参数表

泄洪表孔	
启闭机	2×1 250 kN
闭门力	自重闭门
工作行程	6 500 mm
全行程	7 500 mm
闸门启闭时活塞速度	0.8 m/min
液压缸内径	ϕ360 mm
活塞杆直径	ϕ200 mm
杆腔计算压力	17.8 MPa

19.2　系统概述

（1）每年汛期前必须对机体进行严格检查，其中包括机墩混凝土与基础混凝土预埋螺丝是否牢固，机体各部件是否正常，以及与闸门的连接有无异常和在闸门启闭的行程内有无阻碍物等。

（2）启闭操作台应有充足的照明，每次操作完毕，关好控制箱门，防止雨水漂入或受潮。

（3）闸门启闭机在操作之前应着重检查启闭机油箱油位是否正常，各闸门位置是否正常，工作电源是否正常。

（4）操作原则如下：

①开启闸门：空载启动液压泵电动机组，延时 5 秒左右，电磁阀 YV1、YV2 通电，压力油分两路经调速阀粗调同步后进入左、右液压缸有杆腔，液压缸无杆腔油液经单向阀流回油箱。

②关闭闸门：空载启动液压泵电动机组，延时 5 秒左右，电磁阀 YV1、YV3 通电，压力油打开液控单向阀，液压缸有杆腔油液经调速阀粗调同步后进入液压缸无杆腔。同时压力油经溢流阀向液压缸无杆腔补油。

③闸门同步控制：在闸门启闭过程中，闸门开度及行程控制装置全程连续检测 2 只液压缸的行程偏差，当偏差值大于设定值时，电磁阀 YV4 或 YV5 通电，自动调整相应液压缸有杆腔进、出油量，使闸门同步。当 2 只液压缸的行程偏差值≥25 mm 时，液压系统自动停机并发出报警信号。

④自动复位：闸门提升至指定开度或全开位后，若因泄漏闸门下滑150 mm，控制系统自动启动工作泵组，提升闸门至下滑前位置，如闸门继续下滑达 200 mm，工作泵组尚未投入运行，控制系统则启动备用泵组，提升闸门至下滑前位置，并发出声光报警信号。

⑤检修工况：活塞杆缩回，同启门工况。伸出活塞杆，关闭截止节流阀，执行闭门操作。

⑥液压系统压力保护：当 SP1 发讯时，表明液压系统工作压力过高，应有声光报警，停泵检修。

当 SP2 发讯时，表明液压泵工作异常，应有声光报警，自动启动备用泵。压力传感器 PE 提供系统实时压力值给远方控制室。

当 SP3、SP4 发讯时，表明液压缸有杆腔工作压力过高，应有声光报警，停泵检修。

当 SP5、SP6 发讯时,表明液压缸有杆腔高压软管破裂,应有声光报警,停泵检修。

当 SP7 发讯时,表明液压缸控制压力过低,应有声光报警,停泵检修。

⑦油箱部分电气控制:当 LF 发讯时表明滤油器堵塞,应有声光报警,提请更换滤芯。

当 LV1 发讯时表明油箱液位过高,应有声光报警,停泵检修。

当 LV2 发讯时表明油箱液位过低,应有声光报警,停泵检修。

当 LT 发讯时表明油温过高,应有声光报警。

⑧系统清洁度要求不低于 NAS8 级。

(5)启闭机操作过程中严格执行《电力(业)安全工作规程》有关条款的规定,应注意机体各部分的运转情况。如电动机工作情况,机壳是否有漏油等异常现象,特别是注意闸门上升和下降的极限位置,如发生有不正常的现象或闸门上升(行走)受到卡阻时,应立即停机检查和处理。

(6)遇特殊事故或危及人身、设备安全十分紧急情况下,闸门值班人员有权直接启闭闸门,无需领导同意,但处理完毕后应向防汛值班领导汇报。

(7)汛期必须加强大坝下游的管理,确保公司管辖范围内无人进入泄洪区域。同时做好泄洪情况的记录与汇报工作,当泄洪流量变化超警戒值时,要及时向上级防汛单位汇报并告知下游各乡镇。

(8)泄洪工作以♯2 闸门为调节闸门,♯1、♯3 闸门为基准闸门,因泄洪流量将受到上游库水位影响,泄洪工作按各闸门开度分为小型泄洪、中小型泄洪、中型泄洪、大型泄洪,具体情况见表 19-2。

表 19-2　泄洪情况表

泄洪类型	闸门开度(m)	可调节流量 Q(m³/s) (以 $H=355$ m 为例)	备注
小型泄洪	♯1 关闭 0＜♯2≤3.5 ♯3 关闭	0＜Q≤450	小型泄洪仅使用♯2 可调闸门控制下泄流量,若调节过程中♯2 闸门开度需超过 3.5 m,则泄洪方式转为中小型泄洪
中小型泄洪	♯1=1 0＜♯2≤3.5 ♯3=1	273＜Q≤723	中小型泄洪保持♯1、♯3 基准闸门开度为 1 m,流量可通过♯2 可调闸门进行控制。若调节过程中♯2 闸门开度需超过 3.5 m,则泄洪方式转为中型泄洪,若调节过程中♯2 闸门关闭后仍需减小泄洪流量,则泄洪方式转为小型泄洪

泄洪类型	闸门开度(m)	可调节流量 $Q(\text{m}^3/\text{s})$（以 $H=355$ m 为例）	备注
中型泄洪	♯1=2	$533<Q\leqslant983$	中型泄洪保持♯1、♯3可调闸门开度为2 m，流量可通过♯2可调闸门进行控制。若调节过程中♯2闸门开度需超过3.5 m，则泄洪方式转为大型泄洪，若调节过程中♯2闸门关闭后仍需减小泄洪流量，则泄洪方式转为中小型泄洪
	0<♯2≤3.5		
	♯3=2		
大型泄洪	♯1>2	$Q>983$	根据历年水情出现大型泄洪的情况极少发生，调节过程中若确定泄洪类型为大型泄洪，则由3个闸门共同调节以维持库水位稳定，具体调节方式以实际情况为准
	♯2>3.5		
	♯3>2		

（9）液压启闭机油缸开度与闸门开度关系见表 19-3。

表 19-3　液压启闭机油缸开度与闸门开度关系表

油缸开度(mm)	闸门开度(mm)
245	510
471	1 000
721	1 500
977	2 000
1 231	2 500
1 502	3 000
1 762	3 500
2 013	4 000
2 287	4 500
2 558	5 000
2 832	5 500
3 120	6 000
3 387	6 500
3 416	7 000
3 701	7 500
3 987	8 000
4 267	8 500

续表

油缸开度(mm)	闸门开度(mm)
4 546	9 000
4 828	9 500
6 300	13 000

19.3　运行故障及事故处理

常见故障及处理办法见表 19-4。

表 19-4　常见故障及处理办法一览表

现象	原因分析	处理办法
油泵不出油	电机转向错误	修改电机接线
	油箱内液面过低	往油箱内加入适量的抗磨液压油
	油泵卡死或损坏	修理或更换油泵
油泵电机在运行过程中噪音大、振动大	泵内有空气或吸油管漏气	排尽泵内空气或更换泵吸油管的密封圈、螺钉螺母
	油泵内部损伤	修理或更换油泵
油泵的输出压力、流量不够	油泵有故障或磨损	修理或更换油泵
	溢流阀工作不良或损坏	修复或更换溢流阀
	各零件、部件渗漏太大	修复或更换各零部件
系统压力不稳定	油泵有故障或磨损	修理或更换油泵
	溢流阀工作不稳定	修复或更换溢流阀
系统有外部渗漏	密封件过期或损坏	更换密封件
	密封件接触处松动	进行紧固处理
	元件安装螺钉松紧力度不均	调整元件安装螺钉松紧度
换向阀不换向	电磁阀未通电	接通控制电源
	电磁阀损坏	更换电磁铁或电磁、电液换向阀
	阀中有污垢,阀芯卡死	清洗阀体、阀芯
	阀损坏	更换换向阀

第 20 章 ●
大坝柴油发电机运行管理规程

20.1 一般要求

（1）本规程规定了柴油发电机运行操作、定期试验、定期检查及维护等工作内容。

（2）定期试验是为了了解设备或系统的性能和状态，验证运行结果而定期进行的活动。用于对系统设备性能进行评价，对运行结果进行分析，及时消除系统或设备潜在的隐患，保证系统或设备安全经济运行。

（3）定期检查与维护是系统设备在运行或备用期间，定期进行的检查、保养，是为了保持设备的健康、清洁和良好的润滑水平。

20.2 柴油发电机组主要技术性能

柴油发电机组技术参数见表 20-1。

表 20-1 柴油发电机组技术参数表

柴油发电机组型号	DVM165	生产厂家	上海鼎新电气（集团）有限公司
发电机型号	MWL34540 31BCS1	柴油机型号	TAD732GE
视在功率	187.5 kVA	功率因数	0.85（滞后）
有功功率	150 kW	频率	50 Hz
额定电压	400 V	额定转速	1 500 r/min
环境温度	27℃	额定电流	270 A

20.3　运行操作

20.3.1　启动前一般检查

（1）检查润滑油的油位、冷却液液位、燃油量。

（2）检查柴油机的供油、润滑、冷却等系统各个管路及接头有无漏油、漏水现象。

（3）检查电气线路有无破皮等漏电隐患，接地线电气线路是否松动，柴油发电机排气系统的法兰连接及固定架是否牢固。

（4）启动柴油发电机前须确认与其他系统电流隔离。

（5）开启柴油发电机室全部门窗。

（6）检查蓄电池组电压是否显示≥24 V。

20.3.2　柴油发电机启动程序

（1）检查溢流坝动力配电柜内 400 V II 段隔离开关 QS2 是否在"断开"位置。

（2）检查溢流坝动力配电柜内 400 V II 段电源空开 QF2 是否在"断开"位置。

（3）检查柴油发电机出口断路器 QF 是否在"断开"位置。

（4）检查柴油发电机油位是否正常。

（5）检查柴油发电机机油油位是否正常。

（6）启动柴油发电机。

（7）监视柴油发电机正常运行 15 min。

（8）停止柴油发电机。

20.3.3　柴油发电机带厂用电操作

（1）检查大坝动力配电柜内隔离开关 QS2 是否在"分闸"位置。

（2）检查大坝动力配电柜内隔离开关 QS1 是否在"合闸"位置。

（3）检查大坝动力配电柜内空气开关 QF2 是否在"分闸"位置。

（4）断开大坝动力配电柜内空气开关 QF1。

（5）柴油发电机启动条件满足。

（6）检查柴油发电机出口断路器 QF 是否在"分闸"位置。

（7）启动柴油发电机并监视转速升至 1 500 r/min。

（8）合上柴油发电机出口断路器 QF。

（9）合上大坝动力配电柜内空气断路器 QF2。

（10）检查大坝动力配电柜电压是否正常。

（11）合上大坝动力配电柜内空气断路器 QF1。

（12）检查 400 V Ⅰ 段母线带电是否正常。

（13）合上 400 V 母联断路器 41CY05QF。

（14）检查 400 V Ⅱ 段母线带电是否正常。

20.3.4　柴油发电机运行操作

（1）柴油发电机启动后检查控制箱液晶显示屏显示的各项参数：机油压力、水温、电压、频率等。

（2）检查柴油发电机各连接处的紧固情况，看有无松动和剧烈振动。

（3）观察柴油发电机控制箱各种保护和监视装置是否正常，有无故障报警现象。

（4）当转速达到额定转速，自动建立电压至额定电压 400 V 后，按标准操作票步骤操作，合上柴油发电机出口断路器 QF 向负载供电。

（5）检查确认控制箱液晶显示屏显示的各项参数是否在允许范围内，再次检查柴油发电机的振动，有无三漏（漏气、漏水、漏油）。

（6）柴油发电机运行时禁止超载。

（7）柴油发电机正常供电运行后，要实时检查柴油发电机油路、水路的渗漏情况及电器部件的工作是否正常，经常注意观察控制箱板面的仪表及报警灯状态，冷却水温度应在 90℃ 以下，最高不应超过 95℃。

（8）定时检查柴油发电机的油量，燃油少于油箱的 1/3 时应及时补足燃油，机油少于标尺最低刻度下线时应补充机油。

（9）柴油发电机正常运行中，应密切注意控制箱液晶显示屏上的电流、电压和频率，以及功率因数和功率等工作指示是否正常，如超过规定值时应及时调整，必要时要停机检查排除故障。

20.3.5　柴油发电机正常停机操作

（1）逐渐卸去负载至负载完全退出后断开柴油发电机出口断路器 QF，按下手动停机按钮"STOP/RESET"键 3 s，柴油发电机自动降低转速至怠速 900 r/min，运转 180 s 冷却后自动停机。

（2）停机备用或长期不用的柴油发电机,应按要求进行油封,未进行油封的每 15 天须启动一次,运转 5～10 min,以防机件特别是内部机件锈蚀。

20.3.6　柴油发电机紧急停机操作

（1）柴油发电机运行出现异常情况时,必须立即停机。

（2）紧急停机时,按下紧急停机按钮或将喷油泵停机控制手柄迅速推到停机位置。

（3）紧急停机后,应及时检查和清洁柴油发电机外部,擦净柴油发电机的油污灰尘,记录停机时间,并检查蓄电池工作情况,使柴油发电机处于准启动状态。

20.4　柴油发电机定期检查与维护

20.4.1　一般检查维护

（1）每月对柴油发电机外壳及附属设备保洁一次。

（2）每月对柴油发电机各部位进行两次全面检查。

（3）检查各螺栓有无松动现象。

（4）检查柴油机燃油箱油位。

（5）检查冷却水箱水位是否在正常范围。

（6）检查柴油发电机有无漏水、漏油等现象。

（7）检查蓄电池充电开关是否在“合闸”位置,电源是否正常。

（8）检查柴油发电机蓄电池外壳是否完好、表面是否清洁、外壳温度是否不超过 45℃,各连接头是否紧固、是否无放电火花,蓄电池电压是否在 24～27 V 范围。

（9）检查柴油发电机出口断路器 QF 是否在“分闸”位置。

20.4.2　定期检查维护

（1）柴油发电机连续运行时,应每 8 小时检查一次空气滤清器,如停机后空气阻塞指示器滞留在红色标志时应更换空气滤清器。

（2）柴油滤芯没有固定更换时间,而是根据柴油质量与工作环境而定,建议 1～2 年换一次。

（3）空气滤芯没有固定更换时间,而是根据工作地点灰尘量而定,建议 1～2 年换一次。

（4）新机运转 100 个小时内必须更换油水分离器滤芯，以后每工作 200～250 小时更换一次，运行小时数达不到要求的，建议 1～2 年换一次。

（5）新机运转 100 个小时内必须更换机油滤芯，以后每工作 200～250 小时更换一次，运行小时数达不到要求的，建议 1～2 年换一次。

（6）新机运转 100 个小时内必须更换机油，以后每工作 200～250 小时更换一次，运行小时数达不到要求的，建议 1～2 年换一次，每次更换机油时必须同时更换机油滤清器，并选用合适柴油发电机的专用机油产品。

（7）每运行 400 小时或 12 个月至少排空燃油箱检查沉淀物及检查蓄电池电解液液位，添加电解液时，液面应高出蓄电池电极板以上 5～10 mm，加液后应给蓄电池至少 30 分钟的充电时间。

（8）每运行 1 000 小时更换冷却液滤清器，同时更换冷却液。

20.5　常见事故及处理

20.5.1　柴油机不能启动

1. 燃油系统故障

（1）特征和产生原因：柴油机被起动电机带动后不发火；回油管无回油；燃油系统中有空气；燃油管路阻塞；燃油滤清器阻塞；输油泵不供油或断续供油；喷油很少，喷不出油或喷油不雾化。

（2）解决方法：检查燃油管接头是否放松，排出燃油系统中的空气。首先旋开喷油泵和燃油滤清器上的放气螺钉，用手泵泵油，直至所溢出的燃油中无气泡后旋紧放气螺钉。再喷油，当回油管有回油时，再将手泵旋紧。检查管路是否畅通，清洗滤清器或调换滤膜芯，检查进油管和输油泵，更换喷油器偶件，启动时应将手柄位置推到空载，转速 900 r/min 左右的位置。

2. 电起动系统故障

（1）特征和产生原因：电路接线错误或接触不良，蓄电池电力不足。

（2）解决方法：检查接线是否正确和牢靠，用电力充足的蓄电池或增加蓄电池并联使用。

3. 环境温度过低

（1）特征和产生原因：启动时间长不发火。

（2）解决方法：根据实际环境温度，采取相应的低温启动措施。

20.5.2　柴油机功率不足

20.5.2.1　燃油系统故障

（1）特征和产生原因：加大油门后功率或转速仍提不高。

①燃油管路、燃油滤清器进入空气或阻塞。

②喷油泵供油不雾化。

③喷油器雾化不良或喷油压力小。

（2）解决方法：排出空气或更换柴油滤芯，进行喷雾观察或调整喷油压力，检查或更换喷油嘴。

20.5.2.2　进、排气系统故障

（1）特征和产生原因：比正常情况下排温高。

①空气滤清器阻塞。

②排气管阻塞或接管过长、转弯半径太小、弯头太多、柴油机过热、环境温度过高、机油和冷却水温度很高。

③排气温度也大大增高。

（2）解决方法：清洗空气滤芯或清除纸质滤芯上的灰尘，必要时应更换，以及检查机油平面是否正常，清除排气管内积碳，重装排气管。检查冷却器和散热器，清除水垢，检查有关管路是否管径过小，如环境温度过高应改善通风，临时加强冷却措施。

第 21 章 ●
大坝双向门机运行规程

21.1 概述

大坝双向门机的组成:主钩,用于进口检修闸门、大坝检修门;副钩,用于起吊电站进口拦污栅;坝顶门机主要由小车、自动吊梁、门架、大车运行机构、电缆卷筒装置、缓冲器、夹轨器、司机室和电气装置等构成。门机的设计可以满足这些部件专用吊具的要求。

21.2 设备规范及运行参数

大坝双向门机主要技术参数见表 21-1。

表 21-1 大坝双向门机主要技术参数

技术参数	大车运行机构	小车运行机构
额定启门力	2×630 kN	2×2 500 kN
运行载荷	400 kN	400 kN
运行速度	6.0 m/min	20 m/min
起升速度	2.0 m/min	2.0 m/min
车轮直径	710 mm	630 mm
车轮数量	4 个	8 个
工作级别	Q2-轻	Q2-轻

技术参数		大车运行机构	小车运行机构
卷筒直径		1 000 mm	600 mm
工作级别		Q3－中	Q3－中
车轮数量		4 个	8 个
轨距		7.5 m	8.0 m
基距		3.2 m	12 m
最大轮压		515 kN	475 kN
轨道型号		QU80	QU80
电动机型号		YSE132M2－6	YZRE16
电动机功率		5.5(JC＝40％)kW	0L－62×11 kW
电动机转速		800 r/min	945 r/min
减速机型号		ZSYD280－315	QSC25－100
减速机速比		315	100
钢丝绳	型号	28ZA6×19W＋IWR1670ZS	28ZA6×19W＋IWR1670ZS
	支数	2×2×4	2×2×2
	最大拉力	78.8 kN	62.5 kN
电动机	型号	YZR225M－8	YZR225M－8
	功率	26×2 kW	26×2 kW
	转速	708 r/min	708 r/min
减速机	型号	QJRS－D450	QJRS－D450
	速比	63	63
制动器	型号	YWZ5－315/80	YWZ5－315/50
	制动力矩	630～1 000 N·m	400～630 N·m

21.3　运行操作

21.3.1　安全操作一般要求

（1）司机接班时，应对制动器、吊钩、钢丝绳和安全装置进行检查，发现性能不正常时，应在操作前排除。

（2）开车前，必须鸣铃或报警，操作中接近人时，亦应给以断续铃声或报警。

（3）操作应按指挥信号进行，对紧急停车信号，不论何人发出，都应立即执行。

（4）当起重机上或其周围确认无人时，才可以闭合主电源，如电源断路装置上加锁或有标牌时，应由有关人员除掉后才可闭合主电源。

（5）闭合主电源前，应将所有的控制器手柄置于零位。

（6）工作中突然断电时，应将所有的控制器手柄扳回零位，在重新工作前，应检查起重机动作是否都正常。

（7）在轨道上露天作业的起重机，当工作结束时，应将起重机锚定住，当风力大于6级时，一般应停止工作，并将起重机锚定住。

（8）司机进行维护保养时，应切断主电源并挂上标牌或加锁，如有未消除的故障，应通知接班司机。

21.3.2 安全技术要求

1. 有下述情况之一时，司机不应进行操作

（1）超载或物体重量不清，如吊拔起重量或拉力不清的埋置物体，以及斜拉斜吊等。

（2）结构或零部件有影响安全工作的缺陷或损伤，如制动器、安全装置失灵，吊钩螺母防松装置损坏，钢丝绳损伤达到报废标准等。

（3）捆绑、吊挂不牢或不平衡而可能滑动，重物棱角处与钢丝绳之间未加衬垫等。

（4）被吊物体上有人或浮置物。

（5）工作场地昏暗，无法看清场地、被吊物情况和指挥信号等。

2. 司机操作时，应遵守下述要求

（1）不得利用极限位置限制器停车。

（2）不得在有载荷的情况下调整起升、变幅机构的制动器。

（3）吊运时，不得从人的上空通过，吊臂下不得有人。

（4）起重机工作时不得进行检查和维修。

（5）所吊重物接近或达到额定起重能力时，吊运前应检查制动器，并用小高度、短行程试吊后，再平稳地吊运。

（6）无下降极限位置限制器的起重机，吊钩在最低工作位置时，卷筒上的钢丝绳必须保持有设计规定的安全圈数。

（7）起重机工作时，臂架、吊具、辅具、钢丝绳、缆风绳及重物等，满足与输电线之间的最小安全距离规定。

（8）对无反接制动性能的起重机，除特殊紧急情况外，不得利用打反车进行制动。

21.4　维修检查

21.4.1　下述情况,应对起重机按有关标准的要求试验合格

（1）正常工作的起重机,每两年进行一次。

（2）经过大修、新安装及改造过的起重机,在交付使用前。

（3）闲置时间超过一年的起重机,在重新使用前。

（4）经过暴风、大地震、重大事故后,可能使强度、刚度、构件的稳定性、机构的重要性能受到损害的起重机。

21.4.2　经常性检查内容

（1）起重机正常工作的技术性能。

（2）所有的安全、防护装置。

（3）线路、罐、容器阀、泵、液压或气动的其他部件的泄漏情况及工作性能。

（4）吊钩、吊钩螺母及防松装置。

（5）制动器性能及零件的磨损情况。

（6）钢丝绳磨损和尾端的固定情况。

（7）链条的磨损、变形、伸长情况。

（8）捆绑、吊挂链和钢丝绳及辅具。

定期检查应根据工作繁重、环境恶劣的程度,确定检查周期,但不得少于每年一次,一般应包括:经常性检查的内容;金属结构的变形、裂纹、腐蚀,以及焊缝、铆钉、螺栓等连接情况;主要零部件的磨损、裂纹、变形等情况;指标装置的可靠性和精度;动力系统和控制器等。

21.4.3　维修更换的零部件应与原零部件的性能和材料相同

（1）结构件需焊修时,所用的材料、焊条等应符合原结构件的要求,焊接质量应符合要求。

（2）起重机处于工作状态时,不应进行保养、维修及人工润滑。

（3）维修时,应符合下述要求:将起重机移至不影响其他起重机的位置,因条件限制,不能达到以上要求时,应有可靠的保护措施,或设置监护人员;将所有的控制器手柄置于零位;切断主电源、加锁或悬挂标志牌。标志牌应放在有关人员能看清的位置。

第 22 章 ●
尾水台车运行规程

22.1　概述

尾水台车主要由行走机构、卷筒、钢丝绳、制动器和电气装置等构成。尾水台车的设计可以满足这些部件专用吊具的要求。

22.2　设备规范及运行参数

尾水台车主要技术特性见表 22-1。

表 22-1　尾水台车主要技术特性表

起升机构		行走机构	
启门力	2×125 kN	运行荷载	2×80 kN
起升速度	2.0 m/min	运行速度	9.3 m/min
扬程	15 m	轨距	2.5 m
卷筒直径	500 mm	轮距	5.6 m
钢丝绳	6×19-20-1500-镀锌	工作级别	Q3-中
电动机	型号 YZ160L-8	轮压与轨道	轮压 见相关分布图
	功率 11 kW		车轮直径 400 mm
	转速 675 r/min		车轮总数 4 个
	接电持续率 25%		主动轮数 2 个
制动器	型号 YWZ3B-300/25		轨道型号 P43
	制动力矩 180~225 N·m	减速器	QSC-10-114

起升机构		行走机构	
减速器	QJRS - D280 - 40	型号	YZRE132M1 - 6
开式齿轮	$m=10, i=87/17=5.12$	功率	2.2 kW
滑轮倍数	2	转速	840 r/min
工作级别	Q2 - 轻	数量	2 个
电源	380 V	—	

（"电动机"字样横跨"型号""功率""转速""数量"四行的第一列，对应起升机构侧的"开式齿轮""滑轮倍数""工作级别"三行。）

22.3　运行操作

22.3.1　安全操作一般要求

（1）司机接班时，应对制动器、吊钩、钢丝绳和安全装置进行检查，发现性能不正常时，应在操作前排除。

（2）开车前，必须鸣铃或报警，操作中接近人时，亦应给以断续铃声或报警。

（3）操作应按指挥信号进行，对紧急停车信号，不论何人发出，都应立即执行。

（4）当起重机上或其周围确认无人时，才可以闭合主电源，如电源断路装置上加锁或有标牌时，应由有关人员除掉后才可闭合主电源。

（5）闭合主电源前，应将所有的控制器手柄置于零位。

（6）工作中突然断电时，应将所有的控制器手柄扳回零位，在重新工作前，应检查起重机动作是否都正常。

（7）司机进行维护保养时，应切断主电源并挂上标牌或加锁，如有未消除的故障，应通知接班司机。

22.3.2　安全技术要求

1. 有下述情况之一时，司机不应进行操作

（1）超载或物体重量不清，如吊拔起重量或拉力不清的埋置物体，以及斜拉斜吊等。

（2）结构或零部件有影响安全工作的缺陷或损伤，如制动器、安全装置失灵，吊钩螺母防松装置损坏，钢丝绳损伤达到报废标准等。

（3）捆绑、吊挂不牢或不平衡而可能滑动，重物棱角处与钢丝绳之间未加

衬垫等。

（4）被吊物体上有人或浮置物。

（5）工作场地昏暗，无法看清场地、被吊物情况和指挥信号等。

2. 司机操作时，应遵守下述要求

（1）不得利用极限位置限制器停车。

（2）不得在有载荷的情况下调整起升、变幅机构的制动器。

（3）吊运时，不得从人的上空通过，吊臂下不得有人。

（4）起重机工作时不得进行检查和维修。

（5）所吊重物接近或达到额定起重能力时，吊运前应检查制动器，并用小高度、短行程试吊后，再平稳地吊运。

（6）无下降极限位置限制器的起重机，吊钩在最低工作位置时，卷筒上的钢丝绳必须保持有设计规定的安全圈数。

（7）起重机工作时，臂架、吊具、辅具、钢丝绳、缆风绳及重物等，满足与输电线之间最小安全距离的规定。

（8）流动式起重机，工作前应按说明书的要求平整停机场地，牢固可靠地打好支腿。

（9）对无反接制动性能的起重机，除特殊紧急情况外，不得利用打反车进行制动。

22.4　维修检查

1. 下述情况，应对起重机按有关标准的要求试验合格

（1）正常工作的起重机，每两年进行一次。

（2）经过大修、新安装及改造过的起重机，在交付使用前。

（3）闲置时间超过一年的起重机，在重新使用前。

（4）经过暴风、大地震、重大事故后，可能使强度、刚度、构件的稳定性、机构的重要性能受到损害的起重机。

2. 经常性检查

应根据工作繁重、环境恶劣的程度确定检查周期，但不得少于每月一次。一般应包括：

（1）起重机正常工作的技术性能。

（2）所有的安全、防护装置。

（3）线路、罐、容器阀、泵、液压或气动的其他部件的泄漏情况及工作

性能。

（4）吊钩、吊钩螺母及防松装置。

（5）制动器性能及零件的磨损情况。

（6）钢丝绳磨损和尾端的固定情况。

（7）链条的磨损、变形、伸长情况。

（8）捆绑、吊挂链和钢丝绳及辅具。

3. 定期检查

定期检查应根据工作繁重、环境恶劣的程度，确定检查周期，但不得少于每年一次，一般应包括：经常性检查的内容；金属结构的变形、裂纹、腐蚀，以及焊缝、铆钉、螺栓等连接情况；主要零部件的磨损、裂纹、变形等情况；指标装置的可靠性和精度；动力系统和控制器等。

第 23 章 ●
主厂房桥机运行规程

23.1 概述

桥机的组成：桥机主要由主钩、副钩、小车、大车运行机构、小车运行机构、卷筒、钢丝绳、缓冲器、夹轨器、司机室和电气装置等构成。桥机的设计可以满足这些部件专用吊具的要求。

主厂房桥机由广东江海机电工程有限公司生产，主要用于机组的安装、拆卸以及检修。

23.2 设备规范及运行参数

主厂房桥机主要技术参数见表 23-1。

表 23-1 主厂房桥机主要技术参数表

GDSQ75/20 t－13.5 m 桥式起重机技术性能表					
技术参数	起升机构		技术参数	运行机构	
	主钩	副钩		大车	小车
起重量	75 t	20 t	跨度或轨距	13 500 mm	3 200 mm
起升速度	0.1～1.03 m/s	5.6 m/s	运行速度	3-30 变频调速	2-12 变频调速
起升高度	18 m	20 m	基距/轮距	3 200 mm	3 260 mm
工作级别	M4	M4	工作级别	M5	M5
电源	380 V/50 Hz				

续表

GDSQ75/20 t - 13.5 m 桥式起重机技术性能表					
技术参数		起升机构		技术参数	运行机构
		主钩	副钩		大车
钢丝绳	结构型号	26ZAB6×36 SW＋FC177 OZS39516Z AB6×36SW＋ FC177OZS	26ZAB6×36 SW＋FC177 OZS39516Z AB6×36SW＋ FC177OZS	缓冲行程	100 mm
	支数	12	8	路轨	QU80
	卷筒	ϕ920 mm	ϕ500 mm	车路直径	8×ϕ550 mm
电动机	型号	YZPBF225M-8	YZPBF225M-8	电动机	型号
	功率	22 kW	22 kW		功率
	转速	725 r/min	715 r/min		转速
减速器	型号	QJRS-D-335	QJRS-D-335	减速器	型号
	速比	63	50		速比
制动器	型号	YWZ$_2$-300/50	YWZ$_2$-300/50	制动器	型号
	制动力矩	315～630 N·m	315～630 N·m		制动力矩
开式齿轮对		91/17M＝14	—	轮压	280 kPa

表格右侧运行机构部分：

	大车	小车
缓冲行程	100 mm	80 mm
路轨	QU80	P50
车路直径	8×ϕ550 mm	4×ϕ500 mm
型号	YZPBE(F)132M1-6	YZPB(F)160M1-6
功率	4×3.0 kW	5.5 kW
转速	960 r/min	965 r/min
型号	QSC12	ZSC750
速比	56	133.87
型号	YWZ-300/50	YWZ5-200/30
制动力矩	630 N·m	180～315 N·m
轮压	280 kPa	—

23.3　运行操作

23.3.1　安全操作一般要求

（1）司机接班时，应对制动器、吊钩、钢丝绳和安全装置进行检查，发现性能不正常时，应在操作前排除。

（2）开车前，必须鸣铃或报警，操作中接近人时，亦应给以断续铃声或报警。

（3）操作应按指挥信号进行，对紧急停车信号，不论何人发出，都应立即执行。

（4）当起重机上或其周围确认无人时，才可以闭合主电源，如电源断路装置上加锁或有标牌时，应由有关人员除掉后才可闭合主电源。

（5）闭合主电源前，应将所有的控制器手柄置于零位。

（6）工作中突然断电时，应将所有的控制器手柄扳回零位，在重新工作前，应检查起重机动作是否都正常。

（7）司机进行维护保养时，应切断主电源并挂上标牌或加锁，如有未消除的故障，应通知接班司机。

23.3.2 安全技术要求

1. 有下述情况之一时，司机不应进行操作

（1）超载或物体重量不清，如吊拔起重量或拉力不清的埋置物体，以及斜拉斜吊等。

（2）结构或零部件有影响安全工作的缺陷或损伤，如制动器、安全装置失灵，吊钩螺母防松装置损坏，钢丝绳损伤达到报废标准等。

（3）捆绑、吊挂不牢或不平衡而可能滑动，重物棱角处与钢丝绳之间未加衬垫等。

（4）被吊物体上有人或浮置物。

（5）工作场地昏暗，无法看清场地、被吊物情况和指挥信号等。

2. 司机操作时，应遵守下述要求

（1）不得利用极限位置限制器停车。

（2）不得在有载荷的情况下调整起升、变幅机构的制动器。

（3）吊运时，不得从人的上空通过，吊臂下不得有人。

（4）起重机工作时不得进行检查和维修。

（5）所吊重物接近或达到额定起重能力时，吊运前应检查制动器，并用小高度、短行程试吊后，再平稳地吊运。

（6）无下降极限位置限制器的起重机，吊钩在最低工作位置时，卷筒上的钢丝绳必须保持有设计规定的安全圈数。

（7）起重机工作时，臂架、吊具、辅具、钢丝绳、缆风绳及重物等，满足与输电线之间最小安全距离的规定。

（8）流动式起重机，工作前应按说明书的要求平整停机场地，牢固可靠地打好支腿。

（9）对无反接制动性能的起重机，除特殊紧急情况外，不得利用打反车进行制动。

23.4 维修检查

23.4.1 下述情况，应对起重机按有关标准的要求试验合格

（1）正常工作的起重机，每两年进行一次。

（2）经过大修、新安装及改造过的起重机，在交付使用前。

（3）闲置时间超过一年的起重机，在重新使用前。

（4）经过暴风、大地震、重大事故后，可能使强度、刚度、构件的稳定性、机构的重要性能受到损害的起重机。

23.4.2　经常性检查内容

（1）起重机正常工作的技术性能。

（2）所有的安全、防护装置。

（3）线路、罐、容器阀、泵、液压或气动的其他部件的泄漏情况及工作性能。

（4）吊钩、吊钩螺母及防松装置。

（5）制动器性能及零件的磨损情况。

（6）钢丝绳磨损和尾端的固定情况。

（7）链条的磨损、变形、伸长情况。

（8）捆绑、吊挂链和钢丝绳及辅具。

第 24 章 ●
清污机设备运行维护规程

24.1 系统概述

清污机工作范围:那比水电站进水口拦污栅附近的水草、漂浮物、树干、塑料等水面浪渣。设备参数见表24-1。

表 24-1　清污机设备参数表

型号	HY12Z4Z 折叠式液压起重机		
生产厂家	徐州昊意工程机械科技有限公司		
最大起升质量	12 000 kg	液压系统最大流量	55 L/min
最大起重力矩	27.0 kN·m	液压系统额度压力	30 MPa
最大工作半径	10.2 m(水平)	回转角度	360°(全回转)

24.2 运行操作

根据清污设备及工程实际情况,一般情况下清污机操作控制模式为手动无线遥控,如发生无线遥控器失灵、空压机损坏、气管爆裂等特殊情况,作业人员方可在清污机上使用握持操纵杆,操纵杆使用过程中操作者必须佩戴安全帽及安全带,在荷载提升或液压起吊机运转时,不允许离开操作位。

24.2.1 大坝清污机启动步骤

(1)确认空压机气罐、气管无破损。

（2）确认捞渣机无漏油，油箱油位正常。

（3）合上大坝动力配电柜内"捞渣机电源空开 QF5"。

（4）合上捞渣机配电箱内"液压油泵电机电源空开 QF1"。

（5）确认油泵电机散热风扇运行正常。

（6）打开空压机气管阀门。

（7）插入空压机电源插头。

（8）在捞渣机配电箱上按下"启动"按钮。

（9）在捞渣机无线遥控器上按下"电源"按钮。

（10）将清污机旋转至坝面空旷位置展开。

24.2.2　大坝清污机停机操作

（1）确认工作已结束。

（2）将捞渣机抓斗闭合。

（3）将捞渣机一段臂、二段臂收起。

（4）将捞渣机旋转至坝面空旷位置，调整至收起状态。

（5）在捞渣机配电箱上按下"停止"按钮。

（6）关闭空压机气管阀门。

（7）拔出空压机电源插头。

（8）断开捞渣机配电箱内"液压油泵电机电源空开 QF1"。

（9）关闭捞渣机室门。

（10）断开大坝动力配电柜内"捞渣机电源空开 QF5"。

无线遥控器使用过程中，一变、二变、旋转、抓具开合等各方面操作在按下操作键后须在五秒内进行操作，超过五秒遥控器将视为无效操作，无法达到预期效果。

24.2.3　操作安全注意事项

（1）使用清污机进行清污时，作业人员必须二人及以上：一人指挥、一人操作，有条件的情况下其他人员进行监护；清污机运行时，任何人发出停止信号均应停止运行。

（2）工作中应保持良好的精神状态。清污前，应检查动力管路、空压机气管、清污机机体的关键部位、油泵、按钮装置等各部位情况。

（3）操作人员经过操作培训后才可以使用和操作清污机；未经指挥者允许，其他人员不能进入清污机操作和工作范围；清污机工作过程中有车辆及人员需要经过,必须由指挥人员发出停止信号,确认安全后方可通行。

(4)指挥人员及操作人员应粗略地了解起重荷载的重量,吊具与重物重量之和不得超过清污机的额定起重量1.2 t,每次抓起的浪渣最大净重量控制在1 t以内;抓取单个浪渣净重超过1 t时,严禁用抓斗抓出水面上,应采用其他方法把浪渣提上来。

(5)清污工作开始前,各机构需进行短时间空运转,查看是否正常;抓斗工作时,应时刻注意抓斗状态,禁止抓斗全部没入水面以下,抓取过程中必须保证对浪渣的最大可见度,同时为避免浪渣掉出,应将抓斗闭合紧密,避免摇晃。

(6)在清污过程中,通过对抓取速度的控制,应尽量避免机器大幅度振动,控制方法如下:清污机启动和停止的几个关键节点应逐步推动或松开遥控器按钮使清污机能够缓慢启动或停止,突然启动和停止将引起机器大幅度振动,从而影响机器使用寿命,当清污机出现大幅度震动时严禁继续操作,应待停止摆动后再进行下一步操作。

(7)在清污过程中,当单边抓到一个较重的浪渣时,严禁将浪渣提到水面以上。应将抓斗松开,将抓斗移到浪渣中间,再抓取浪渣,以免抓斗两侧受力不均造成机器损坏。

(8)在清污过程中,抓斗不得从人头上越过,应注意抓斗上、下行程,不能过高或过低,放置抓取的浪渣时,应将浪渣移动到放置区域正上方,抓斗与放置区域垂直距离不宜过大。

(9)清污机停止时,抓斗应完全闭合并悬空,抓斗与吊臂所成直线应尽量垂直于地面。

(10)维护与保养过程中必须和制造商联系才能拆卸清污机,同时禁止拆卸阀锁。

24.2.4 清污机禁止使用情况

(1)动力管路出现漏油或者扭曲等现象。

(2)油箱中的油液水平面高于最高标记或低于最低标记。

(3)有闪电、雷雨及风力达六级及以上等恶劣天气。

(4)油泵温升超过60℃。

(5)基础平台螺栓出现松动或混凝土产生大面积裂缝。

(6)主梁弹性变形或永久变形超过修理界限。

(7)主要受力件有裂纹、开焊。

（8）改装、大修后未经验收合格。

（9）若发生空压机气罐、气管出现破损漏气等现象，如无较为紧急的情况，尽量避免在清污机上使用握持操纵杆。

24.3　常见故障处理

清污机常见故障处理见表 24-2。

表 24-2　清污机常见故障处理一览表

故障	原因	排除方法
伸缩油缸震动，伸缩臂爬行	（1）液压系统内有空气 （2）伸缩油缸内密封件老化 （3）平衡阀内有污物	（1）空载状态反复动作所有执行元件到两个极限点位置，排出系统内空气 （2）更换油缸密封件 （3）清洗平衡阀
空载时，工作速度太慢	（1）吸油管被挤扁 （2）有空气从吸油管吸入	（1）换吸油管 （2）拧紧吸油管接头
伸缩臂不能按顺序伸缩	（1）缺少润滑油 （2）滑块损坏 （3）伸缩臂顺序阀调整有问题	（1）加润滑油 （2）更换滑块 （3）调整伸缩臂阀（制造商解决）
清污机不能完成额定起重量	（1）液压泵功率不足 （2）溢流阀设置错误 （3）液压泵密封损坏	（1）更换液压泵 （2）重新调整溢流阀压力（制造商解决） （3）更换液压泵密封
起重后吊臂自动下落	（1）变幅油缸活塞密封件损坏 （2）平衡阀节流口污物堵塞或复位弹簧疲劳破坏	（1）更换油缸密封件 （2）清洗平衡阀并排出污物，更换弹簧
清污机不能正确转动	（1）回转缓冲阀内有异物 （2）回转油缸密封磨损 （3）齿轮柱内的无油支撑套磨损	（1）清洗或更换回转缓冲阀 （2）更换密封圈 （3）更换无油支撑套
关节点或回转发响	缺少润滑油	按规定周期注入润滑油
油缸渗漏油，外渗漏、内渗漏	（1）端盖密封件老化残损 （2）活塞密封圈磨损	更换密封件
噪音大、压力波动大、液压阀发响	（1）吸油管或吸油滤网堵塞 （2）油的黏度太高 （3）吸油口密封不良，有空气吸入 （4）泵内零件磨损 （5）系统压力偏高	（1）清除堵塞污物 （2）按规定更换液压油或用加热器预热 （3）更换密封件，拧紧螺钉 （4）更换或维修内部零件 （5）重新调整系统压力

24.4 清污机维护与保养

（1）凡下列有 * 标记的维护必须由制造商进行。

（2）维护与保养工作必须在主操作开关断开的情况下进行。

（3）在检修有压力的管路前，要先通过操纵杆的上下反复换向两次来释放压力（发动机必须停止）。

（4）保持所有手柄、脚踏板和工作台面没有油污，并加防滑剂以防止其滑落。

（5）在清洗清污机时应将电器元件和电气连接保护起来。

第 25 章 ●
消防系统运行规程

25.1　系统概述

火灾自动报警系统(含主坝火灾自动报警系统)采用微机智能二总线系统。系统采用"控制中心报警"形式,由联动型火灾报警控制器、缆式感温探测器、感烟探测器、手动火灾报警按钮、声光报警器及配套的输入/输出模块、输入模块、隔离模块、联动控制模块箱等组成。火灾自动报警和消防联动系统能对电站进行火情的实时监测以及防、排烟设备,灭火设备的操作控制,在前、后方消防计算机上也能实时监测并对消防联动设备进行操作,传送电站火情监测信息。

25.2　设备规范运行定额

消防水泵规范见表 25-1。

表 25-1　消防水泵规范

水泵型号	KQL125/220-5.5/4	转速	1 480 r/min
流量	$52\sim87\sim104$ m/h^3	扬程	$16\sim15\sim14$ m
电机功率	5.5 W	电源	AC220 V
水泵台数	3	消防水源	大坝消防取水口

消防栓系统:每支水栓最小设计流量为 5 L/s,水枪充实水柱不少于

10 m,系统设计流量为 22 L/s,工作压力为 0.2 MPa,消防用水按 3 h 计算。

水喷雾系统:系统压力不小于 0.28 MPa,水喷雾强度为 63 L/m,供水延续时间为 3 h,灭火响应设计时间为不大于 45 s。

25.3 运行方式

25.3.1 防火分区及防火措施(表 25-2)

表 25-2　防火分区及防火措施

区号	分区	安装的消防设施	数量	消防系统动作后果
1	发电机间	水喷雾灭火系统	3	报警、动作喷水、跳机
2	发电机层	消火栓	3	报警
3	水轮机层	消火栓	3	报警
4	中控室	消火栓	2	报警、跳机
5	主变室	水喷雾灭火系统	2	报警、动作喷水、跳主变
6	安装间	消火栓	3	报警
7	▽323 m　GIS 室	消火栓	2	报警
8	▽317 m 电缆夹层	消火栓	2	报警
9	▽320 m 电缆夹层	消火栓	2	报警
10	油处理室	消火栓	1	报警
11	▽327.55 m 电梯机房	消火栓	1	报警
12	储物室	消火栓	1	报警
13	出线平台	消火栓	1	报警
14	室外	消火栓	2	报警

25.3.2 水喷雾灭火系统

(1)水喷雾灭火系统主要保护对象为 2 台主变压器和 3 台发电机。

(2)雨淋系统正常处于备用状态,各阀门位置正确,水位正常。

(3)当发生火警时,采用手动方式启动雨淋装置。

消防水泵正常运行方式:消防取水口有两路取水,一路为消防供水 A 管进水总阀 01SX01V,另一路为消防供水 B 管进水总阀 02SX01V。两路消防供水取水总阀保持常开位置。

25.4　运行操作

（1）消火栓系统是全厂灭火重要的、主要的手段,不宜挪作其他用途。

（2）消火栓系统的设备应由经过培训的专职人员负责、管理和维护(消火栓的使用不限于专职人员)。

（3）消火栓开启时充实水柱有 15 m,消防卷也有 6 m 长,灭火时应注意自身安全,不宜离火源太近,以免焰伤人。

（4）系统投入正常运行后,应根据有关消防规定建立严格的定期检查、维护保养制度,建立系统设备档案,做好检查、维护、使用情况记录。

（5）消火栓应经常保持清洁、干燥,防止生锈、碰伤或其他不必要的损坏,每半年至少进行一次全面的大检查和维修,检查项目包括:

①全部附件是否全良好。

②供水阀门是否有渗漏。

③卷盘转动是否灵活。

④所有转动部分是否加足润滑油。

⑤观察出水压力是否足够,出水口有无堵塞现象,可放水喷射一次,以观察效果。

25.5　常见事故及处理

（1）值班人员发现报警时应迅速查明情况,只有确认是误报时,方可按下控制器上的消音键,必要时可把该区的消防报警退出,未查清情况的,不得按下复位键。

（2）水喷雾灭火装置动作后的处理:

①值班员在消防计算机上看到消防报警信号后,应立即去现场检查确认有无火灾发生。

②如果有火灾发生,确认火已完全扑灭,关闭雨淋阀。处理完火灾后应复归报警信号。

③如果属水喷雾灭火装置误动,应通知检修人员进行处理并复归报警信号。

（3）紧急疏散步骤：

①所有人员听到紧急疏散警号——警报声或闪灯，应立即停止工作。

②保持冷静，有秩序地沿绿色箭头指示方向步行前往安装车间。

③立即撤离厂房。

④离开厂房后，在厂房门口外空地集合。

⑤运行值班员清点现场人数。

⑥运行值班员向值班领导报告所有人员已撤离或走失人员资料。

⑦如有需要，组织搜索小组。

⑧未接到单位主管人员通知，不得再回厂房工作。

（4）注意事项：

①不可集结在任何通道，以免阻塞抢救人员及车辆的通道。

②疏散时不得使用电梯。

附　录

附件 A2.1　个人安全生产目标、责任制考核表

个人安全生产目标、责任制考核表　（　　　　年上/下半年）

部门			被考核人		职务	
序号	考核项目	考核内容			分值	实得分
1	安全目标 （总分100分）					
		小计			100	
2	安全职责 （总分100分）					
		小计			100	
考核得分		安全目标得分及安全职责得分的平均分			100	

考核负责人：

年　月　日

附件 A2.2　安全生产考核处罚标准

安全生产考核处罚标准

序号	安全生产目标或岗位工作	发生安全事故或存在问题	扣罚标准
1	人身安全		
1-1	员工不发生安全生产人身死亡事故	发生安全生产人身死亡事故	扣罚责任部门负责人、班组长、责任人全年安全奖;公司领导班子考核根据右江水利公司有关规定执行
1-2	员工不发生安全生产人身重伤事故	员工发生安全生产人身重伤事故	扣罚责任人全年安全奖;扣罚责任部门负责人、班组长年度安全奖的 50%;公司领导班子考核根据右江水利公司有关规定执行
1-3	员工不发生安全生产人身轻伤事故	员工发生安全生产人身轻伤事故	扣罚事故责任人 400 元;扣罚班组长 200 元
2	行为安全		
2-1	不发生大坝闸门启闭失效导致漫顶或水淹厂房责任事故	发生大坝闸门启闭失效导致漫顶或水淹厂房事故	扣罚责任部门负责人、班组长、责任人全年安全奖;公司领导班子考核根据右江水利公司有关规定执行
2-2	不发生人为原因导致的重大设备事故	发生人为原因导致的重大设备事故	扣罚责任部门负责人、班组长、责任人全年安全奖;公司领导班子考核根据右江水利公司有关规定执行
2-3	不发生恶性电气误操作事故	发生恶性电气误操作事故	扣罚责任人全年安全奖;扣罚责任部门负责人、班组长年度安全奖的 50%;公司领导班子考核根据右江水利公司有关规定执行
2-4	不发生人为原因导致的设备事故	发生人为原因导致的设备事故	扣罚责任人年度安全奖的 50%;扣罚责任部门负责人、班组长年度安全奖的 25%
2-5	不发生未经部门审批同意,强行拆除电气程序闭锁装置的事件	未经部门审批同意,强行拆除电气程序闭锁装置	扣当事责任人 1 000 元/(人·次),造成后果者按本规定相应条款进行处罚

序号	安全生产目标 或岗位工作	发生安全事故 或存在问题	扣罚标准
2-6	不发生因人为失误导致运行中的机组非停、110 kV开关跳闸致使运行中的机组非停的事故	因人为失误导致运行中的机组非停、110 kV开关跳闸致使运行中的机组非停	扣罚主要负责人500元/(人·次),次要责任人200元/(人·次)
2-7	不发生因人为失误导致机组无法开机,造成开启泄洪孔闸门弃水或因人为失误导致全厂失压的事故	因人为失误导致机组无法开机,造成开启泄洪孔闸门弃水或因人为失误导致全厂失压	扣罚主要负责人500元/(人·次),次要责任人200元/(人·次)
2-8	不发生擅自挪用备件及工器具,据为己有,造成固定资产流失的现象	擅自挪用备件及工器具,据为己有,造成固定资产流失	扣罚责任人500元/(人·次),并照价赔偿
2-9	不发生擅自决定变动、拆除、挪用或停用安全装置和设施的行为	擅自决定变动、拆除、挪用或停用安全装置和设施	扣罚责任人200元/(人·次)
2-10	不发生违章指挥,让职工冒险作业且没有采取相应的安全保障措施的行为	让职工冒险作业且没有采取相应的安全保障措施	扣罚指挥人200元/(人·次),作业人100元/(人·次)
2-11	不发生不办理工作票、操作票就进行工作(除事故处理外)的行为	除事故处理外,无故不办理工作票、操作票就进行工作	扣罚责任人(工作负责人、当班值长)200元/(人·次),如造成事故按本规定相应条款进行扣罚
2-12	不发生值班人员在上班前8小时之内饮酒的行为	值班人员在上班前8小时之内饮酒,导致无法上班或上班期间精神状态低迷	扣罚责任人200元/(人·次);因饮酒造成事故或严重后果的,按本规定相应条款进行扣罚
2-13	不发生其他违章作业行为	发生其他违章作业行为,视情节轻重	扣罚责任人100～500元/(人·次)
2-14	不发生在易燃、易爆等禁火区域吸烟的行为	在易燃、易爆等禁火区域吸烟	扣罚责任人100元/(人·次)
2-15	不发生未按规定使用安全防护用品、工器具,如:生产场所不戴安全帽、安全帽佩戴不符合要求、高空作业不扎安全带、安全带未挂在牢固的物件上等行为	未按规定使用安全防护用品、工器具,如:生产场所不戴安全帽、安全帽佩戴不符合要求、高空作业不扎安全带、安全带未挂在牢固的物件上等	扣罚责任人100元/(人·次)
2-16	不发生生产场所未按规定着装,如穿高跟鞋、凉鞋、拖鞋、背心、短裤等行为	生产场所未按规定着装,如穿高跟鞋、凉鞋、拖鞋、背心、短裤等	扣罚责任人50元/(人·次)
3	消防安全		

续表

序号	安全生产目标 或岗位工作	发生安全事故 或存在问题	扣罚标准
3-1	不发生火灾、爆炸、有毒有害气体泄漏事故及其他造成恶劣社会影响的事故	发生火灾、爆炸、有毒有害气体泄漏事故及其他造成恶劣社会影响的事故	扣罚责任人全年安全奖;扣罚责任部门负责人、班组长年度安全奖的50%;公司领导班子考核根据右江水利公司有关规定执行
3-2	不发生生产区域、办公室、宿舍、招待房、仓库等私接乱拉电线,违规使用电器,违规存储易燃易爆物品、危险化学品或其他不安全行为	私接乱拉电线、违规使用电器、违规存储易燃易爆物品和危险化学品或存在其他不安全行为	未造成事故的根据情节程度扣罚责任人100～500元/（人·次）;造成事故的根据事故相应等级进行处理
4	交通安全		
4-1	不发生重大及以上交通责任事故	发生重大及以上交通责任事故	经交警鉴定属于司机责任事故的,扣罚责任部门负责人、班组长全年安全奖;公司领导班子考核根据右江水利公司有关规定执行
4-2	不发生一般责任交通事故	发生一般责任交通事故	经交警鉴定属于司机责任事故的,扣罚责任人年度安全奖的50%;扣罚责任部门负责人、班组长年度安全奖的25%
4-3	不发生轻微责任交通事故	发生轻微责任交通事故	经交警鉴定属于司机责任事故的,扣罚责任人年度安全奖的10%;扣罚责任部门负责人、班组长年度安全奖的5%
4-4	不发生酒后或无证驾驶车辆的行为	酒后或无证驾驶车辆	500元/（人·次）,并按交警处罚意见处理
4-5	不发生公车私用,未经同意超越公务行驶范围的行为	公车私用,未经同意超越公务行驶范围	200元/（人·次）
4-6	不发生开车违章、违停受到交警处罚的行为	开车违章、违停受到交警处罚	200元/（人·次）,且违章人自行补交交警罚款金额
4-7	不发生开"英雄车",驾车聊天、驾车打电话、看手机、穿拖鞋开车、抽烟的行为	开"英雄车",驾车聊天、驾车打电话、看手机、穿拖鞋开车、抽烟	100元/（人·次）
4-8	不发生不及时汇报车辆故障,不及时处理的行为	不及时汇报车辆故障,不及时处理	100元/（人·次）

序号	安全生产目标 或岗位工作	发生安全事故 或存在问题	扣罚标准
4－9	不发生不按时维护保养,无记录等现象	不按时维护保养,无记录	100 元/(人·次)
4－10	不发生车辆脏、乱、差等现象	发现车辆脏、乱、差等现象被提醒后未及时清理	50 元/(人·次)
5		安全保卫	
5－1	不发生特别重大被盗事故	发生特别重大被盗事故,造成财产损失达 50 万元及以上	扣罚相关责任人、责任部门负责人全年安全奖;公司领导班子考核根据右江水利公司有关规定执行
5－2	不发生重大被盗事故	发生重大被盗事故,造成财产损失达 5 万元及以上 50 万元以下	扣罚相关责任人、责任部门负责人全年安全奖的 80%;公司领导班子考核根据右江水利公司有关规定执行
5－3	不发生一般财产被盗事故	发生一般财产被盗事故,造成财产损失达 5 万元以下	扣罚相关责任人 500 元/(人·次);责任部门负责人 300 元/(人·次)
5－4	不发生内外勾结,导致公司财产被盗的事故	内外勾结,导致公司财产被盗	扣罚责任人全年安全奖,并按公司有关规定移送公安机关处理
5－5	不发生安保装备丢失或人为损坏的事故	安保装备丢失或人为损坏	100 元/(人·次),并照价赔偿
5－6	不发生未按规定对营地办公楼消防设施进行巡查、签字的现象	未按规定对营地办公楼消防设施进行巡查、签字	50 元/(人·次)
5－7	不发生当班期间,未进行巡逻、巡逻不到点、无记录、弄虚作假现象	当班期间,未进行巡逻、巡逻不到点、无记录、弄虚作假	100 元/(人·次)
5－8	不发生未按规定进行交接班的现象	未按交接班规定程序进行交接班	100 元/(人·次)
5－9	不发生当班期间不按规定穿戴工作服、配带对讲机、对来访人员或陌生人未按规定进行登记的现象	当班期间,不按规定穿戴工作服、配带对讲机、对来访人员或陌生人未按规定进行登记	50 元/(人·次)
5－10	不发生在禁区内电、毒鱼的现象	在禁区发生电、毒鱼未及时劝离	扣罚当班人员 50(元/人·次)
6		食品安全	

序号	安全生产目标 或岗位工作	发生安全事故 或存在问题	扣罚标准
6-1	不发生仓库物品过期未及时处理或拿来使用的行为	仓库物品过期未及时处理或拿来使用	扣当班负责人 100 元/（人·次）
6-2	不发生不按规定着装、戴口罩等行为	在岗期间，不按规定着装、戴口罩等	扣当班负责人 100 元/（人·次）
6-3	不发生生、熟食未分类存放的行为	生、熟食未分类存放	扣当班负责人 100 元/（人·次）

附件 A2.3 安全生产先进个人推荐表

安全生产先进个人推荐表（　　　年度）

姓名		部门	
岗位		考核分数	
先进事迹	（超出篇幅及证明材料可附页）		

所在部门意见：

负责人（签名）：
　年　月　日

安全生产考核领导小组办公室意见：

主　任（签名）：
　年　月　日

安全生产考核领导小组意见：

组　长（签名）：
　年　月　日

附件 A2.4　安全生产考核奖励标准

年度安全生产考核基础奖励标准

序号	管理岗位	奖励标准(元)	生产岗位	奖励标准(元)	备注
1	总经理	10 000			
2	副总经理	9 000			
3	部门经理	7 500	厂长	8 500	
4	部门副经理	6 500	副厂长	7 500	
5	业务主管	6 000	业务主管	7 000	
6	业务协管	5 500	业务协管	6 500	
7	业务主办	5 000	值长	6 000	
8	业务员	4 500	副值长	5 500	
9	办事员	4 000	值班员	5 000	
10	初级办事员	3 500	初级(副)值班员	4 500	
11	司机	5 000	电厂技术助理(见习)	4 000	
12	厨师	4 000			
13	保安	4 000			
14	服务员	3 500			
15	辅助岗位	3 500			

备注:针对公司管理岗位特殊情况,在年度安全生产奖励中班长额外奖励400元,副班长额外奖励200元。

附件 A2.5　安全生产考核表彰奖励细则

安全生产考核表彰奖励细则

序号	奖励项目	奖励标准	备注
1	参加全国水利安全生产知识网络竞赛、安全随手拍等其他专项活动	与活动方案同时制定,由活动组织部门报领导小组批准,在活动结束后实施表彰奖励	
2	组织开展安全生产月活动或开展活动期间做出突出贡献者		
3	及时制止可能发生重大安全事故的行为		
4	在安全管理上有重大创新思路或举措,对推进安全生产工作起到了明显效果	由公司考核办提出奖励意见,报安全考核领导小组审批	
5	在突发紧急事件的应急救援或事故处理中表现突出,有效避免损失进一步扩大		
6	及时发现、报告或采取有效措施消除重大危险源或重大安全隐患,避免发生可能导致人身伤亡和财产损失的安全生产事故		
7	及时避免 1 人以上 3 人以下重伤,或者避免直接经济损失或节省安全生产费用人民币 5 万元以上 30 万元以下	奖励 5 000 元	
8	及时避免 1 人以上 3 人以下死亡,或者 3 人以上 10 人以下重伤,或者避免直接经济损失或节省安全生产费用人民币 50 万元以上 100 万元以下	奖励 10 000 元	
9	及时避免 3 人以上死亡,或者 10 人以上重伤,或者避免直接经济损失或节省安全生产费用人民币 100 万元以上	奖励 20 000 元	

附件 A2.6 安全生产检查记录单

安全生产检查记录单

被检查部门		检查时间	年　月　日
检查依据			
检查项目			
参加人员			
检查记录			
整改要求或建议			
检查组长签字		被检查负责人签字	

附件 A2.7　安全生产隐患档案

安全生产隐患档案

编号：

隐患名称					
所属部门		类别		发现时间	
排查人					
情况描述					
治理部门		责任人		时限	
治理目标					
安全措施或预案					
整改措施概述					
验证和效果评估					
完成时间		验收组长签名			

注：编号格式如 2019 那比水力发电厂。

附件 A2.8 重大安全生产隐患登记表

重大安全生产隐患登记表

填报部门:(公章)　　　填报人:　　　填报日期:

部门名称			
整改具体负责人		联系电话	
事故隐患概况及整改计划	场所或装置名称:	类别、等级:	
	概况(危险特性、可能影响范围、可能造成死亡人数、可能造成直接经济损失等)		
	整改计划(整改措施、整改资金、整改时限、整改督促单位等)		

注:概况及整改计划可另附页,附页应加盖公章。

附件 A2.9 重大安全生产隐患整改报告表

重大安全生产隐患整改报告表

填报部门:(盖章)　　　　填报人:　　　　填报日期:

部门名称	
整改具体负责人	联系电话

事故隐患概况及整改情况	场所或装置名称:	类别、等级:
	整改措施:	
	整改结果:	
公司检查情况	检查人: 　年　月　日	

注:该表格由整改部门于事故隐患整改结束后填写。

附件A2.10 危险源辨识与风险评价报告(格式)

危险源辨识与风险评价报告
主要内容及要求

一、工程简介:工程概况(包括工程组成、工程等别、设计标准、抗震等级、主要特征值、工程地质条件及周边自然环境等),工程运行管理概况(工程建设年份及运行时间、安全鉴定情况、除险加固情况,危险物质仓储区、生活及办公区的危险特性描述等),管理单位安全生产管理基本情况。

二、危险源辨识与风险评价主要依据。

三、危险源辨识和风险评价方法:结合工程运行管理实际选用相适应的方法。

四、危险源辨识与风险评价内容:危险源名称、类别、级别、所在部位或项目、事故诱因、可能导致的事故,危险源风险等级。

五、安全管控措施:根据危险源辨识与风险评价结果,对危险源提出安全管理制度、技术及管理措施等。

六、应急预案:根据危险源辨识与风险评价结果,提出有关应急预案。

附件 A2.11 水库工程运行重大危险源清单

水库工程运行重大危险源清单

序号	类别	项目	重大危险源	事故诱因	可能导致的后果
1	构（建）筑物类	挡水建筑物	坝体与坝肩、穿坝建筑物等结合部渗漏	接触冲刷	失稳、溃坝
2			坝肩绕坝渗流、坝基渗流、土石坝坝体渗流	防渗设施失效或不完善	变形、位移、失稳、溃坝
3			土石坝坝顶受波浪冲击	洪水、大风、防浪墙损坏	漫顶、溃坝
4			土石坝上、下游坡	排水设施失效、坝坡滑动	失稳、溃坝
5			存在白蚁的可能（土石坝）	白蚁活动、筑巢	管涌、溃坝
6			混凝土面面板（面板堆石坝）	水流冲刷；面板破损、接缝开裂；不均匀沉降	失稳、溃坝
7			拱座（拱坝）	混凝土或岩体应力过大；拱座变形	结构破坏、失稳、溃坝
8			拱坝坝顶溢流、坝身开设泄水孔	坝身泄洪振动；孔口附近应力过大	结构破坏、失稳、溃坝
9		泄水建筑物	溢洪道、泄洪、泄洪（隧）洞消能设施	水流冲击或冲刷	设施破坏、失稳、溃坝
10			泄洪（隧）洞渗漏	接缝破损、止水失效	结构、结构破坏、失稳、溃坝
11			泄洪（隧）洞围岩	不良地质	变形、结构破坏、失稳、溃坝
12		输水建筑物	输水（隧）（管）洞渗漏	接缝破损、止水失效	结构、结构破坏、失稳、溃坝
13			输水（隧）（管）洞围岩	不良地质	变形、结构破坏、失稳、溃坝
14		坝基	坝基	不良地质	沉降、变形、位移、失稳、溃坝

续表

序号	类别	项目	重大危险源	事故诱因	可能导致的后果
15	金属结构类	闸门	工作闸门门（泄水建筑物）	闸门锈蚀、变形	失稳、漫顶、溃坝
16		启闭机械	启闭机（泄水建筑物）	启闭机无法正常运行	
17	设备设施类	电气设备	闸门启闭控制设备（泄水建筑物）	控制功能失效	
18			变配电设备	设备失效	设备设施严重损（破）坏
19		特种设备	压力管道	水锤	
20	作业活动类	作业活动	操作运行作业	作业人员未持证上岗，违反相关操作规程	
21	管理类	运行管理	安全鉴定与隐患治理	未按规定开展或隐患治理未及时到位	影响公共安全
22			观测与监测	未按规定开展	
23			安全检查	未按规定开展或检查不到位	
24			外部人员的活动	活动未经许可	
25			泄洪、放水或冲沙等	警示、预警工作不到位	
26	环境类	自然环境	自然灾害	山洪、泥石流、山体滑坡等	工程及设备严重损（破）坏、人员重大伤亡

附件 A2.12 水闸工程运行重大危险源清单

水闸工程运行重大危险源清单

序号	类别	项目	重大危险源	事故诱因	可能导致的后果
1	构（建）筑物类	闸室段	底板、闸墩渗漏	渗漏异常、接缝破损、止水失效	沉降、位移、失稳
2		上下游连接段	消力池、海漫、防冲墙、铺盖、护坡、护底渗漏	渗漏异常、接缝破损、止水失效	沉降、位移、失稳、河道及岸坡冲毁
3			岸、翼墙渗漏	渗漏异常、接缝破损、止水失效	墙后土体塌陷、位移、失稳
4			岸、翼墙排水	排水异常、排水设施没施失效及边坡坍塌、排水沟不畅	墙后土体塌陷、位移、失稳
5			岸、翼墙侧向渗流	侧向渗流异常、防渗设施不完善	位移、失稳
6		地基	地基地质条件	地基土或回填土流失、不良地质	沉降、变形、位移、失稳
7			地基底渗流	基底渗流异常、防渗设施不完善	沉降、位移、失稳
8	金属结构类	闸门	工作闸门	闸门锈蚀、变形	闸门无法启闭或启闭不到位,严重影响行洪泄流安全,增加淹没范围或无法正常蓄水、失稳、位移
9		启闭机械	启闭机	启闭机无法正常运行	
10	设备设施类	电气设备	闸门启闭控制设备	控制功能失效	
11			变配电设备	设备失效	

续表

序号	类别	项目	重大危险源	事故诱因	可能导致的后果
12	作业活动类	作业活动	操作运行作业	作业人员未持证上岗,违反相关操作规程	设备设施严重损(破)坏
13			安全鉴定	未按规定开展	
14	管理类	运行管理	观测与监测	未按规定开展	
15			安全检查	安全检查不到位	影响公共安全
16			外部人员的活动	活动未经许可	
17			泄洪、放水或冲沙等	警示、预警工作不到位	
18	环境类	自然环境	自然灾害	山洪、泥石流、山体滑坡等	工程及设备严重损(破)坏、人员重大伤亡

附件 A2. 13　作业条件危险性评价法(LEC 法)

作业条件危险性评价法(LEC 法)

一、作业条件危险性评价法中危险性大小值 D 按式(A2.13-1)计算:

$$D = LEC \qquad\qquad (A2.13-1)$$

式中:D——危险性大小值;

　　L——发生事故或危险事件的可能性大小;

　　E——人体暴露于危险环境的频率;

　　C——危险严重程度。

事故或危险性事件发生的可能性 L 值与作业类型有关,可根据施工工期制定出相应的 L 值判定指标,L 值可按表 A2.13-1 的规定确定。

表 A2.13-1　事故或危险性事件发生的可能性 L 值对照表

L 值	事故发生的可能性
10	完全可以预料
6	相当可能
3	可能,但不经常
1	可能性小,完全意外
0.5	很不可能,可以设想
0.2	极不可能

二、人体暴露于危险环境的频率 E 值与工程类型无关,仅与施工作业时间长短有关,可根据人体暴露于危险环境的频率,或危险环境人员的分布及人员出入的多少,或设备及装置的影响因素,分析、确定 E 值的大小,可按表 A2.13-2 的规定确定。

表 A2.13-2　暴露于危险环境的频率因素 E 值对照表

E 值	暴露于危险环境的频繁程度
10	连续暴露
6	每天工作时间内暴露
3	每周 1 次,或偶然暴露
2	每月 1 次暴露

E 值	暴露于危险环境的频繁程度
1	每年几次暴露
0.5	非常罕见暴露

三、发生事故可能造成的后果,即危险严重程度因素 C 值与危险源在触发因素作用下发生事故时产生后果的严重程度有关,可根据人身安全、财产及经济损失、社会影响等因素,分析危险源发生事故可能产生的后果确定 C 值,可按表 A2.13-3 的规定确定。

表 A2.13-3 危险严重程度因素 C 值对照表

C 值	危险严重程度因素
100	造成 30 人以上(含 30 人)死亡,或者 100 人以上重伤(包括急性工业中毒,下同),或者 1 亿元以上直接经济损失
40	造成 10~29 人死亡,或者 50~99 人重伤,或者 5 000 万元以上 1 亿元以下直接经济损失
15	造成 3~9 人死亡,或者 10~49 人重伤,或者 1 000 万元以上 5 000 万元以下直接经济损失
7	造成 3 人以下死亡,或者 10 人以下重伤,或者 1 000 万元以下直接经济损失
3	无人员死亡,致残或重伤,或很小的财产损失
1	引人注目,不利于基本的安全卫生要求

四、危险源风险等级划分以作业条件危险性大小 D 值作为标准,按表 A2.13-4 的规定确定。

表 A2.13-4 作业条件危险性评价法危险性等级划分标准

D 值区间	危险程度	风险等级
$D>320$	极其危险,不能继续作业	重大风险
$320 \geqslant D > 160$	高度危险,需立即整改	较大风险
$160 \geqslant D > 70$	一般危险(或显著危险),需要整改	一般风险
$D \leqslant 70$	稍有危险,需要注意(或可以接受)	低风险

附件 A2.14　风险矩阵法(LS 法)

风险矩阵法(LS 法)

一、风险矩阵法的数学表达式为:

$$R = L \times S \qquad (A2.14\text{-}1)$$

式中:R——风险值;

L——事故发生的可能性;

S——事故造成危害的严重程度。

二、L 值的取值过程与标准

L 值应由管理单位三个管理层级(分管负责人、部门负责人、运行管理人员)、多个相关部门(运管、安全或有关部门)人员按照以下过程和标准共同确定。

第一步:由每位评价人员根据实际情况和表 A2.14-1,参照附件 A2.14、附件 A2.15 初步选取事故发生的可能性数值(以下用 L_c 表示);

表 A2.14-1　L_c 值取值标准表

事故发生频率	一般情况下不会发生	极少情况下才发生	某些情况下发生	较多情况下发生	常常会发生
L_c 值	3	6	18	36	60

第二步:分别计算出三个管理层级中,每一层级内所有人员所取 L_c 值的算术平均数 L_{j1}、L_{j2}、L_{j3}。

其中,$j1$ 代表部门负责人层级;$j2$ 代表部门分管负责人层级;$j3$ 代表管理人员层级。

第三步:按照下式计算得出 L 的最终值。

$$L = 0.3 \times L_{j1} + 0.5 \times L_{j2} + 0.2 \times L_{j3} \qquad (A2.14\text{-}2)$$

三、S 值取值标准

S 值应按标准计算或选取确定,具体分为以下两种情况:

在分析水库工程运行事故所造成危害的严重程度时,应综合考虑水库水位 H 和工程规模 M 两个因素,用两者的乘积值 V 所在区间作为 S 取值的依据。V 值应按照表 A2.14-2 计算,S 值应按表 A2.14-3 取值。

表 A2.14-2　V 值计算表

工程规模 M 水库水位 H		小(2)型 取值 1	小(1)型 取值 2	中型 取值 3	大(2)型 取值 4	大(1)型 取值 5
$H\leqslant$死水位	取值 1	1	2	3	4	5
死水位$<H\leqslant$汛限水位	取值 2	2	4	6	8	10
汛限水位$<H\leqslant$正常蓄水位	取值 3	3	6	9	12	15
正常蓄水位$<H\leqslant$防洪高水位	取值 4	4	8	12	16	20
$H>$防洪高水位	取值 5	5	10	15	20	25

表 A2.14-3　水库工程 S 值取值标准表

V 值区间	危害程度	水库工程 S 值取值
$V\geqslant21$	灾难性的	100
$16\leqslant V\leqslant20$	重大的	40
$11\leqslant V\leqslant15$	中等的	15
$6\leqslant V\leqslant10$	轻微的	7
$V\leqslant5$	极轻微的	3

在分析水闸工程运行事故所造成危害的严重程度时,仅考虑工程规模这一因素,S 值应按照表 A2.14-4 取值。

表 A2.14-4　水闸工程 S 值取值标准表

工程规模	小(2)型	小(1)型	中型	大(2)型	大(1)型
水闸工程 S 值	3	7	15	40	100

四、一般危险源风险等级划分

按照上述内容,选取或计算确定一般危险源的 L、S 值,由公式 A2.14-1 计算 R 值,再按照表 A2.14-5 确定风险等级。

表 A2.14-5　一般危险源风险等级划分标准表

R 值区间	风险程度	风险等级	颜色标示
$R>320$	极其危险	重大风险	红
$160<R\leqslant320$	高度危险	较大风险	橙
$70<R\leqslant160$	中度危险	一般风险	黄
$R\leqslant70$	轻度危险	低风险	蓝

附件 A2.15 水库工程运行一般危险源风险评价赋分表

水库工程运行一般危险源风险评价赋分表（指南）

序号	类别	项目	一般危险源	事故诱因	可能导致的后果	风险评价方法	L值范围	E值范围	S值或C值范围	R值或D值范围	风险等级范围
1	构（建）筑物类	挡水建筑物	坝顶车辆行驶	车辆超载、超速、超高、碰撞	路面损坏、防浪墙损坏、坝体结构变形或破坏	LS法	3～18	—	3～100	9～1 800	低～重大
2			坝顶排水	排水设施失效、积水	交通中断、车辆损坏	LS法	3～6	—	3～100	9～600	低～重大
3			混凝土、浆砌石坝坝体渗漏	接缝破损、止水失效	结构破坏	LS法	3～36	—	3～100	9～3 600	低～重大
4			混凝土、浆砌石坝坝体内部廊道渗漏	接缝破损、止水失效	沉降、设备损坏	LS法	3～18	—	3～100	9～1 800	低～重大
5			混凝土、浆砌石坝坝体内部廊道排水	排水设施失效、积水	沉降、设备损坏	LS法	3～18	—	3～100	9～1 800	低～重大
6			上游坡面	滑坡、裂缝	结构破坏、坝坡失稳	LS法	3～36	—	3～100	9～3 600	低～重大
7			上游坡受波浪冲刷	护坡结构破损	结构破坏	LS法	3～18	—	3～100	9～1 800	低～重大
8			下游坡面	滑坡、裂缝	结构破坏、坝坡失稳	LS法	3～36	—	3～100	9～3 600	低～重大
9			下游坡受水流冲刷	护坡结构破损	护坡剥蚀	LS法	3～6	—	3～100	9～600	低～重大
10			坝肩排水	排水设施失效	位移、变形	LS法	3～18	—	3～100	9～1 800	低～重大

续表

序号	类别	项目	一般危险源	事故诱因	可能导致的后果	风险评价方法	L值范围	E值范围	S值或C值范围	R值或D值范围	风险等级范围
11			溢流道进水段、泄槽段坡面	水流冲刷	崩塌、开裂	LS法	3~36	—	3~100	9~3600	低~重大
12			溢洪道结构表面	水流冲刷	结构破坏、裂缝、剥蚀、空蚀	LS法	3~18	—	3~100	9~1800	低~重大
13			溢洪道溢流堰体渗漏	接缝破损、止水失效	位移、墙后土体塌陷	LS法	3~18	—	3~100	9~1800	低~重大
14			溢洪道溢流	水流冲刷	结构破坏、剥蚀、空蚀	LS法	3~36	—	3~100	9~3600	低~重大
15			溢洪道溢流	防渗设施不完善	位移、沉降	LS法	3~18	—	3~100	9~1800	低~重大
16			溢流道下游河床、岸坡	水流冲刷、淤积物	凹陷、滑坡、堵塞	LS法	3~18	—	3~100	9~1800	低~重大
17	构(建)筑物类	泄水建筑物	泄洪(隧)洞进水段、出口段岸坡	水流冲刷	滑塌	LS法	3~18	—	3~100	9~1800	低~重大
18			泄洪(隧)洞隧洞段表面	水流冲刷	结构破坏、裂缝、剥蚀、空蚀	LS法	3~36	—	3~100	9~3600	低~重大
19			泄洪(隧)洞消能设施	水流冲刷	消能设施破坏	LS法	3~18	—	3~100	9~1800	低~重大
20			泄洪(隧)洞排气设施	排气不畅	空蚀破坏、震动	LS法	3~18	—	3~100	9~1800	低~重大
21			泄洪(隧)洞渗流	防渗设施不完善	位移、沉降	LS法	3~18	—	3~100	9~1800	低~重大
22			泄洪(隧)洞洞岩	不良地质	变形、位移	LS法	3~18	—	3~100	9~1800	低~重大
23			泄洪(隧)洞下游河床、岸坡	水流冲刷、淤积物	凹陷、滑坡、堵塞	LS法	3~18	—	3~100	9~1800	低~重大

续表

序号	类别	项目	一般危险源	事故诱因	可能导致的后果	风险评价方法	L值范围	E值范围	S值或C值范围	R值或D值范围	风险等级范围
24	构(建)筑物类	输水建筑物	输水(隧)洞(管)进水段,出口段洞表面	水流冲刷	结构破坏,滑塌	LS法	3~18	—	3~100	9~1800	低~重大
25			输水(隧)洞(管)洞段洞表面	水流冲刷	结构破坏,裂缝,剥蚀,空蚀	LS法	3~6	—	3~100	9~600	低~重大
26			输水(隧)洞(管)消能设施	水流冲刷	消能设施破坏	LS法	3~18	—	3~100	9~1800	低~重大
27			输水(隧)洞(管)排气设施	排气不畅	空蚀破坏,震动	LS法	3~6	—	3~100	9~600	低~重大
28			输水(隧)洞(管)渗流	防渗设施不完善	位移,沉降	LS法	3~18	—	3~100	9~1800	低~重大
29			输水(隧)洞(管)隧洞围岩	不良地质	变形,位移	LS法	3~18	—	3~100	9~1800	低~重大
30			输水(隧)洞(管)下游河床,岸坡	水流冲刷,淤积物	回陷,滑坡,堵塞	LS法	3~6	—	3~100	9~600	低~重大
31		过船建筑物	过船建筑物中船只通行	船只碰撞	建筑物结构损坏,船体损坏,航道堵塞	LS法	3~18	—	3~100	9~1800	低~重大
32			过船建筑物中船载物品	物品掉落	航道堵塞,环境污染	LS法	3~6	—	3~100	9~600	低~重大
33		桥梁	桥梁上车辆行驶	车辆超载,超高,碰撞	桥体损坏,垮塌	LS法	3~18	—	3~100	9~1800	低~重大
34			桥梁下方船只通行	船只碰撞	桥体损坏,垮塌	LS法	3~18	—	3~100	9~1800	低~重大
35			桥梁上有大型机械运行	超重,碰撞	桥体损坏,垮塌	LS法	3~6	—	3~100	9~600	低~重大
36			桥梁表面排水	排水设施失效,积水	交通中断	LS法	3~6	—	3~100	9~600	低~重大

续表

序号	类别	项目	一般危险源	事故诱因	可能导致的后果	风险评价方法	L值范围	E值范围	S值或C值范围	R值或D值范围	风险等级范围
37	构（建）筑物类	近坝岸坡	近坝岸坡地质条件	不良地质	变形、失稳、坍塌	LS法	3～36	—	3～100	9～3 600	低～重大
38			近坝岸坡表面	水流冲刷	岸坡损坏、变形、滑塌	LS法	3～18	—	3～100	9～1 800	低～重大
39			近坝岸坡排水	排水设施失效	变形、滑塌	LS法	3～18	—	3～100	9～1 800	低～重大
40	金属结构类	闸门									
41		启闭机械									
42		电气设备									
43		特种设备									
44	设备设施类	管理设施	水文测报站网及自动测报系统	功能失效	影响工程调度运行	LS法	3～18	—	3～100	9～1 800	低～重大
45			观测设施	设施损坏	影响工程调度运行	LS法	3～6	—	3～100	9～600	低～重大
46			变形、渗流、应力监测系统变、温度等安全监测系统	功能失效	不能及时发现工程隐患或险情	LS法	3～18	—	3～100	9～1 800	低～重大
47			水质监测系统	功能失效	不能及时发现水质问题	LS法	3～6	—	3～100	9～600	低～重大
48			通信及预警设施	设施损坏	影响工程调度运行、防汛抢险	LS法	3～18	—	3～100	9～1 800	低～重大
49			闸门远程控制系统	功能失效	影响闸门启闭、工程调度运行	LS法	3～18	—	3～100	9～1 800	低～重大
50			网络设施	设施损坏	影响闸门启闭、工程调度运行、安全监测数据传输	LS法	3～18	—	3～100	9～1 800	低～重大

参考《水闸工程运行一般危险源风险评价评价赋分表（指南）》

续表

序号	类别	项目	一般危险源	事故诱因	可能导致的后果	风险评价方法	L值范围	E值范围	S值或C值范围	R值或D值范围	风险等级范围
51	设备设施类	管理设施	防汛抢险照明设施	设施损坏	影响夜间防汛抢险	LS法	3~6	—	3~100	9~600	低~重大
52			防汛上坝道路	设施损坏	影响防汛人员、物资等运送	LS法	3~6	—	3~100	9~600	低~重大
53			与外界联系交通道路	设施损坏	影响工程防汛抢险	LS法	3~6	—	3~100	9~600	低~重大
54			消防设施	设施损坏	不能及时扑灭火灾，影响工程运行安全	LS法	3~18	—	3~100	9~1 800	低~重大
55			防雷保护系统	功能失效	电气系统损坏，影响工程运行安全	LS法	3~18	—	3~100	9~1 800	低~重大
56	作业活动类	作业活动	机械作业	违章指挥、违章操作、违反劳动纪律、未正确使用防护用品、未持证上岗	机械伤害	LEC法	0.5~3	2~6	3~7	3~126	低~一般
57			起重、搬运作业		起重伤害、物体打击	LEC法	0.5~3	2~6	3~7	3~126	低~一般
58			高空作业		高处坠落、物体打击	LEC法	0.5~6	2~6	3~7	3~252	低~较大
59			电焊作业		灼烫、触电、火灾	LEC法	0.5~3	2~6	3~7	3~126	低~一般
60			带电作业		触电	LEC法	0.5~3	2~6	3~7	3~126	低~一般
61			有限空间作业		淹溺、窒息、坍塌	LEC法	0.5~3	2~6	3~7	3~126	低~一般
62			水上观测与检查作业		淹溺	LEC法	0.5~6	2~6	3~7	3~126	低~一般
63			水下观测与检查作业		淹溺	LEC法	0.5~3	2~6	3~7	3~252	低~较大
64			车辆行驶		车辆伤害	LEC法	0.5~3	2~6	3~15	3~270	低~较大
65			船舶行驶		淹溺	LEC法	0.5~3	2~6	3~15	3~270	低~较大

续表

序号	类别	项目	一般危险源	事故诱因	可能导致的后果	风险评价方法	L值范围	E值范围	S值或C值范围	R值或D值范围	风险等级范围
66	管理类	管理体系	机构组成与人员配备	机构不健全	影响工程运行管理	LS法	3~18	—	3~100	9~1 800	低~重大
67			安全管理规章制度与操作规程制定	制度不健全	影响工程运行管理	LS法	3~18	—	3~100	9~1 800	低~重大
68			防汛抢险物料准备	物料准备不足	影响工程防汛抢险	LS法	3~6	—	3~100	9~600	低~重大
69			维修养护物资准备	物资准备不足	影响工程运行安全	LS法	3~6	—	3~100	9~600	低~重大
70			人员基本支出和工程维修养护经费落实	经费未落实	影响工程运行管理	LS法	3~18	—	3~100	9~1 800	低~重大
71			管理、作业人员教育培训	培训不到位	影响工程运行安全、人员作业安全	LS法	3~18	—	3~100	9~1 800	低~重大
72		运行管理	管理和保护范围划定	范围不明确	影响工程运行管理	LS法	3~18	—	3~100	9~1 800	低~重大
73			管理和保护范围内修建码头、鱼塘等	管理不到位	影响工程防汛抢险	LS法	3~18	—	3~100	9~1 800	低~重大
74			调度规程编制与报批	未编制、报批	影响工程运行安全	LS法	3~6	—	3~100	9~600	低~重大
75			汛期调度运用计划编制与报批	未编制、报批	影响工程运行安全	LS法	3~18	—	3~100	9~1 800	低~重大
76			应急预案编制、报批、演练	未编制、报批或演练	影响工程防汛抢险	LS法	3~18	—	3~100	9~1 800	低~重大
77			监测资料整编分析	未落实	不能及时发现工程隐患	LS法	3~18	—	3~100	9~1 800	低~重大
78			维修养护计划制定	未制定	不能及时消除工程隐患	LS法	3~6	—	3~100	9~600	低~重大

续表

序号	类别	项目	一般危险源	事故诱因	可能导致的后果	风险评价方法	L值范围	E值范围	S值或C值范围	R值或D值范围	风险等级范围
79	管理类	运行管理	操作票、工作票管理及使用	未落实	影响工程运行管理	LS法	3~18	—	3~100	9~1800	低~重大
80			警示、禁止标识设置	设置不足	影响工程运行安全、人员安全	LS法	3~18	—	3~100	9~1800	低~重大
81			上游水库泄洪	未及时通知	影响工程运行安全	LS法	3~18	—	3~100	9~1800	低~重大
82	环境类	自然环境	管理和保护范围内山体（土体）存在潜在滑坡、落石区域	大风、暴雨、洪水等	坍塌、物体打击	LEC法	0.5~3	0.5~3	3~15	0.75~135	低~一般
83			库区淤积物	山体滑坡	壅通破坏	LS法	3~18	—	3~100	9~1800	低~重大
84			船只、漂浮物	碰撞	影响工程运行安全	LS法	3~18	—	3~100	9~1800	低~重大
85			雷电、暴雨雪、大风、冰雹、极端温度等恶劣气候	防护措施不到位、极端天气前后的安全检查不到位	影响工程运行安全	LS法	3~18	—	3~100	9~1800	低~重大
86			结构受侵蚀性介质作用	侵蚀性介质接触	建筑物结构损坏	LS法	3~18	—	3~100	9~1800	低~重大
87			水生生物	吸附在闸门、门槽上	影响闸门启闭	LS法	3~18	—	3~100	9~1800	低~重大
88			水面漂浮物、垃圾	门槽附近堆积	影响闸门启闭	LS法	3~6	—	3~100	9~600	低~重大
89			危险性的动、植物	蜇伤、咬伤、扎伤等	影响人身安全	LEC法	0.5~3	2~6	3~7	3~126	低~一般
90			老鼠、蛇等	打洞	影响工程运行安全	LS法	3~18	—	3~100	9~1800	低~重大
91			有毒有害气体	溢出	中毒	LEC法	0.5~3	2~6	3~7	3~126	低~一般

续表

序号	类别	项目	一般危险源	事故诱因	可能导致的后果	风险评价方法	L值范围	E值范围	S值或C值范围	R值或D值范围	风险等级范围
93	环境类	工作环境	斜坡、步梯、通道、作业场地	结冰或湿滑	高处坠落、扭伤、摔伤	LEC法	0.5~3	2~6	3~7	3~126	低~一般
94			临边、临水部位	防护措施不到位	高处坠落、淹溺	LEC法	0.5~3	2~6	3~7	3~126	低~一般
95			人员密集活动	拥挤、踩踏	人员伤亡	LEC法	0.5~1	0.5~3	3~40	0.75~120	低~一般
96			食堂食材	有毒物质、变质	人员中毒	LEC法	0.5~1	2~6	3~15	3~90	低~一般
97			可燃物堆积	明火	火灾	LEC法	0.5~3	2~6	3~7	3~126	低~一般
98			电源插座	漏电、短路、线路老化等	火灾、触电	LEC法	0.5~3	2~6	3~7	3~126	低~一般
99			大功率电器使用	过载、线路老化、电器质量不合格等	火灾	LEC法	0.5~3	2~6	3~7	3~126	低~一般
100			游客的活动	管理不到位、防护措施不到位、安全意识不足等	高处坠落、触电	LEC法	0.5~3	2~6	3~7	3~126	低~一般

附件 A2.16 水闸工程运行一般危险源风险评价赋分表

水闸工程运行一般危险源风险评价赋分表（指南）

序号	类别	项目	一般危险源	事故诱因	可能导致的后果	风险评价方法	L 值范围	E 值范围	S 值或 C 值范围	R 值或 D 值范围	风险等级范围
1	构（建）筑物类	闸室段	底板、闸墩、胸墙结构表面	水流冲刷	结构破坏、裂缝、剥蚀	LS法	3~18	—	3~100	9~1 800	低~重大
2			底板、闸墩渗流	防渗设施不完善	位移、沉降	LS法	3~18	—	3~100	9~1 800	低~重大
3			交通桥、工作桥上车辆行驶	车辆超载、超速、超高、碰撞	排架柱、桥体损坏	LS法	3~18	—	3~100	9~1 800	低~重大
4			交通桥、工作桥上有大型机械运行	超重、碰撞	排架柱、桥体损坏	LS法	3~6	—	3~100	3~600	低~重大
5			交通桥、工作桥表面排水	排水设施失效、积水	交通中断、车辆损坏	LS法	3~6	—	3~100	3~600	低~重大
6			启闭机房及控制室屋面及外墙防水	防水失效、暴雨	设备损坏	LS法	3~18	—	3~100	9~1 800	低~重大
7		上下游连接段	消力池、海漫、防冲墙、铺盖、护坡、护底结构表面	水流冲刷	设施破坏	LS法	3~18	—	3~100	9~1 800	低~重大
8			消力池、海漫、防冲墙、铺盖、护坡、护底渗漏	接缝破损、止水失效	位移、结构破坏	LS法	3~18	—	3~100	9~1 800	低~重大

续表

序号	类别	项目	一般危险源	事故诱因	可能导致的后果	风险评价方法	L值范围	E值范围	S值或C值范围	R值或D值范围	风险等级范围
9	构(建)筑物类	上下游连接段	消力池、海漫、防冲墙、铺盖、护坡、护底排水	排水设施失效	变形、滑塌	LS法	3~18	—	3~100	9~1 800	低~重大
10			防冲槽	水流冲刷、淤积物	回陷	LS法	3~18	—	3~100	9~1 800	低~重大
11			岸、翼墙排水	接缝破损、止水失效	位移、变形	LS法	3~36	—	3~100	3~3 600	低~重大
12			岸、翼墙结构表面	水流冲刷	结构破坏、裂缝、剥蚀、变形	LS法	3~18	—	3~100	9~1 800	低~重大
13			上下游河床、岸坡表面	水流冲刷、淤积物	回陷、滑坡、堵塞	LS法	3~18	—	3~100	9~1 800	低~重大
14	金属结构类	闸门	工作闸门止水	暴露、磨损、侵蚀性介质	止水老化及破损、渗漏	LS法	3~18	—	3~100	9~1 800	低~重大
15			工作闸门闸下水流	流态异常	闸门振动	LS法	3~36	—	3~100	3~3 600	低~重大
16			工作闸门门体及埋件	暴露、磨损、锈蚀	影响闸门启闭	LS法	3~18	—	3~100	9~1 800	低~重大
17			工作闸门支承行走机构部件	暴露、磨损、锈蚀	影响闸门启闭	LS法	3~6	—	3~100	3~600	低~重大
18			工作闸门吊耳板、吊座	暴露、锈蚀	影响闸门启闭	LS法	3~6	—	3~100	3~600	低~重大
19			工作闸门锁定梁、销	暴露、锈蚀	影响闸门启闭	LS法	3~6	—	3~100	3~600	低~重大
20			工作闸门开度限位装置	功能失效	闸门启闭无上下限保护	LS法	3~18	—	3~100	9~1 800	低~重大

续表

序号	类别	项目	一般危险源	事故诱因	可能导致的后果	风险评价方法	L值范围	E值范围	S值或C值范围	R值或D值范围	风险等级范围
21	金属结构类	闸门	工作闸门融冰装置	功能失效	影响闸门启闭	LS法	3~18	—	3~100	9~1800	低~重大
22			检修闸门止水暴露	暴露、磨损、侵蚀性介质	止水老化及破损、渗漏	LS法	3~6	—	3~100	3~600	低~重大
23		启闭机械	卷扬式启闭机部件	磨损、锈蚀	影响启闭	LS法	3~36	—	3~100	3~3600	低~重大
24			卷扬式启闭机钢丝绳	磨损、锈蚀、压块松动	影响启闭	LS法	3~36	—	3~100	3~3600	低~重大
25			液压式启闭机部件	磨损、锈蚀	影响启闭	LS法	3~36	—	3~100	3~3600	低~重大
26			液压式启闭机自动纠偏系统	功能失效	影响设备运行	LS法	3~6	—	3~100	3~600	低~重大
27			液压式启闭机油泵	未及时维修养护	影响启闭	LS法	3~18	—	3~100	9~1800	低~重大
28			液压式启闭机油管系统	功能失效	影响启闭	LS法	3~6	—	3~100	3~600	低~重大
29			液压式启闭机油量、油质	油量不足、油质不纯	影响设备运行	LS法	3~18	—	3~100	9~1800	低~重大
30			螺杆式启闭机部件	磨损、变形	影响启闭	LS法	3~18	—	3~100	9~1800	低~重大
31			门机部件	磨损、锈蚀	影响启闭	LS法	3~18	—	3~100	9~1800	低~重大
32			门机制动器	磨损、锈蚀	影响设备运行	LS法	3~6	—	3~100	3~600	低~重大
33			门机轨道	磨损、锈蚀	影响设备运行	LS法	3~6	—	3~100	3~600	低~重大
34			门机钢丝绳	磨损、锈蚀、压块松动	影响启闭	LS法	3~36	—	3~100	3~3600	低~重大
35			电动葫芦部件	磨损、锈蚀	影响启闭	LS法	3~18	—	3~100	9~1800	低~重大

续表

序号	类别	项目	一般危险源	事故诱因	可能导致的后果	风险评价方法	L值范围	E值范围	S值或C值范围	R值或D值范围	风险等级范围
36	金属结构类	启闭机械	电动葫芦钢丝绳	磨损、锈蚀、压块松动	影响启闭	LS法	3~36	—	3~100	3~3 600	低~重大
37			电动葫芦吊钩	锈蚀	影响启闭	LS法	3~6	—	3~100	3~600	低~重大
38			电动葫芦制动轮	磨损、锈蚀	影响设备运行	LS法	3~6	—	3~100	3~600	低~重大
39			电动葫芦轨道	磨损、锈蚀	影响设备运行	LS法	3~6	—	3~100	3~600	低~重大
40	设备设施类	电气设备	供电、变配电设备架空线路	线路老化、绝缘降低	触电、设备损坏	LS法	3~18	—	3~100	9~1 800	低~重大
41			供电、变配电设备电缆	线路老化、绝缘降低	触电、设备损坏	LS法	3~18	—	3~100	9~1 800	低~重大
42			供电、变配电设备仪表	功能失效	仪表损坏	LS法	3~6	—	3~100	3~600	低~重大
43			高压开关设备	未及时维修养护	影响设备运行	LS法	3~18	—	3~100	9~1 800	低~重大
44			设备接地	未检查设备接地	触电、设备损坏	LS法	3~18	—	3~100	9~1 800	低~重大
45			防静电设备	未检查设备状况	触电、设备损坏	LS法	3~18	—	3~100	9~1 800	低~重大
46			柴油发电机	未及时维修养护	停电、影响运行	LS法	3~18	—	3~100	9~1 800	低~重大
47			发电机备用柴油	油量不足	停电、影响运行	LS法	3~18	—	3~100	9~1 800	低~重大
48			备用供电回路	未检查线路状况	停电、影响运行	LS法	3~36	—	3~100	3~3 600	低~重大

续表

序号	类别	项目	一般危险源	事故诱因	可能导致的后果	风险评价方法	L值范围	E值范围	S值或C值范围	R值或D值范围	风险等级范围
49	设备设施类	特种设备	电梯	未及时维修维护、未定期检测	影响正常运行	LEC法	0.5~3	2~6	3~15	3~270	低~重大
50			压力钢管	未及时维修维护、未定期检测	影响正常运行	LS法	3~18	—	3~100	9~1800	低~重大
51			锅炉	未及时维修维护、未定期检测	影响正常运行	LS法	3~18	—	3~100	9~1800	低~重大
52			压力容器	未及时维修维护、未定期检测	影响正常运行	LS法	3~18	—	3~100	9~1800	低~重大
53			专用机动车辆	未及时维修维护、未定期检测	影响正常运行	LEC法	0.5~3	2~6	3~15	3~270	低~重大
54		管理设施	水文测报站网及自动测报系统	功能失效	影响工程调度运行	LS法	3~18	—	3~100	9~1800	低~重大
55			观测监测设施	设施损坏	影响工程调度运行	LS法	3~6	—	3~100	3~600	低~重大
56			变形、渗流、应力应变、温度、地震等安全监测系统	功能失效	不能及时发现工程隐患或险情	LS法	3~18	—	3~100	9~1800	低~重大
57			通信及预警设施	设施损坏	影响工程调度运行、防汛抢险	LS法	3~18	—	3~100	9~1800	低~重大
58			闸门远程控制系统	功能失效	影响闸门启闭、工程调度运行	LS法	3~18	—	3~100	9~1800	低~重大
59			网络设施	设施损坏	影响闸门启闭工程调度运行、安全监测数据传输	LS法	3~18	—	3~100	9~1800	低~重大

续表

序号	类别	项目	一般危险源	事故诱因	可能导致的后果	风险评价方法	L值范围	E值范围	S值或C值范围	R值或D值范围	风险等级范围
60	设备设施类	管理设施	防汛抢险照明设施	设施损坏	影响夜间防汛抢险	LS法	3~6	—	3~100	3~600	低~重大
61			防汛上坝道路	设施损坏	影响防汛人员、物资等运送	LS法	3~6	—	3~100	3~600	低~重大
62			与外界联系交通道路	设施损坏	影响工程防汛抢险	LS法	3~6	—	3~100	3~600	低~重大
63			消防设施	设施损坏、过期或失效	不能及时预警、不能正常发挥灭火功能	LS法	3~18	—	3~100	9~1800	低~重大
64			防雷保护系统	功能失效	电气系统损坏、影响工程运行安全	LS法	3~18	—	3~100	9~1800	低~重大
65	作业活动类	作业活动	机械作业	违章指挥、违章操作、违反劳动纪律，未正确使用用防护用品、无证上岗	机械伤害	LEC法	0.5~3	2~6	3~7	3~126	低~一般
66			起重、搬运作业		起重伤害、物体打击	LEC法	0.5~3	2~6	3~7	3~126	低~一般
67			高空作业		高处坠落、物体打击	LEC法	0.5~6	2~6	3~7	3~252	低~较大
68			电焊作业		灼烫、触电、火灾	LEC法	0.5~3	2~6	3~7	3~126	低~一般
69			带电作业		触电	LEC法	0.5~3	2~6	3~7	3~126	低~一般
70			有限空间作业		淹溺、窒息、坍塌	LEC法	0.5~3	2~6	3~7	3~126	低~一般
71			水上观测与检查作业		淹溺	LEC法	0.5~3	2~6	3~7	3~126	低~一般
72			水下观测与检查作业		淹溺	LEC法	0.5~6	2~6	3~7	3~126	低~一般
73			车辆行驶		车辆伤害	LEC法	0.5~3	2~6	3~15	3~270	低~较大
74			船舶行驶		淹溺	LEC法	0.5~3	2~6	3~15	3~270	低~较大

续表

序号	类别	项目	一般危险源	事故诱因	可能导致的后果	风险评价方法	L值范围	E值范围	S值或C值范围	R值或D值范围	风险等级范围
75		管理体系	机构组成与人员配备	机构不健全	影响工程运行管理	LS法	3~18	—	3~100	9~1800	低~重大
76			安全管理规章制度与操作规程制定	制度不健全	影响工程运行管理	LS法	3~18	—	3~100	9~1800	低~重大
77			防汛抢险物料准备	物料准备不足	影响工程防汛抢险	LS法	3~6	—	3~100	3~600	低~重大
78			维修养护物资准备	物资准备不足	影响工程运行安全	LS法	3~6	—	3~100	3~600	低~重大
79			人员基本支出和工程维修养护经费落实	经费未落实	影响工程运行管理	LS法	3~18	—	3~100	9~1800	低~重大
80	管理类		管理、作业人员教育培训	培训不到位	影响工程运行安全、人员作业安全	LS法	3~18	—	3~100	9~1800	低~重大
81		运行管理	管理和保护范围划定	范围不明确	影响工程运行管理	LS法	3~18	—	3~100	9~1800	低~重大
82			调度规程编制与报批	未编制、报批	影响工程运行安全	LS法	3~6	—	3~100	3~600	低~重大
83			汛期调度运用计划编制与报批	未编制、报批	影响工程运行安全	LS法	3~18	—	3~100	9~1800	低~重大
84			应急预案编制、报批、演练	未编制、报批或演练	影响工程防汛抢险	LS法	3~18	—	3~100	9~1800	低~重大
85			监测资料整编分析	未落实	不能及时发现工程隐患	LS法	3~18	—	3~100	9~1800	低~重大
86			维修养护计划制定	未制定	不能及时消除工程隐患	LS法	3~6	—	3~100	3~600	低~重大
87	管理类	运行管理	操作票、工作票管理及使用	未落实	影响工程运行管理	LS法	3~18	—	3~100	9~1800	低~重大
88			警示、禁止标识设置	设置不足	影响工程运行安全、人员安全	LS法	3~18	—	3~100	9~1800	低~重大

续表

序号	类别	项目	一般危险源	事故诱因	可能导致的后果	风险评价方法	L值范围	E值范围	S值或C值范围	R值或D值范围	风险等级范围
89	环境类	自然环境	管理和保护范围内山体（土体、落石坡）存在潜在滑坡、落石区域	大风、暴雨、洪水等	坍塌、物体打击	LEC法	0.5~3	0.5~3	3~15	0.75~135	低~一般
90			船只、漂浮物	碰撞	浪涌破坏	LS法	3~18	—	3~100	9~1800	低~重大
91			船只、漂浮物	碰撞	影响工程运行安全	LS法	3~18	—	3~100	9~1800	低~重大
92			雷电、暴雨雪、大风、冰雹、极端温度等恶劣气候	防护措施不到位，极端天气前后的安全检查不到位	影响工程运行安全	LS法	3~18	—	3~100	9~1800	低~重大
93			结构受侵蚀性介质作用	侵蚀性介质接触	建筑物结构损坏	LS法	3~18	—	3~100	9~1800	低~重大
94			水生生物	吸附在闸门门上	影响闸门启闭	LS法	3~6	—	3~100	3~600	低~重大
95			水面漂浮物、垃圾	在门槽附近堆积	影响闸门启闭	LS法	3~18	—	3~100	9~1800	低~重大
96			危险的动、植物	蜇伤、咬伤、扎伤等	影响人身安全	LEC法	0.5~3	2~6	3~7	3~126	低~一般
97			老鼠、蛇等	打洞	影响工程运行安全	LS法	3~18	—	3~100	9~1800	低~重大
98			有毒有害气体	溢出	中毒	LEC法	0.5~3	2~6	3~7	3~126	低~一般

续表

序号	类别	项目	一般危险源	事故诱因	可能导致的后果	风险评价方法	L值范围	E值范围	S值或C值范围	R值或D值范围	风险等级范围
99	环境类	工作环境	斜坡、步梯、通道、作业场地	结冰或湿滑	高处坠落、扭伤、摔伤	LEC法	0.5～3	2～6	3～7	3～126	低～一般
100			临边、临水部位	防护措施不到位	高处坠落、淹溺	LEC法	0.5～3	2～6	3～7	3～126	低～一般
101			人员密集活动	拥挤、踩踏	人员伤亡	LEC法	0.5～1	0.5～3	3～40	0.75～120	低～一般
102			食堂食材	有毒物质	人员中毒	LEC法	0.5～1	2～6	3～15	3～90	低～一般
103			可燃物堆积	明火	火灾	LEC法	0.5～3	2～6	3～7	3～126	低～一般
104			电源插座	漏电、短路、线路老化等	火灾、触电	LEC法	0.5～3	2～6	3～7	3～126	低～一般
105			大功率电器使用	过载、线路老化、电器质量不合格等	火灾	LEC法	0.5～3	2～6	3～7	3～126	低～一般
106			游客的活动	管理不到位、防护措施不到位、安全意识不足等	高处坠落、触电	LEC法	0.5～3	2～6	3～7	3～126	低～一般

313

附件 A2.17 危险源辨识与风险评价表

危险源辨识与风险评价表（适用于 LEC 法）

单位/部门（盖章）								填表人						
辨识负责人								辨识时间						
参与辨识人员		姓名						单位/部门			职务			

| 序号 | 危险源名称 | 危险源辨识 | | | | 可能导致的事故类型 | 安全风险评价 | | | | | | 防控要求 | |
| | | 部位 | 项目 | 辨识方法 | 类别 | 级别 | | 评价方法 | L | E | C | D | 风险等级 | 采取的防控措施 | 责任人 |

危险源辨识与风险评价表（适用于 LS 法）

单位/部门（盖章）			填表人				
辨识负责人			辨识时间				
参与辨识人员		姓名	单位/部门			职务	

			危险源辨识			安全风险评价					防控要求	
序号	危险源名称	部位	项目	辨识方法	类别	级别	可能导致的事故类型	评价方法	安全风险评价（如有需要）		风险等级	采取的防控措施	责任人
									L	S	R		

附件 A2.18 外委工程安全协议(格式)

外委工程安全协议(格式)

甲方:百色那比水力发电厂

乙方:

为全面履行甲乙双方签订的《_____合同》(合同编号:QYDL_____),明确施工过程中甲乙双方各自的安全责任,保障施工人员的安全和身体健康,防止工人伤亡事故发生,依据有关法律、法规,实现安全生产、文明生产,特签订本协议。

一、安全文明施工管理目标

(一)杜绝人身死亡事故;

(二)杜绝重大机械设备事故;

(三)杜绝重大火灾事故;

(四)杜绝主要设备的损坏事故;

(五)杜绝负主要责任的重大交通事故;

(六)杜绝重大环境污染事故;

(七)杜绝重大垮(坍)塌事故;

(八)避免一般安全事故;

(九)严格控制人员轻伤事件。

二、项目内容和范围

_____项目包含:

三、双方安全责任和义务

(一)甲方的安全责任和义务

1. 有权对承包单位以下施工资质和能力审查,经验审合格,并复印有关见证性材料备案,签订安全协议后方可施工。

(1)有关部门核发的营业执照和资质证书、法人代表资格证书、安全资质证书、施工简历和近3年安全施工记录。

(2)施工人员年龄、工种、健康状况等是否符合要求;工作负责人、工程技术人员和工人的技术素质是否满足工程需要;本项目特种作业包括施工用电、起重、电焊及高空作业,均由持有效证件的人员按规范进行操作,甲方有义务检查乙方的特种作业人员是否持有合格的特种作业操作证。

（3）乙方保证安全施工的工器具能否满足安全施工要求。涉及定期试验的工器具是否有具有检验、试验资质部门出具的合格的检验报告。

2. 项目开工前，甲方负责对审查合格的施工人员进行消防安全、电力设施保护、社会治安及安全文明生产等企业内部制度、规定的教育培训。乙方在施工中新进、增添的施工人员，必须经过甲方进场安全生产教育后方能上岗工作。

3. 甲方应在开工前对乙方负责人、工程技术人员进行全面的安全技术交底或提供有关图纸资料，内容包括施工区域内及相邻区域的地下供水、排水、供气管道；电力、通信电缆布置；所承包工程的生产和工艺流程的特点，作业现场可能的危险因素等，安全技术交底和移交记录应完整，并有双方交底人员的签字。

4. 甲方有协助乙方搞好安全生产督促检查的义务。甲方安监人员有权对施工现场进行检查，并监督安全工作规程及现场施工安全措施的实施，对乙方在施工中出现的违章违制作业，有权制止、处罚，直至停止其工作；当乙方严重违章作业，导致设备停运等严重影响安全生产的后果发生，或者施工现场安全管理混乱，安全、文明施工严重失控，甲方有权要求乙方进行停工整顿，有权决定终止合同的执行，造成的损失由乙方承担。

5. 甲方不得对乙方提出不符合有关安全生产法律、法规和强制性标准规定的要求，不得违章指挥和强令乙方冒险作业，不得随意压缩合同约定的工期。

6. 甲方依法对竣工工程进行验收检查，发现质量问题及安全隐患，有权要求乙方限期改进，若造成工程延期，责任与经济损失由乙方承担；验收合格的项目，及时做好委托设备、设施交付使用的书面手续。

7. 甲方应向乙方提供施工期间应遵守的企业内部有关安全、文明生产、生活治安等方面的规章制度清单及文本，以便于乙方施工人员学习执行。

8. 因乙方责任发生以下情况，甲方有权要求乙方停工整顿，直至终止合同执行，因停工造成的违约责任由乙方承担：

（1）发生人身伤亡事故；

（2）发生电网事故，施工机械、生产主设备严重损坏事故；

（3）发生火灾事故；

（4）事故隐患未整改的；

（5）发生违章作业、冒险作业不听劝告的；

（6）施工现场脏、乱、差，不能满足安全和文明施工要求的。

9. 在有危险性的生产区域内作业,有可能造成火灾、爆炸、触电、中毒、窒息、机械伤害、烫伤、坠落、溺水等人身伤害,有可能造成设备损坏、环境污染、电网破坏事故的,甲方有权要求乙方事先做好危险点分析,并制订安全措施,经甲方审核批准后,监督乙方实施。

10. 甲方上述有关行为不能免除乙方在本协议项下的有关安全的任何责任与义务。

（二）乙方的安全责任和义务

1. 乙方必须按照甲方的要求提供相关材料,接受甲方的资质和条件审查,并保证所提供的相关资质证明材料真实、合法、有效。

2. 乙方必须及时按照法律法规定及甲方要求对进场人员和变更人员进行登记造册,并如实向甲方填报进场人员的姓名、性别、年龄、工种、本工种工龄、家庭住址、身份证号、劳务合同、教育培训情况等,并向甲方提交身份证、特种作业上岗证等复印件。

3. 乙方必须贯彻执行国家有关安全生产的法律法规,制定相应的安全管理制度,包括各工种的安全操作规程、特种作业人员的审证考核制度、各级人员安全生产岗位责任制和定期安全检查、安全教育制度等,并认真执行。

4. 乙方现场施工应遵守国家和地方关于劳动安全、劳务用工法律法规及规章制度的规定,保证其用工的合法性。乙方必须按国家有关规定,为施工人员办理人身保险,配备合格的劳动防护用品、安全用具;不得使用童工,非特殊技术性的工作,现场生产工作人员年龄不得超过 55 岁;所有工作人员不得有所承包工程的职业禁忌症。

5. 乙方应在项目开工前根据国家有关法规要求为现场施工人员办理工伤保险或意外伤害保险。

6. 乙方指定专职安全员负责与甲方联系安全生产方面的工作协调,并负责现场的安全技术管理。

7. 乙方必须接受甲方的监督、检查,对甲方提出的安全整改意见必须立即执行。

8. 乙方若在施工过程中要更换、增加施工人员,应当向甲方提出申请,经甲方书面同意并经培训、考试合格后才可进入现场施工,未经甲方同意不得变更工作人员。

9. 乙方要遵守甲方的作息制度,根据甲方的作息时间安排进度。

10. 乙方不得将工程转包或者违法分包。乙方在工作中遇有特殊情况确实需要由甲方配合完成的工作,需书面提出申请,经甲方批准后实施。

11. 作业前认真做好安全技术交底和落实安全技术措施要求,书面告知作业人员危险岗位机器操作规程和违章操作的危害,并针对分项工程和作业环境实际,向作业班组、作业人员详细做出安全施工技术要求和说明。督促作业人员严格按照安全技术要求和操作规程作业。严禁安排操作人员带病上岗和疲劳作业。

12. 乙方在每日开工前和施工过程中应组织施工人员经常性地对所在的施工区域的作业环境、工作对象、施工机械、工器具等进行认真检查,发现隐患应立即停止施工,并经整改完成后方准继续施工。

13. 乙方应了解掌握所承包工程施工区域内地下供水、排水、供气、供热管道、电力、通信电缆布置的情况;了解所承包工程的生产和工艺流程的特点,对作业现场可能的危险因素进行分析并组织全体施工人员认真学习,学习要有签字。

14. 施工现场中的各类安全防护设施、遮栏、安全标志牌、警告牌和接地线等,乙方不得擅自拆除、更动。如确实需要拆除、更动的,应当经甲方指派的安全管理人员的同意,办理相关手续,并采取必要、可靠的安全措施后方能拆除、更动现场安全防护设施。乙方擅自拆除、更动所造成的后果,由乙方负责。

15. 乙方需动火作业时,应严格执行甲方动火管理规定,正确使用动火工作票,易燃、易爆场所严禁吸烟及动用明火,消防器材不准挪作他用,电焊、气割作业要按规定办理动火审批手续。施工现场严禁使用电炉。当项目远离甲方消防器材或消防水覆盖不到时,乙方应根据消防防火需要设置适当的消防器材。

16. 对甲方委托乙方维护、检修的设备、设施,在委托期间由乙方负责进行妥善保管。

17. 乙方施工过程中需使用电源,应事先与甲方取得联系,不得私拉乱接。中断作业或遇故障应立即切断有关开关。

18. 乙方应当坚持文明施工,对所承担项目区域的文明施工负责,做到工完料尽场地清,每日小清扫,每周大清理,现场工业垃圾按甲方指定地方堆放并及时清理。乙方不定期清理,甲方组织清理,相应费用在乙方工程款中双倍扣除。

19. 乙方造成的生产安全事故、乙方人员突发疾病死亡或上下班途中发生交通意外等事故及乙方违反安全生产协议造成的一切后果,由乙方承担全部责任。

四、不安全行为处罚方式

甲方安监人员对施工现场进行不定期的安全检查,对查出的问题以书面形式通知乙方进行整改和处罚。

对于情节较轻的,首次违章按口头警告进行教育,再次违章则重新进行安全学习,同时依照安全违约条款进行相应处罚。屡教不改者取消进场作业资格,责令退场,由此造成的损失由乙方负责。

对于情节严重的,甲方可勒令乙方当场停工,并下达《安全整改通知书》,同时依照安全违约条款进行相应处罚。在整改完成后,通知甲方进行审查,经审查通过后方可开工。

五、在主合同范围内增加的施工内容同样适用本协议。

六、本协议未尽事宜,按国家有关规定,由双方协商解决。

七、协议有效期限:本协议随主合同同时生效,至主合同项目完成验收后失效。

八、本协议一式_____份,双方各执_____份。由双方法定代表人或其授权的代理人签署与加盖公章后生效。

甲方:百色那比水力发电厂　　　　　　　　　　乙方:

法定代表人:　　　　　　　　　　　　　　　　法定代表人:

(或授权委托人):　　　　　　　　　　　　　(或授权委托人):

年　月　日　　　　　　　　　　　　　　　　年　月　日

附件 A2. 19　变更审批表

变更审批表

变更编号：

变更名称		申请人	
变更申请部门		日期	

变更说明及其技术依据（可另附页）：

风险分析及防控措施（可另附页）：

部门审核意见：

变更审核部门意见：

公司领导审批意见：

附件 A2. 20 变更验收单

变更验收单

编号：

变更验收项目			
组织验收部门		日期	

验收意见(可附验收报告)：

		姓名	部门	职务/职称	备注
验收组成员					